21世纪高等学校计算机应用技术规划教材

Java EE 程序设计

◎ 郝玉龙 编著

清华大学出版社
北京

内容简介

本书对 Java EE 8 程序设计技术进行了系统讲解。首先对 Java EE 体系结构进行概述，介绍 Java EE 产生的背景、Java EE 的定义、编程思想、技术框架等，然后指导读者基于 NetBeans＋GlassFish Server 搭建 Java EE 开发环境，随后以 Java EE 企业应用的表现层、业务逻辑层和数据持久化层的程序设计任务为主线，由浅入深地讲解各个应用层次开发相关的组件技术、服务技术、通信技术和架构技术等，覆盖了对 Java EE 8 规范的最新功能特性，包括 Servlet 4.0、JSF 2.3、EJB 3.2、JPA 2.2、CDI 2.0、WebSocket 1.1、Bean Validation 2.0、JAX-RS 2.1、JSON-P 1.1 和 JSON-B 1.0 等的讲解演示。

本书可作为高等学校计算机专业教材，也可作为相关人员的参考书。本书每一章都是一个完整独立的部分，因此教师在授课时可根据授课重点、课时数量进行灵活调整。

本书封面贴有清华大学出版社防伪标签，无标签者不得销售。
版权所有，侵权必究。举报：010-62782989，beiqinquan@tup.tsinghua.edu.cn。

图书在版编目（CIP）数据

Java EE 程序设计/郝玉龙编著. —北京：清华大学出版社，2019（2023.1重印）
（21世纪高等学校计算机应用技术规划教材）
ISBN 978-7-302-50735-2

Ⅰ. ①J… Ⅱ. ①郝… Ⅲ. ①JAVA 语言-程序设计-高等学校-教材 Ⅳ. ①TP312.8

中国版本图书馆 CIP 数据核字（2018）第 172256 号

责任编辑：黄 芝 李 晔
封面设计：刘 键
责任校对：时翠兰
责任印制：朱雨萌

出版发行：清华大学出版社
    网　　址：http://www.tup.com.cn, http://www.wqbook.com
    地　　址：北京清华大学学研大厦 A 座　　邮　编：100084
    社 总 机：010-83470000　　邮　购：010-62786544
    投稿与读者服务：010-62776969, c-service@tup.tsinghua.edu.cn
    质 量 反 馈：010-62772015, zhiliang@tup.tsinghua.edu.cn
    课 件 下 载：http://www.tup.com.cn, 010-62795954
印 装 者：三河市龙大印装有限公司
经　　销：全国新华书店
开　　本：185mm×260mm　　印　张：24.75　　字　数：600 千字
版　　次：2019 年 1 月第 1 版　　印　次：2023 年 1 月第 6 次印刷
印　　数：2801～3100
定　　价：59.80 元

产品编号：078455-01

出版说明

随着我国改革开放的进一步深化，高等教育也得到了快速发展，各地高校紧密结合地方经济建设发展需要，科学运用市场调节机制，加大了使用信息科学等现代科学技术提升、改造传统学科专业的投入力度，通过教育改革合理调整和配置了教育资源，优化了传统学科专业，积极为地方经济建设输送人才，为我国经济社会的快速、健康和可持续发展以及高等教育自身的改革发展做出了巨大贡献。但是，高等教育质量还需要进一步提高以适应经济社会发展的需要，不少高校的专业设置和结构不尽合理，教师队伍整体素质亟待提高，人才培养模式、教学内容和方法需要进一步转变，学生的实践能力和创新精神亟待加强。

教育部一直十分重视高等教育质量工作。2007年1月，教育部下发了《关于实施高等学校本科教学质量与教学改革工程的意见》，计划实施"高等学校本科教学质量与教学改革工程（简称'质量工程'）"，通过专业结构调整、课程教材建设、实践教学改革、教学团队建设等多项内容，进一步深化高等学校教学改革，提高人才培养的能力和水平，更好地满足经济社会发展对高素质人才的需要。在贯彻和落实教育部"质量工程"的过程中，各地高校发挥师资力量强、办学经验丰富、教学资源充裕等优势，对其特色专业及特色课程（群）加以规划、整理和总结，更新教学内容、改革课程体系，建设了一大批内容新、体系新、方法新、手段新的特色课程。在此基础上，经教育部相关教学指导委员会专家的指导和建议，清华大学出版社在多个领域精选各高校的特色课程，分别规划出版系列教材，以配合"质量工程"的实施，满足各高校教学质量和教学改革的需要。

本系列教材立足于计算机公共课程领域，以公共基础课为主、专业基础课为辅，横向满足高校多层次教学的需要。在规划过程中体现了如下一些基本原则和特点。

（1）面向多层次、多学科专业，强调计算机在各专业中的应用。教材内容坚持基本理论适度，反映各层次对基本理论和原理的需求，同时加强实践和应用环节。

（2）反映教学需要，促进教学发展。教材要适应多样化的教学需要，正确把握教学内容和课程体系的改革方向，在选择教材内容和编写体系时注意体现素质教育、创新能力与实践能力的培养，为学生的知识、能力、素质协调发展创造条件。

（3）实施精品战略，突出重点，保证质量。规划教材把重点放在公共基础课和专业基础课的教材建设上；特别注意选择并安排一部分原来基础比较好的优秀教材或讲义修订再版，逐步形成精品教材；提倡并鼓励编写体现教学质量和教学改革成果的教材。

（4）主张一纲多本，合理配套。基础课和专业基础课教材配套，同一门课程可以有针对不同层次、面向不同专业的多本具有各自内容特点的教材。处理好教材统一性与多样化，基本教材与辅助教材、教学参考书，文字教材与软件教材的关系，实现教材系列资源配套。

（5）依靠专家，择优选用。在制定教材规划时依靠各课程专家在调查研究本课程教材建设现状的基础上提出规划选题。在落实主编人选时，要引入竞争机制，通过申报、评审确定主题。书稿完成后要认真实行审稿程序，确保出书质量。

繁荣教材出版事业，提高教材质量的关键是教师。建立一支高水平教材编写梯队才能保证教材的编写质量和建设力度，希望有志于教材建设的教师能够加入到我们的编写队伍中来。

21世纪高等学校计算机应用技术规划教材
联系人：魏江江 weijj@tup.tsinghua.edu.cn

前　言

为什么写作本书

随着社会信息化程度的不断提高，越来越多的软件开发人员需要开发企业级应用程序。目前，企业应用开发主要有两大技术体系：基于 Java EE 的应用开发和基于.NET 的应用开发。Java EE 技术以其开放性、灵活性、安全性和技术成熟度，赢得了诸多程序设计人员的青睐，熟练掌握 Java EE 程序设计已经成为软件开发人员的重要技能。

本书的特色

本书最大的特色在于坚持理论与实践相结合的原则，既注重 Java EE 基本原理的讲解，又注重 Java EE 程序设计实践应用的示范，使读者既能够透彻理解 Java EE 的基本原理和概念，又能够切实提高 Java EE 编程能力。在 Java EE 基本原理讲解方面，结合作者自身的理解和体会，以通俗、简练的语言对 Java EE 核心概念和原理进行重点讲解，尽量避免在一些烦琐的技术细节上过多纠缠，不求面面俱到，力争使读者能够在较短的时间内掌握在实际应用开发中必需的基本概念和技术，并对 Java EE 的体系框架有整体认识。书中所有示例都是作者结合多年教学实践和实际工程项目经验严格挑选的，力求简洁明了、切中要害、使读者能够快速理解并运用到实践中。

本书的另一大特色是系统完整、结构合理。Java EE 是一个包含众多开发技术的标准规范，涵盖了企业应用开发的各个层面。本书首先对 Java EE 编程技术进行概述；然后选取 Java EE 编程中最核心的技术进行深入讲解，力求使读者在学习后能够对整个 Java EE 技术体系和编程思想有全面清晰的了解；最后通过一个综合示例对之前所学内容进行总结归纳和升华提高。

开发环境的选择

为方便 Java EE 程序开发技能的示范，本书采用目前流行的免费 Java EE 开发环境 NetBeans IDE 和 GlassFish Server。首先，因为 NetBeans 是目前唯一一个集成了完全兼容 Java EE 8 规范的应用服务器的集成开发环境，减少了在开发环境搭建方面的难度；其次，NetBeans 对硬件配置要求不高，且能够满足学习培训的需求。

适用读者

本书适合已经掌握了 Java 语言，希望学习 Java EE 程序设计的读者。由于 Java EE 8 规范中吸收了当今流行框架的设计思想和理念，在学习完本书的内容后再深入学习 Struts 2、Spring 和 Hibernate 等流行架构技术将会有更好的效果。

致谢

本书的整体设计与内容安排由郝玉龙完成。郝玉龙完成了本书第 1~4 章以及第 11~13 章的编写，季平完成本书第 5~8 章的编写，周旋和沈力斌共同完成了本书第 9 章的编写，张莉和田丽共同完成了本书第 10 章的编写。关静和胡志宇对本书的整体内容进行了审阅，并提出了一些宝贵的修改意见。庄薇和张琪两位同学完成了本书所有图表的绘制和文字校对。全书由郝玉龙负责校审定稿。

由于作者水平有限，加之编写时间仓促，书中难免出现错误和不足。对于书中的任何问题和建议，请发 E-mail 至：haoyulongsd@163.com。

作　者
2018 年 6 月于北京

目 录

第1章 Java EE 概述 1
1.1 Java EE 产生的背景 1
1.1.1 企业级应用程序特征 1
1.1.2 企业级应用程序体系结构 2
1.2 Java EE 定义 3
1.3 Java EE 编程思想 5
1.4 Java EE 技术框架 6
1.4.1 组件技术 7
1.4.2 服务技术 8
1.4.3 通信技术 9
1.4.4 架构技术 10
小结 11
习题 1 12

第2章 搭建开发环境 13
2.1 概述 13
2.2 安装 JDK+NetBeans IDE 14
2.3 安装 GlassFish Server 5 16
2.4 开发环境测试 17
小结 20
习题 2 20

第3章 Servlet 21
3.1 Web 应用模型 21
3.2 Servlet 基础 22
3.2.1 Servlet 定义 22
3.2.2 Servlet 工作流程 22
3.2.3 Servlet 编程接口 25
3.3 第一个 Servlet 26
3.4 处理请求 35
3.4.1 请求参数 35

3.4.2　Header 40
　　3.4.3　上传文件 42
　　3.4.4　异步请求处理 44
　　3.4.5　异步 IO 处理 47
3.5　生成响应 52
　　3.5.1　编码类型 53
　　3.5.2　流操作 53
　　3.5.3　重定向 55
　　3.5.4　服务器推送 56
3.6　Servlet 配置 58
　　3.6.1　初始化参数 58
　　3.6.2　URL 模式 61
　　3.6.3　默认 Servlet 61
3.7　会话管理 61
　　3.7.1　Cookie 62
　　3.7.2　URL 重写 65
　　3.7.3　HttpSession 67
3.8　Servlet 上下文 70
3.9　Servlet 间协作 73
3.10　Filter 78
3.11　Listener 83
小结 93
习题 3 93

第 4 章　JSP 94

4.1　概述 94
4.2　第一个 JSP 95
4.3　脚本 96
　　4.3.1　输出表达式 96
　　4.3.2　注释 97
　　4.3.3　声明变量、方法、类 98
4.4　指令 102
　　4.4.1　page 指令 102
　　4.4.2　include 指令 105
4.5　动作组件 107
4.6　内置对象 114
　　4.6.1　request 对象 114
　　4.6.2　response 对象 122
　　4.6.3　session 对象 124

4.6.4　application 对象 127
　　　4.6.5　out 对象 129
　　　4.6.6　exception 对象 129
　　　4.6.7　内置对象的作用范围 131
　4.7　表达式语言 131
　　　4.7.1　基本语法 131
　　　4.7.2　隐式对象 133
　　　4.7.3　存取器 134
　4.8　使用 JavaBean 135
　小结 140
　习题 4 141

第 5 章　JSF 142

　5.1　JSF 概述 142
　　　5.1.1　什么是框架 142
　　　5.1.2　JSF 框架 143
　　　5.1.3　JSF 框架的优势 144
　5.2　第一个 JSF 应用 144
　　　5.2.1　创建 JSF 项目 144
　　　5.2.2　模型组件 147
　　　5.2.3　视图组件 148
　　　5.2.4　控制组件 148
　　　5.2.5　运行演示 149
　5.3　Managed Bean 150
　　　5.3.1　定义 Managed Bean 150
　　　5.3.2　生命周期 153
　　　5.3.3　Bean 之间的依赖 157
　5.4　Facelets 159
　　　5.4.1　组件树 159
　　　5.4.2　标记 160
　　　5.4.3　EL 支持 164
　　　5.4.4　资源管理 165
　5.5　页面模板 167
　小结 171
　习题 5 171

第 6 章　WebSocket 172

　6.1　引言 172
　6.2　WebSocket 的工作机制 172

6.3 Java EE 对 WebSocket 的支持 ... 174
6.4 利用 WebSocket 实现聊天室应用 ... 175
小结 ... 182
习题 6 ... 182

第 7 章 JDBC 和数据源 ... 183

7.1 搭建 JDBC 开发环境 ... 183
   7.1.1 安装数据库系统 ... 183
   7.1.2 安装驱动程序 ... 185
7.2 连接数据库 ... 186
7.3 执行 SQL 语句 ... 188
   7.3.1 Statement ... 190
   7.3.2 PreparedStatement ... 193
   7.3.3 CallStatement ... 197
7.4 ResultSet ... 199
   7.4.1 光标 ... 199
   7.4.2 BLOB 字段处理 ... 200
7.5 RowSet ... 202
7.6 连接池和数据源 ... 205
   7.6.1 创建 MySQL 数据库的连接池 ... 207
   7.6.2 创建数据源 ... 211
   7.6.3 基于数据源访问数据库 ... 212
小结 ... 213
习题 7 ... 213

第 8 章 JPA ... 214

8.1 概述 ... 214
8.2 第一个 JPA 应用 ... 215
   8.2.1 持久化单元 ... 215
   8.2.2 Entity ... 217
   8.2.3 EntityManager ... 218
   8.2.4 运行演示 ... 220
8.3 ORM ... 221
   8.3.1 Entity ... 221
   8.3.2 主键 ... 222
   8.3.3 复合主键 ... 222
   8.3.4 属性 ... 226
   8.3.5 关联映射 ... 229
   8.3.6 加载方式 ... 234

8.3.7　顺序 234
　　8.3.8　继承映射 235
8.4　Entity 管理 236
　　8.4.1　获取 EntityManager 236
　　8.4.2　持久化上下文 236
　　8.4.3　Entity 操作 237
　　8.4.4　级联操作 245
8.5　JPQL 247
　　8.5.1　动态查询 247
　　8.5.2　参数设置 249
　　8.5.3　命名查询 249
　　8.5.4　属性查询 250
　　8.5.5　使用构造器 251
8.6　本地查询 251
8.7　基于 Criteria API 的安全查询 252
8.8　生命周期回调方法 255
8.9　缓存 257
小结 259
习题 8 259

第 9 章　EJB

9.1　EJB 基础 260
　　9.1.1　为什么需要 EJB 260
　　9.1.2　EJB 容器 261
　　9.1.3　EJB 组件 263
　　9.1.4　EJB 接口 264
　　9.1.5　EJB 分类 264
　　9.1.6　部署 EJB 264
　　9.1.7　EJB 的优点 265
9.2　无状态会话 Bean 265
　　9.2.1　什么是无状态会话 Bean 265
　　9.2.2　开发一个无状态会话 EJB 266
　　9.2.3　利用 Servlet 测试无状态会话 EJB 273
　　9.2.4　利用远程客户端测试无状态会话 Bean 276
9.3　有状态会话 Bean 278
　　9.3.1　基本原理 278
　　9.3.2　实现有状态会话 Bean 279
9.4　单例会话 Bean 284
　　9.4.1　基本原理 284

9.4.2 利用 JSF 访问单例会话 Bean ·········· 284
9.4.3 并发控制 ·········· 286
9.4.4 依赖管理 ·········· 288
9.5 消息驱动 Bean ·········· 289
9.5.1 基本原理 ·········· 289
9.5.2 实现消息驱动 Bean ·········· 289
9.6 Time 服务 ·········· 295
9.7 拦截器 ·········· 297
9.8 异步方法 ·········· 300
9.9 事务支持 ·········· 306
小结 ·········· 307
习题 9 ·········· 307

第 10 章 CDI ·········· 308

10.1 引言 ·········· 308
10.2 CDI 概述 ·········· 308
10.3 CDI 下的受控 Bean ·········· 308
10.4 Bean 的生命周期范围 ·········· 313
10.5 使用限定符注入动态类型 ·········· 314
10.6 使用替代符实现部署时注入类型 ·········· 317
10.7 使用生产方法注入动态内容 ·········· 320
10.8 使用拦截器绑定注入功能服务 ·········· 323
10.9 利用构造型封装注入操作 ·········· 326
小结 ·········· 328
习题 10 ·········· 328

第 11 章 Bean Validation ·········· 329

11.1 引言 ·········· 329
11.2 Bean 校验概述 ·········· 329
11.3 使用默认约束器 ·········· 330
11.4 Entity 校验 ·········· 334
11.5 实现自定义约束器 ·········· 335
11.6 约束的传递 ·········· 338
  11.6.1 继承 ·········· 338
  11.6.2 级联 ·········· 340
小结 ·········· 341
习题 11 ·········· 341

第 12 章 Web 服务 342

- 12.1 引言 342
- 12.2 Web 服务的定义 342
- 12.3 JAX-WS Web 服务 343
  - 12.3.1 JAX-WS Web 服务协议体系 344
  - 12.3.2 JAX-WS Web 服务工作模型 345
- 12.4 开发 JAX-WS Web 服务实例 346
  - 12.4.1 创建 Web 服务组件 346
  - 12.4.2 为 Web 服务组件添加业务逻辑 347
  - 12.4.3 部署 Web 服务 348
  - 12.4.4 测试 Web 服务 348
- 12.5 调用 JAX-WS Web 服务 351
  - 12.5.1 添加 Web 服务客户端 351
  - 12.5.2 调用 Web 服务 352
- 12.6 将会话 Bean 发布为 Web 服务 354
- 12.7 RESTful Web 服务 355
  - 12.7.1 什么是 REST 356
  - 12.7.2 利用 JAX-RS 开发 RESTful Web 服务 356
- 12.8 利用 JSON 交换数据 361
- 12.9 JAX-RS 与 JAX-WS 对比 364
- 小结 365
- 习题 12 366

第 13 章 综合练习 367

- 13.1 基础知识 367
  - 13.1.1 概述 367
  - 13.1.2 架构类型 367
- 13.2 功能需求 369
- 13.3 数据库设计 369
- 13.4 系统整体架构 370
- 13.5 系统实现 370
  - 13.5.1 表示逻辑层 370
  - 13.5.2 业务逻辑层 374
  - 13.5.3 数据表示层 375
- 13.6 运行界面 377
- 小结 378

第 1 章　Java EE 概述

本章要点：
- ☑ 企业应用的特征
- ☑ Java EE 的定义
- ☑ Java EE 的编程思想
- ☑ Java EE 的技术框架
- ☑ Java EE 的优点

本章首先介绍 Java EE 产生的背景，随后对 Java EE 的基本概念、编程思想、技术框架等内容进行详细讲解，最后对 Java EE 编程技术进行评析。

1.1　Java EE 产生的背景

随着社会信息化程度不断提高，越来越多的程序设计人员需要开发企业级的应用程序。为了满足开发企业级应用的需求，1998 年，Sun 公司在 J2SE（Java 2 Platform Standard Edition）基础上，提出了 J2EE（Java 2 Platform Enterprise Edition）。

说明：自 2005 年 J2EE 5.0 版本推出以后，Sun 正式将 J2EE 的官方名称改为 Java EE。因此在本书以后的描述中，统一使用 Java EE 这一名称。2009 年 Sun 公司被 Oracle 公司收购，因此 Java EE 也转归 Oracle 公司所有。

1.1.1　企业级应用程序特征

所谓企业级应用程序，并不是特指企业开发的应用软件，而是泛指那些为大型组织部门创建的应用程序。与常见的应用程序相比较，企业级应用程序一般具有以下特征。

（1）多用户。企业级应用通常需要服务大量用户群体，少则是一个单位或组织内的几十名员工，多则是数以亿计的社会人群。

（2）分布式。企业级应用程序通常不是运行在某个单独的 PC 上，而是通过局域网运行在某个组织内部，或通过 Internet 连接分布在世界各地的部门或用户。

（3）连续性。企业级应用通常需要 24×7 连续不停地运转，即使是短暂的服务中断也可能是无法接受的，例如，铁路调度系统、电子商务网站等。

（4）多变性。社会环境瞬息万变，企业组织必须不断地改变业务规则来适应社会信息的高速变化，相应地，对应用程序也不断提出新的需求。企业级应用程序必须具备弹性来及时适应需求的改变，同时又尽可能地减少资金的投入。

（5）可扩展性。在网络环境内，应用的潜在用户可能成百上千，企业级应用除了要考虑能够更加有效地利用企业不断增长的信息资源，还要充分考虑用户群体的膨胀给应用带来的性能上的扩展需求。

（6）安全性。维护应用系统的正常操作和运转，对于企业的成功来说至关重要。但仅仅做到这一点还不够，企业应用还必须保证企业信息的安全和系统运行的可靠性。

（7）集成化。企业应用除了满足自身的需求外，还经常需要与其他信息系统进行交互对接。例如，一个电子商务网站通常需要与物流信息系统和电子支付系统进行交互。

注：Java EE 是专为解决企业级应用开发提出的，牢记企业应用的上述特征是深入理解和灵活运用 Java EE 开发技术的前提和基础。

1.1.2 企业级应用程序体系结构

应用程序体系结构是指应用程序内部各组件间的组织方式。企业级应用程序的体系结构的设计经历了从两层结构到三层结构再到多层结构的演变过程。

1. 两层体系结构应用程序

如图 1-1 所示，两层体系结构应用程序分为客户层（Client）和服务器层（Server），因此又称为 C/S 模式。在两层体系结构中，客户层的客户端程序负责实现人机交互、应用逻辑、数据访问等职能；服务器层由数据库服务器来实现，主要职能是提供数据库服务。这种体系结构的应用程序有以下的缺点：

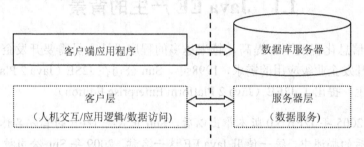

图 1-1 两层体系结构应用程序

（1）安全性低。客户端程序与数据库服务器直接连接，非法用户容易通过客户端程序侵入数据库，造成数据损失。

（2）部署困难。集中在客户端的应用逻辑导致客户端程序肥大，而且随着业务规则的不断变化，需要不断更新客户端程序，大大增加了程序部署工作量。

（3）耗费系统资源。每个客户端程序都要直接连到数据库服务器，使服务器为每个客户端建立连接而消耗大量宝贵的服务器资源，导致系统性能下降。

2. 三层体系结构应用程序

为解决两层体系结构应用程序带来的问题，软件开发领域又提出三层体系结构应用程序，在两层体系结构应用程序的客户层与服务器层之间又添加了一个第三层——应用服务器层。这样应用程序共分为客户层、应用服务器层、数据服务器层三个层次，如图 1-2 所示。与两层体系结构的应用相比，三层体系结构应用程序的客户层功能大大减弱，只用来实现人机交互，原来由客户层实现的应用逻辑、数据访问职能都迁移到应用服务器层上来实现，因此客户层通常被称作"瘦客户层"。数据服务层仍旧仅提供数据信息服务。由于客户层应用程序通常由一个通用的浏览器（Browser）程序实现，因此这种体系结构又被称作

B/S 模式或"瘦客户端"模式。应用服务器层是位于客户层与数据服务器层中间的一层，因此应用服务器被称作"中间件服务器"或"中间件"，应用服务器层又被称作"中间件服务器层"。

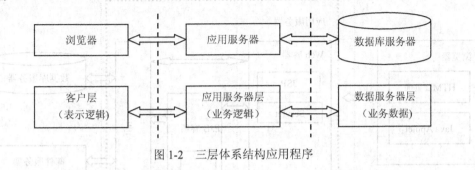

图 1-2 三层体系结构应用程序

相对于两层体系结构的应用程序，三层体系结构的应用程序具有以下优点：

（1）安全性高。中间件服务器层隔离了客户端程序对数据服务器的直接访问，保护了数据信息的安全。

（2）易维护。由于业务逻辑在中间件服务器上，当业务规则变化后，客户端程序基本不做改动，只需要升级应用服务器层的程序即可。

（3）快速响应。通过中间件服务器层的负载均衡以及缓存数据能力，可以大大提高对客户端的响应速度。

（4）系统扩展灵活。基于三层分布体系的应用系统，可以通过在应用服务器部署新的程序组件来扩展系统规模；当系统性能降低时，可以在中间件服务器层部署更多的应用服务器来提升系统性能，缩短客户端的响应时间。

3．多层体系结构应用程序

可以将中间件服务器层按照应用逻辑进一步划分为若干个子层，这样就形成了多层体系结构的应用程序。关于多层体系结构应用程序，类似于三层体系结构，此处不再赘述。在有些文献中也将三层以及三层以上体系结构应用程序统称为多层体系结构应用程序。

为了满足开发多层体系结构的企业级应用的需求，Sun 公司在早期的 J2SE 基础上，针对企业级应用的各种需求提出了 Java EE。

1.2 Java EE 定义

在深入学习 Java EE 之前，首先要明确什么是 Java EE。

1．Java EE 是一个标准中间件体系结构

不要被名称 Java Platform Enterprise Edition 误导，与 Java 不同，Java EE 是一种体系结构，而不是一门编程语言。Java 是一门编程语言，可以用来编写各种应用程序。Java EE 是一个标准中间件体系结构，旨在简化和规范分布式多层企业应用系统的开发和部署。

在 Java EE 出现之前，分布式多层企业应用系统的开发和部署没有一个被普遍认可的行业标准，几家主要的中间件开发商的产品各自为政，彼此之间缺乏兼容性，可移植性差，难以实现互操作。Java EE 的出现，规范了分布式多层体系的应用开发。Java EE 将企业应用程序划分为多个不同的层，并在每一层上定义对应的组件来实现它。典型的 Java EE 结构的应用程序包括四层：客户层、表示逻辑层（Web 层）、业务逻辑层和企业信息系统层，如图1-3所示。

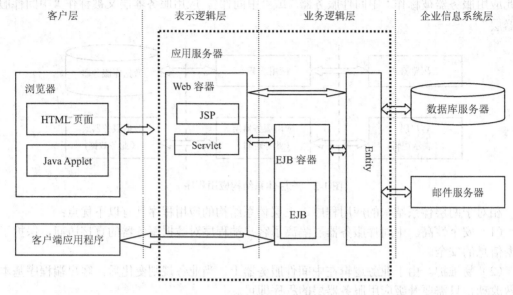

图1-3 Java EE 多层体系结构

客户层可以是网络浏览器或者桌面应用程序。

表示逻辑层（Web 层）、业务逻辑层都位于应用服务器上，它们都是由一些 Java EE 标准组件 JSP（Java Server Page）、Servlet、EJB（Enterprise Java Beans）和 Entity 等来实现的，这些组件运行在实现了 Java EE 标准的应用服务器上，以实现特定的表示逻辑和业务逻辑。

企业信息系统层主要用于企业信息的存储管理，主要包括数据库系统、电子邮件系统、目录服务系统等。Java EE 应用程序组件经常需要访问企业信息系统层来获取所需的数据信息。

Java EE 出现之前，企业应用系统的开发和部署没有被普遍认可的行业标准。Java EE 体系架构的实施可显著地提高企业应用系统的可移植性、安全性、可伸缩性、负载平衡和可重用性。

2. Java EE 是企业分布式应用开发标准集

Java EE 不但定义了企业级应用的架构体系，还在此基础上定义了企业级应用的开发标准。作为一个企业级应用开发标准集合，Java EE 主要包含以下内容：

（1）Java EE 规范了企业级应用组件的开发标准。Java EE 定义的组件类型有 Servlet、EJB、WebSocket 等。Java EE 标准规定了这些组件应该实现哪些接口方法。开发人员需要根据这些标准来开发相应的应用组件。

（2）Java EE 规范了容器提供的服务标准。组件的运行环境称为容器，容器通过提供标准服务来支持组件的运行。不同的组件由不同的容器来支撑运行。如 JSP 组件和 Servlet 运行在 Web 容器中，EJB 组件运行在 EJB 容器中。在 Java EE 规范中，容器实现的标准服务有安全、事务管理、上下文和依赖注入、校验和远程连接等。各容器厂商需要根据服务标准来开发相应的容器产品。

（3）Java EE 规范了企业信息系统的架构标准。为规范大型企业应用系统设计中的导航控制、数据校验、数据持久化等共性问题，Java EE 提出了 JSF 和 JPA 等架构，帮助程序设计人员改善应用开发的进度和质量。

Java 标准制定组织（Java Community Process，JCP）领导着 Java EE 规范和标准的制定，开发人员可以从网址 https://jcp.org/en/jsr/detail?id=366 下载最新的 Java EE 8 规范。截至 2017 年 10 月，最新的 Java EE 8 规范包含了 32 个具体的标准。

需要强调的是，Java EE 规范只是一个标准集，它不定义组件和容器的具体实现。容器由第三方厂商如 Oracle、IBM 来实现，通常被称为应用服务器。而组件由开发人员根据具体的业务需求来实现，各种不同类型的组件部署在容器里，最终构成了 Java EE 企业应用系统。

尽管不同的厂家有不同的容器产品实现，但它们都遵循同一个 Java EE 规范。因此遵循 Java EE 标准的组件，可以自由部署在这些由不同厂商生产，但相互兼容的 Java EE 容器环境内。企业级系统的开发由此变得简单高效。

说明：随着 Java EE 版本的升级，它所包含的技术规范越来越多。为了降低容器厂商支持 Java EE 规范的难度，Java EE 提出了 Profile 的概念。Profile 是针对特定应用领域的一个技术规范子集，它剪切掉了一些很少使用的技术，使得 Java EE 变得更加简洁，也便于开发商实现。目前 Java EE 规范中支持的唯一一个 Profile 是 Web Profile，它用来专门支持企业 Web 应用的开发。例如，Apache Tomcat 就是仅仅实现了 Web Profile 的应用服务器。

1.3 Java EE 编程思想

Java EE 为满足开发多层体系结构的企业级应用的需求，提出"组件-容器"的编程思想。Java EE 应用的基本软件单元是 Java EE 组件。所有的 Java EE 组件都运行在特定的运行环境之中。组件的运行环境被称为容器。Java EE 组件分为 Web 组件和 EJB 组件，相应地，Java EE 容器也分为 Web 容器和 EJB 容器。

容器为组件提供必需的底层基础功能，容器提供的底层基础功能被称为服务。组件通过调用容器提供的标准服务来与外界交互。为满足企业级应用灵活部署，组件与容器之间必须既松散耦合，又能够高效交互。为实现这一点，组件与容器都要遵循一个标准规范。这个标准规范就是 Java EE。

Java EE 容器由专门的厂商来实现，容器必须实现的基本接口和功能由 Java EE 规定定义，但具体如何实现完全由容器厂商自己决定。常见的 Java EE 服务器中都包含 Web 容器或 EJB 容器的实现。组件一般由程序员根据特定的业务需求编程实现。

所有的 Java EE 组件都是在容器的 Java 虚拟机中进行初始化的，组件通过调用容器提供的标准服务来与外界交互。容器提供的标准服务有命名服务、数据库连接、持久化、Java 消息服务、事务支持、安全服务等。因此在分布式组件的开发过程中，完全可以不考虑复杂多变的分布式计算环境，而专注于业务逻辑的实现，这样可大大提高组件开发的效率，降低开发企业级应用程序的难度。

那么组件与容器之间是如何实现交互的呢？即容器如何知道要为组件提供何种服务，组件又是如何来获取容器提供的服务呢？Java EE 采用部署描述文件来解决这一难题。每个发布到服务器上的应用除了要包含自身实现的代码文件外，还要包括一个 XML 文件，称为部署描述文件。部署描述文件中详细描述了应用中的组件所要调用的容器服务的名称、参数等。部署描述文件就像组件与容器间达成的一个"契约"，容器根据部署描述文件的内容为组件提供服务，组件根据部署文件中的内容来调用容器提供的服务。

从上面的介绍中开发人员可以感觉，部署描述文件的配置是 Java EE 开发中的一项重要而又烦琐的工作。值得庆幸的是，自 Java EE 5 规范推出以来，Java EE 支持在组件的实现代码中引入注解来取代配置复杂的部署描述文件。所谓注解，是 JDK 5 版本后支持的一种功能机制，它支持在 Java 组件的源代码中嵌入元数据信息，在部署或运行时应用服务器将根据这些元数据对组件进行相应的部署配置。关于注解，后面的章节中还会详细论述。容器在组件部署时通过提取注解信息来决定如何为组件提供服务。注解的出现大大简化了 Java EE 应用程序的开发和部署，是 Java EE 规范的一项重大进步。

更值得一提的是，从 Java EE 6 规范开始，还引入了一种"惯例优于配置"或者称为"仅异常才配置"的思想。通俗一点讲，就是对于 Java EE 组件的一些属性和行为，容器将按照一些约定俗成的惯例来自动进行配置，此时开发人员甚至连注解都可以省略。只有当组件的属性和行为不同于惯例时，才需要进行配置。这种编程方式大大降低了程序人员的工作量，也是需要开发人员逐渐熟悉和适应的一种编程技巧。

1.4　Java EE 技术框架

作为一个企业分布式应用开发标准集，Java EE 由一系列的企业应用开发技术来最终实现。Java EE 技术框架可以分为四个部分：组件技术、服务技术、通信技术和架构技术。整个 Java EE 技术框架体系如图 1-4 所示。

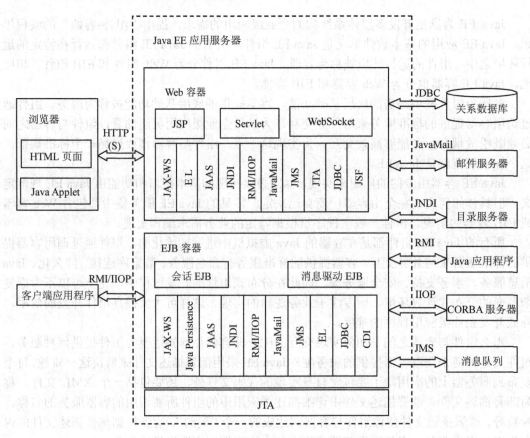

图 1-4　Java EE 技术体系结构

1.4.1 组件技术

组件是 Java EE 应用的基本单元。Java EE 8 提供的组件主要包括三类：客户端组件、Web 组件和业务组件。

1．客户端组件

Java EE 客户端既可以是一个 Web 浏览器、一个 Applet，也可以是一个应用程序。

1) Web 浏览器

Web 浏览器又称为瘦客户。它通常只进行简单的人机交互，不执行如查询数据库、业务逻辑计算等复杂操作。

2) Applet

Applet 是一个用 Java 语言编写的小程序，运行在浏览器上的虚拟机里，通过 HTTP 等协议和服务器进行通信。

3) 应用程序客户端

Java EE 应用程序客户端运行在客户端机器上，它为用户处理任务提供了比标记语言更丰富的接口。典型的 Java EE 应用程序客户端拥有通过 Swing 或 AWT API 建立的图形用户界面。应用程序客户端直接访问服务器在 EJB 容器内的 EJB 组件。当然，Java EE 客户应用程序也可像 Applet 客户那样通过 HTTP 连接与服务器的 Servlet 通信。与 Applet 不同的是，应用程序客户端一般需要在客户端进行安装，而 Applet 是通过 Web 下载，无须专门安装。

2．Web 组件

Web 组件是在 Java EE Web 容器上运行的软件程序。它的功能是基于 HTTP 协议对 Web 请求进行响应。这些响应其实是动态生成的网页。用户每次在浏览器上单击一个链接或图标，实际上是通过 HTTP 请求向服务器发出请求。Web 服务器负责将 Web 请求传递给 Web 组件。Java EE 平台的 Web 组件对这些请求进行处理后生成动态内容再通过 Web 容器返回给客户端。

Java EE Web 组件包括 Servlet、JSP 和 WebSocket。

Servlet 是 Web 容器里的程序组件。Servlet 实质上是动态处理 HTTP 请求和生成网页的 Java 类。

JSP 是 Servlet 的变形，它像是文本格式的 Servlet，它的写法有些像写网页，这样就为应用开发者（特别是不熟悉 Java 语言的）提供了方便，JSP 在 Web 容器内会被自动编译为 Servlet，编写 JSP 比编写 Servlet 程序更简洁。

WebSocket 用来实现客户端与服务器之间基于连接的交互。

3．业务组件

业务组件指运行在图 1-3 所示的业务逻辑层的组件，它们主要完成业务逻辑处理功能。业务组件包含 EJB 组件和 Entity 组件两大类。EJB 组件用于实现特定的应用逻辑，而不是像 Web 组件一样负责处理客户端请求并生成适应客户端格式要求的动态响应。EJB 组件能够从客户端或 Web 容器中接收数据并将处理过的数据传送到企业信息系统来存储。由于 EJB 依赖 Java EE 容器进行底层操作，使用 EJB 组件编写的程序具有良好的扩展性和安全性。

Java EE 支持两种类型的 EJB 组件：Session Bean（会话 Bean）和 Message-Driven Bean

（消息驱动 Bean）。

Entity 组件主要用来完成应用数据的持久化操作。

1.4.2 服务技术

Java EE 容器为组件提供了各种服务，这些服务是企业应用经常用到但开发人员难以实现的，例如，命名服务、部署服务、数据连接、数据事务、安全服务和连接框架等。现在这些服务已经由容器实现，因此 Java EE 组件只要调用这些服务就可以了。

1. 命名服务

Java EE 命名服务提供应用组件（包括客户、EJB、Servlet、JSP 等）程序命名环境。在传统的面向对象编程中，如果一个类 A 要调用另一个类 B，A 需要知道 B 的源程序然后在其中创建一个 B 的实例。当一方程序改变时，就要重新编译，而且类之间的连接比较混乱。JNDI（Java Naming and Directory Interface，Java 命名和目录服务接口）简化了企业应用组件之间的查找调用。它提供了应用的命名环境（Naming Environment）。这就像一个公用电话簿，企业应用组件在命名环境注册登记，并且通过命名环境查找所需其他组件。

JNDI API 提供了组件进行标准目录操作的方法，例如，将对象属性和 Java 对象联系在一起，或者通过对象属性来查找 Java 对象。

2. 数据连接服务

数据库访问几乎是任何企业应用都需要实现的。JDBC（Java DataBase Connectivity，Java 数据库连接）API 使 Java EE 平台和各种关系数据库之间连接起来。JDBC 技术提供 Java 程序和数据库服务器之间的连接服务，同时它能保证数据事务的正常进行。另外，JDBC 提供了从 Java 程序内调用 SQL 数据检索语言的功能。Java EE 8 平台使用 JDBC 4.1。

3. Java 事务服务

JTA（Java Transaction API，Java 事务 API）允许应用程序执行分布式事务处理——在两个或多个网络计算机资源上访问并且更新数据。JTA 用于保证数据读写时不会出错。当程序进行数据库操作时，要么全部成功完成，要么一点也不改变数据库内容。最怕的是在数据更改过程中程序出错，那样整个系统的业务状态和业务逻辑就会陷入混乱。所以，数据事务有一个"不可分微粒"的概念，是指一次数据事务过程不能间断，JTA 保证应用程序的数据读写进程互相不干扰。如果一个数据操作能整个完成，它就会被批准；否则，应用程序服务器就当什么都没做。应用程序开发者不用自己实现这些功能，从而简化了数据操作。数据事务技术使用 JTA 的 API，它可以在 EJB 层或 Web 层实现。

4. 安全服务

JAAS（Java Authentication Authorization Service，Java 验证和授权服务）提供了灵活和可伸缩的机制来保证客户端或服务器端的 Java 程序。Java 早期的安全框架强调的是通过验证代码的来源和作者，保护用户避免受到下载下来的代码的攻击。JAAS 强调的是通过验证谁在运行代码以及他/她的权限来保护系统免受用户的攻击。它让用户能够将一些标准的安全机制，例如 Solaris NIS（网络信息服务）、Windows NT、LDAP（轻量目录存取协议）或 Kerberos 等通过一种通用的可配置的方式集成到系统中。

5. Java 连接框架

JCA（Java Connector Architecture，Java 连接框架）是一组用于连接 Java EE 平台到企

业信息系统（EIS）的标准 API。企业信息系统是一个广义的概念，它指企业处理和存储信息数据的程序系统，譬如企业资源计划（ERP）、大型机数据事务处理以及数据库系统等。由于很多系统已经使用多年，这些现有的信息系统又称为遗产系统（Legacy System），它们不一定是标准的数据库或 Java 程序，例如，非关系数据库等系统。JCA 定义了一套扩展性强、安全的数据交互机制，解决了遗留系统与 EJB 容器和组件的集成问题。这使 Java EE 企业应用程序能和其他类型的系统进行通话。

6. Web 服务

Web 服务通过基于 XML 的开放标准使企业之间进行信息连接，企业使用基于 XML 的 Web 服务描述语言（Web Services Description Language，WSDL）来描述它们的 Web 服务（比如银行转账、价格查询等）；通过 Internet，系统之间可以使用 Web 服务注册来查找被登记的服务目录，这样实现了真正在 Internet 上的信息查询和交换。Java 的 Web 服务实现主要提供与 XML 和 Web 服务协议有关的 API 等。

7. 上下文和依赖注入

上下文和依赖注入（Contexts and Dependency Injection，CDI）使得容器以类型安全的松耦合的方式为 EJB 等组件提供一种上下文服务。它将 EJB 等受控组件的生命周期交由容器来管理，降低了组件之间的耦合度，大大提高了组件的重用性和可移植性。

1.4.3 通信技术

Java EE 通信技术提供了客户和服务器之间及在服务器上不同组件之间的通信机制。Java EE 平台支持几种典型的通信技术：Internet 协议、RMI（Remote Method Invocation，远程方法调用）、OMGP（Object Manage Group Protocol，对象管理组协议）、消息技术（Messaging）等。

1. Internet 协议

Java EE 平台能够采用通用的 Internet 协议实现客户服务器和组件之间的远程网络通信。

TCP/IP（Transport Control Protocol over Internet Protocol，互联协议之上的传输控制协议）是 Internet 在传输层和 Web 层的核心通信协议。

HTTP 是在互联网传送超文本文件的协议。HTTP 消息包括从客户端到服务器的请求和从服务器到客户端的响应，HTTP 协议和 Web 浏览器被称为 Internet 最普及和最常用的功能。大多数 Web 服务器都提供 HTTP 端口和互联网进行通信，在 HTTP 之上的 SOAP（Simple Object Access Protocol，简单对象访问协议）成为受到广泛关注的 Web 服务基础协议。目前使用最广泛的版本为 HTTP 1.1，不过随着 HTTP 2 以更优异的性能和安全性被广泛应用，Java EE 8 规范中也提供了对 HTTP 2 的支持。

SSL 3.0（Secure Socket Layer，安全套接字层）是 Web 的安全协议。它在 TCP/IP 之上对客户和服务器之间的 Web 通信信息进行加密而不被窃听，它可以和 HTTP 共同使用（即HTTPS）。服务器可以通过 SSL 对客户进行验证。

2. RMI

RMI 是 Java 的一组用于开发分布式应用程序的 API。RMI 使用 Java 语言接口定义了远程对象（在不同机器操作系统的程序对象），它结合了 Java 序列化（Java serialization）

和 Java 远程方法协议（Java Remote Method Protocol）。简单地说，这样使原先的程序在同一操作系统的方法调用，变成了不同操作系统之间程序的方法调用。由于 Java EE 是分布式程序平台，它以 RMI 机制实现程序组件在不同操作系统之间的通信。比如，一个 EJB 可以通过 RMI 调用网络上另一台机器上的 EJB 远程方法。

3．OMGP

OMGP 协议允许在 Java EE 平台上的对象通过 CORBA 技术和远程对象通信。CORBA 对象以 IDL（Interface Define Language，接口定义语言）定义，程序对象以 IDL 编译器使对象和 ORB（Object Request Broker，对象请求中介）连接；ORB 就像是程序对象之间的介绍人，它帮助程序对象相互查找和通信，ORB 使用 IIOP（Internet Inter-ORB Protocol，Internet 间对象请求代理协议）和对象进行通信；OMG 是一个广义的概念，Java EE 平台要使用 Java IDL 和 RMI-IIOP 来实现 OMG。

4．Java 通信服务技术

Java EE 结合使用 RMI 和 OMG 来提供组件间的通信服务。Java IDL 允许 Java 客户通过 CORBA 调用使用 IDL 定义了的远程对象，它属于 Java 标准版的技术，它提供的编译器可以根据 CORBA 对象生成桩（stub，Java 客户端接口）；Java 客户连接桩并以 CORBA API 访问 CORBA 对象，编写 Java RMI 和 CORBA 的程序比较复杂，Java EE 应用服务器的好处是将此过程进行了简化，开发人员可以不必考虑很多多层 RMI 和 CORBA 的细节，只要理解其基本概念和使用方法就够了。

5．Java 消息技术和邮件技术

JMS（Java Message Service，Java 消息服务）API 允许 Java EE 应用程序访问企业消息系统，例如，IBM MQ 系列产品和 JBoss 的 JBossMQ。在 Java EE 平台上，消息服务依靠消息 EJB 来实现。

Java 邮件（Java Mail）API 提供能进行电子邮件通信的一套抽象类和接口。它们支持多种电子邮件格式和传递方式。Java 应用可以通过这些类和接口收发电子邮件，也可以对其进行扩充。

1.4.4 架构技术

在 Java EE 6 之前的 Java EE 规范中，主要从微观的角度来规范企业应用的开发，关注的重点在组件级别上如何处理应用服务器与客户端的交互以及 Java EE 组件与容器之间的交互。但随着 Java EE 的广泛应用，在 Java EE 企业应用的构建过程中一些架构层面上的共性问题（如页面导航、国际化、数据持久化、输入校验等）逐渐显现。这些问题是每个 Java EE 开发人员构建企业应用时几乎必然遇到的，但 Java EE 规范并没有对此给出答案，因此，各种第三方架构大行其道，如 Struts 2、Hibernate、Spring、Seam 等。这些众多的框架给开发人员带来很大的学习压力，也给 Java EE 服务器厂商带来更多的麻烦，限制了他们为 Java EE 应用提供更高级的支持。因此，从 Java EE 6 规范开始，Java EE 吸收了业界流行的架构的优点，增加了架构方面的一些标准规范。

1．JSF

JSF（Java Server Faces）是一种用于构建 Java EE Web 应用表现层的框架标准。它提供了一种以组件为中心的事件驱动的用户界面构建方法，从而大大简化了 Java EE Web 应用

的开发。通过引入基于组件和事件驱动的开发模式，使开发人员可以使用类似于处理传统桌面应用界面的方式来开发 Web 应用程序。JSF 还通过将良好构建的模型-视图-控制器（MVC）设计模式集成到它的体系结构中，使行为与表达清晰分离，确保了应用程序具有更高的可维护性。Java EE 8 规范中包含的 JSF 的版本为 2.3。

2．JPA

持久化对于大部分企业应用来说都是至关重要的，因为企业应用中的大部分信息都需要持久化存储到关系数据库等永久介质中。尽管有不少选择可以用来构建应用程序的持久化层，但是并没有一个统一的标准可以用在 Java EE 环境中。作为 Java EE 规范中的一部分，JPA（Java Persistence API，Java 持久化应用接口）规范了 Java 平台下的持久化实现，大大提高了应用的可移植性。Java EE 8 规范中包含的 JPA 的版本为 2.2。

3．Bean Validation

输入校验是企业应用中一项重要又十分烦琐的任务。在 Java EE 分层架构的应用中，每一层都需要对企业数据进行校验。然而对于同一个业务数据多次重复实现同样的验证逻辑并不是好的设计方法，它既容易出错，还降低了应用可维护性。为实现企业数据的统一校验，Java EE 提出了 Bean Validation 规范。Java EE 8 规范中包含的 Bean Validation 的版本为 2.0。

4．Java EE 优点

Java EE 体系架构具有以下优点：

（1）独立于硬件配置和操作系统。Java EE 应用运行在 JVM（Java Virtual Machine，Java 虚拟机）上，利用 Java 本身的跨平台特性，独立于硬件配置和操作系统。JRE（Java 2 Runtime Environment，Java 运行环境）几乎可以运行于所有的硬件/操作系统组合之上。因此 Java EE 架构的企业应用使企业免于高昂的硬件设备和操作系统的再投资，保护已有的 IT 投资。

（2）坚持面向对象的设计原则。作为一门完全面向对象的语言，Java 几乎支持所有的面向对象的程序设计特征。面向对象和基于组件的设计原则构成了 Java EE 应用编程模型的基础。Java EE 多层结构的每一层都有多种组件模型。因此开发人员所要做的就是为应用项目选择适当的组件模型组合，灵活地开发和装配组件，这样不仅有助于提高应用系统的可扩展性，还能有效地提高开发速度，缩短开发周期。

（3）灵活性、可移植性和互操作性。利用 Java 的跨平台特性，Java EE 组件可以很方便地移植到不同的应用服务器环境中。这意味着企业不必再拘泥于单一的开发平台。Java EE 的应用系统可以部署在不同的应用服务器上，在全异构环境下，Java EE 组件仍可彼此协同工作。这一特征使得装配应用组件首次获得空前的互操作性。

（4）轻松的企业信息系统集成。Java EE 技术出台后不久，很快就将 JDBC、JMS 和 JCA 等一批标准归纳为自身体系之下，这大大简化了企业信息系统整合的工作量，方便企业将诸如遗产系统、ERP 和数据库等多个不同的信息系统进行无缝集成。

（5）旺盛的生命力。Java EE 规范秉着兼容包并的原则，版本一直在持续进化，对企业应用开发中不断涌现的新技术（如 HTML5、JSON 等）及时提供支持。

小　　结

企业级应用开发所面临的分布式、安全性、高速变化等挑战要求企业应用程序采用分布式多层体系架构。为规范分布式多层应用系统的开发和部署，Java EE 应运而生。Java EE

既是标准中间件体系结构，同时又是一个为企业分布式应用的开发提供的标准集合。Java EE 的核心编程思想是"组件-容器"，应用程序由组件组成，组件运行在容器中，容器为组件提供一些通用服务，如事务处理、安全认证等，组件专注于应用逻辑的实现，并通过调用容器提供的服务实现应用程序所需的功能。Java EE 体系技术框架可以分为 4 部分：组件技术、服务技术、通信技术和架构技术。Java EE 体系架构具有独立性、可移植性、集成性等优点。

习 题 1

1. 什么是 Java EE？
2. 为什么提出 Java EE 体系架构？
3. Java EE 核心设计思想是什么？
4. 简述 Java EE 体系包含的主要技术。
5. Java EE 应用有哪些优点？

第 2 章　搭建开发环境

本章要点：
- ☑ Java EE 开发环境搭建
- ☑ Java EE 开发环境测试

本章首先讲解如何利用 JDK、NetBeans IDE 和 GlassFish Server 来搭建 Java EE 开发环境，然后通过一个具体示例对开发环境进行测试。

2.1　概　　述

Java EE 应用开发环境分为两大类：基于命令行的开发环境和集成开发环境。基于命令行的开发环境利用简单的文本编辑器编写程序代码，通过运行 Java 命令实现程序的编译、发布、运行等操作。这种开发方式对于开发人员要求较高，且比较烦琐、易出错，不易为初学者掌握。因此对于初学者来说最适合使用集成开发环境进行入门学习。收费的 Java EE 应用集成开发环境有 Genuitec 公司的 MyEclipse、IBM 的 WSAD（Websphere Studio Application Developer，WebSphere 应用开发者工作室）等，但这些集成开发环境价格昂贵，且运行时对机器的硬件配置要求比较高。网络上一些免费集成开发环境如 NetBeans IDE、Eclipse 等为 Java EE 开发环境的构建提供了另一条途径。

NetBeans IDE 是 Oracle 公司为软件开发者提供的一个免费、开放源代码的集成开发环境。NetBeans IDE 易于安装和使用。它为 Java EE 开发者创建其应用程序提供了所需的全部工具。Java EE 编程属于服务器端应用的编程，因此 Java EE 程序的运行还需要一个应用服务器的支持。NetBeans IDE 8 内置了开源的应用服务器 GlassFish，它全面支持最新的 Java EE 规范，为开发人员部署、调试程序提供了一个良好的平台。因此，本书将基于 NetBeans IDE 来讲解 Java EE 的各项编程技术。

下面就详细介绍在 Windows 10 操作系统下如何利用 NetBeans IDE 来搭建 Java EE 集成开发环境。

说明：本书所有 Java EE 编程示例，都将使用本章搭建的 Java EE 开发环境配置——Windows 10（64bit）+ JDK8+ NetBeans 8.2。由于 Java EE 跨平台的优点，本书中的代码完全可以运行在其他兼容 Java EE 8 规范的应用服务器上。需要特别说明的是，在编写此书时，支持 Java EE 8 规范的 GlassFish Server 5 开源版尚未集成到 NetBeans IDE 8.2 中。因此在 2.3 节将演示如何在 NetBeans IDE 中配置 GlassFish Server 5 开源版。

2.2 安装 JDK+NetBeans IDE

JDK（Java Development Kit，Java 开发包）是用于构建发布在 Java 平台上的组件和应用程序的开发环境。它是 Java 应用程序开发的基础，所有的 Java 应用程序都构建在 JDK 之上。开发人员可以到 Oracle 网站上下载 JDK 最新版本。

说明：NetBeans IDE 8.2 至少需要 JDK 8 以上的版本。

为方便开发人员使用，Oracle 已经将 JDK 和 NetBeans IDE 集成到一个安装包，开发人员可从 http://www.oracle.com/technetwork/java/javase/downloads/jdk-netbeans-jsp-142931.html 下载此集成安装包。

双击安装包文件 jdk-8u151-nb-8_2-windows-x64.exe，开始安装 Java EE 开发环境，如图 2-1 所示。

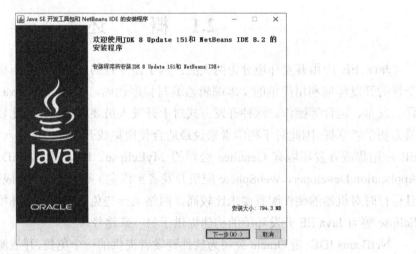

图 2-1 开始安装过程

单击"下一步"按钮继续安装过程，得到如图 2-2 所示的对话框。

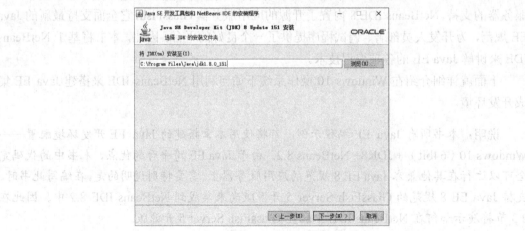

图 2-2 选择 JDK 安装路径

这里可选择 JDK 的安装路径。采用默认路径选项设置，单击"下一步"按钮，得到如图 2-3 所示的对话框。

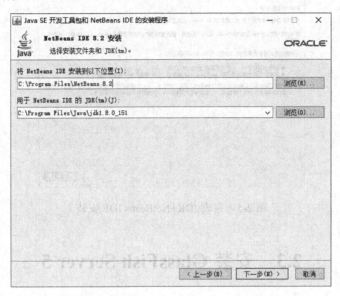

图 2-3 选择 NetBeans 安装路径

这里可选择 NetBeans IDE 的安装路径以及 NetBeans IDE 所使用的 JDK 的安装路径。默认所有路径选项设置，单击"下一步"按钮，得到如图 2-4 所示的对话框。

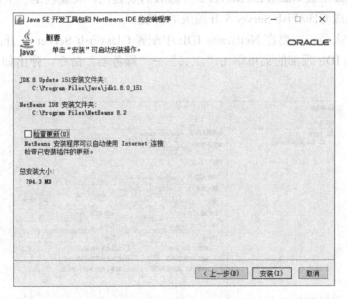

图 2-4 确认安装选项

确认图 2-4 中所示信息无误后，单击"安装"按钮开始开发环境安装，最后得到如图 2-5 所示对话框，单击"完成"按钮，安装过程结束。

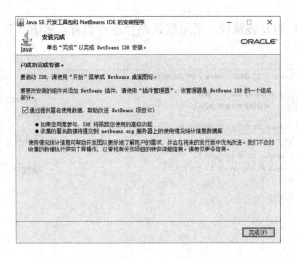

图 2-5 完成 JDK+NetBeans IDE 安装

2.3 安装 GlassFish Server 5

GlassFish Server 5 开源版是一个免费的 Java EE 应用服务器，提供了 Java EE 8 规范的参考实现。本书所有的示例都运行在此服务器上。由于写作本书时，NetBeans IDE 内置的仍旧是 GlassFish 的老版本，因此开发人员需要单独从网址 https://javaee.github.io/glassfish/download 下载 GlassFish Server 5 开源版的安装包。安装包是一个压缩文件，只需要解压缩即可完成 GlassFish Server 5 开源版的安装。

下一步开发人员还需要在 NetBeans IDE 中配置 GlassFish Server 5 开源版。具体操作为：在 NetBeans IDE 顶部的菜单单击"工具"→"服务器"命令，弹出如图 2-6 所示的对话框。

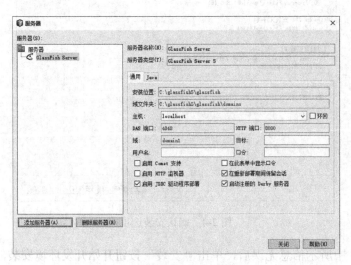

图 2-6 NetBeans 服务器对话框

单击左下角的"添加服务器"按钮，弹出如图 2-7 所示的对话框。

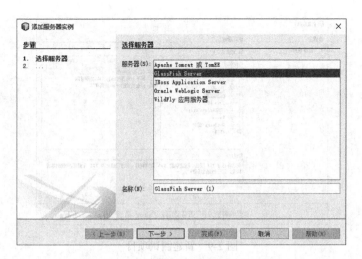

图 2-7 选择添加服务器实例的种类

在"服务器"列表中选中 GlassFish Server,单击"下一步"按钮,得到如图 2-8 所示的对话框。

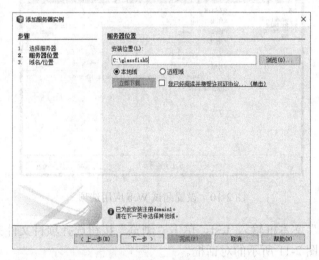

图 2-8 选择 GlassFish Server 5 安装路径

单击右侧的"浏览"按钮来选择 GlassFish Server 5 安装路径。单击"下一步"按钮,在随后的操作中默认所有选项设置,最终完成 GlassFish Server 5 在 NetBeans IDE 中的配置。

2.4 开发环境测试

下面通过创建一个包含动态 JSP 页面的 Java EE 应用来对新搭建的 Java EE 开发环境进行测试。关于 JSP 编程的详细指导将在第 4 章展开。

打开 NetBeans IDE,选择"文件"菜单的"新建项目"选项,弹出"新建项目"对话框,如图 2-9 所示。

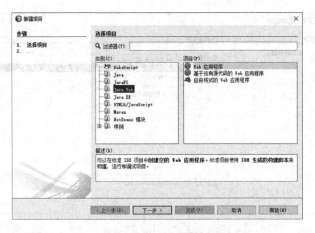

图 2-9　新建测试项目

在"类别"列表框中选中 Java Web 选项,在"项目"列表框中选中"Web 应用程序"。单击"下一步"按钮,得到如图 2-10 所示的对话框。

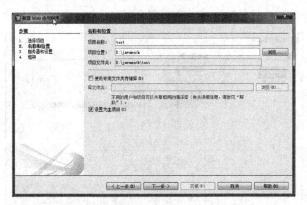

图 2-10　设置测试 Web 应用选项

在"项目名称"文本框输入 test。单击"浏览"按钮选择项目文件夹位置,单击"下一步"按钮得到如图 2-11 所示的对话框。

图 2-11　设置 Web 应用服务器

Web 应用程序必须发布到 Java EE Web 服务器上才能够运行。因此从"服务器"下拉列表框中选择 2.3 节配置的 GlassFish Server，默认其他选项设置，单击"完成"按钮，Web 应用程序创建完毕。

下面在 Web 应用程序中添加一个动态 JSP 页面。在 NetBeans IDE 的项目视图中选中新建的项目 test，右击，选择"新建"→JSP 命令，弹出如图 2-12 所示的对话框。默认所有选项设置，单击"完成"按钮，JSP 页面创建完成。

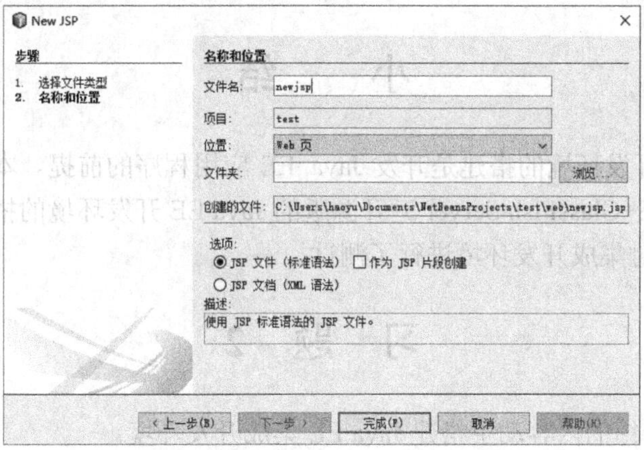

图 2-12　新建 JSP 测试页面

newjsp.jsp 可动态显示 Java EE 服务器当前时间，完整代码如程序 2-1 所示。

程序 2-1：newjsp.jsp

```
<%@page contentType="text/html"%>
<%@page pageEncoding="UTF-8"%>
<html>
    <head>
        <meta http-equiv="Content-Type" content="text/html; charset=UTF-8">
        <title>测试页面</title>
    </head>
    <body>
    <center><%out.print(new java.util.Date());%></center>
    </body>
</html>
```

下面发布 newjsp.jsp 到应用服务器上。在"项目"视图中选中文件 newjsp.jsp，右击，在弹出的快捷菜单中选择"运行文件"命令，则 Web 应用程序 test 被打包、部署且内置的应用服务器 GlassFish Server 5 被启动，在自动弹出的浏览器窗口中，将得到如图 2-13 所示的运行结果页面。

页面显示的为 GlassFish Server 5 服务器当前时间，通过不断刷新页面，可以看到显示时间随服务器时间改变而改变。至此，利用本章搭建的开发环境，一个 Java EE 应用从创建、编码、发布到运行已全部顺利通过。

图 2-13　动态显示服务器当前时间的测试页面

小　　结

　　Java EE 集成开发环境的搭建是开发 Java EE 应用程序的前提。本节详细介绍了基于 JDK＋NetBeans IDE+GlassFish Server 5 开源版的 Java EE 开发环境的搭建方法，并通过建立一个测试项目来对集成开发环境进行了测试。

习　题　2

1．按照本章介绍的内容动手搭建 Java EE 集成开发环境。
2．熟悉 NetBeans IDE 开发环境的使用。

第 3 章　　Servlet

本章要点：
- ☑ Servlet 的工作原理
- ☑ Servlet 的基本编程技能，包括请求处理、响应生成和参数配置等
- ☑ Servlet 的高级编程技能，包括会话管理、上下文和 Servlet 间协作
- ☑ Servlet Filter 的工作原理和编程方法
- ☑ Servlet Listener 的工作原理和编程方法

本章首先讲解 Servlet 的定义和工作原理，随后通过示例讲解 Servlet 编程基础包括请求处理、响应生成和参数配置等；在此基础上，对会话管理、Servlet 上下文、Servlet 间协作等高级编程技巧进行深入讲解；最后介绍 Servlet 编程中的两类高级功能组件 Filter 和 Listener。

3.1　Web 应用模型

Java EE 企业应用最常见的场景就是处理 Web 请求并生成动态响应。因此 Java EE 学习之旅的第一站自然从 Java EE 的 Web 组件 Servlet 开始。不过在学习 Servlet 编程之前，开发人员应该首先了解 Web 应用是如何工作的。

所谓 Web 应用，指的是可通过 Web 访问的应用程序，如门户网站等。区别于在计算机本地运行的桌面应用如 Word、Excel 等，Web 应用由客户端和服务器两部分组成，二者通过 HTTP 协议进行交互，如图 3-1 所示。

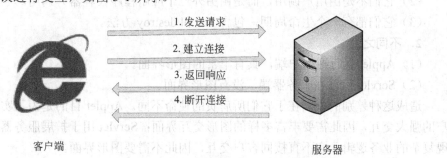

图 3-1　Web 应用模型

HTTP 是 Web 应用最常用的协议。最广泛使用的 HTTP 版本是 1.1，它工作在请求响应模式下，一次请求处理流程包含如下四个步骤。

（1）客户端向服务器发送一个请求，请求头部包含请求的方法、URI、协议版本，以及包含请求修饰符、客户端信息和内容的类似 MIME 的消息结果。

（2）服务器接收到请求信息后建立与客户端的连接。

（3）服务器对客户端提交的请求信息进行处理，并最终返回一个响应，内容包括消息协议的版本、成功或失败编码加上包含服务器信息、实体元信息以及其他内容。

（4）服务器断开与客户端的连接。

如果客户端需要再次向服务器请求信息，则进入如上所示新一轮的处理流程。

对于 HTTP 1.1 协议有以下两个特性开发人员必须要牢记：

（1）HTTP 协议是无状态的。服务器并不会记录和保存客户端的任何信息。也就是说，同一用户在第二次访问同一服务器上的页面时，服务器的响应过程与第一次被访问时相同。至于服务器如何处理来自同一客户端的请求，将在 3.7 节进行深入讲解。

（2）HTTP 是无连接的。服务器并不会保持与客户端的永久性连接。服务器只是在收到客户端的请求后才会与客户端建立起连接，一旦服务器生成响应并返回客户端，服务器就将断开与客户端的连接。如果客户端需要请求服务器上另外一个资源，则需要重新建立与服务器的连接。

3.2 Servlet 基础

3.2.1 Servlet 定义

Servlet 是服务器端的 Java 应用程序，它用来扩展服务器的功能，可以生成动态的 Web 页面。Servlet 与传统 Java 应用程序最大的不同在于：它不是从命令行启动的，而是由包含 Java 虚拟机的 Web 服务器进行加载。

Applet 是运行于客户端浏览器的 Java 应用程序，Servlet 与 Applet 相比较，有以下特点。

1. 相似之处

（1）它们不是独立的应用程序，没有 main 方法。

（2）它们不是由用户调用，而是由另外一个应用程序（容器）调用。

（3）它们都有一个生命周期，包含 init 和 destroy 方法。

2. 不同之处

（1）Applet 运行在客户端，具有丰富的图形界面。

（2）Servlet 运行在服务器端，没有图形界面。

造成这种差别的原因在于它们所肩负的使命不同。Applet 目的是为了实现浏览器与客户的强大交互，因此需要丰富多样的图形交互界面；Servlet 用于扩展服务器端的功能，实现复杂的业务逻辑，它不直接同客户交互，因此不需要图形界面。

Servlet 最大的用途是通过动态响应客户端请求来扩展服务器功能。

3.2.2 Servlet 工作流程

Servlet 运行在 Web 服务器上的 Web 容器里。Web 容器负责管理 Servlet。它装入并初始化 Servlet，管理 Servlet 的多个实例，并充当请求调度器，将客户端的请求传递到 Servlet，并将 Servlet 的响应返回给客户端。Web 容器在 Servlet 的使用期限结束时终结该 Servlet。服务器关闭时，Web 容器会从内存中卸载和除去 Servlet。

Servlet 的基本工作流程如下：

（1）客户端将请求发送到服务器。

（2）服务器上的 Web 容器实例化（装入）Servlet，并为 Servlet 进程创建线程。请注意，Servlet 是在出现第一个请求时装入的，在服务器关闭之前不会卸载它。

注意：Servlet 也可以配置为 Web 应用程序启动时自动装载。关于如何配置 Servlet 将在 3.6 节详细讲解。

（3）Web 容器将请求信息发送到 Servlet。

（4）Servlet 创建一个响应，并将其返回到 Web 容器。Servlet 使用客户端请求中的信息以及服务器可以访问的其他信息资源（如资源文件和数据库等）来动态构造响应。

（5）Web 容器将响应返回客户端。

（6）服务器关闭或 Servlet 空闲时间超过一定限度时，调用 destroy 方法退出。

从上面 Servlet 的工作基本流程可以看出，客户端与 Servlet 间没有直接的交互。无论是客户端对 Servlet 的请求还是 Servlet 对客户端的响应，都是通过 Web 容器来实现的，这就大大提高了 Servlet 组件的可移植性。

下面对 Servlet 的工作基本流程进行详细说明。

1．Servlet 装入和初始化

第一次请求 Servlet 时，服务器将动态装入并实例化 Servlet。开发人员可以通过 Web 配置文件将 Servlet 配置成在 Web 服务器初始化时直接装入和实例化。Servlet 调用 init 方法执行初始化。init 方法只在 Servlet 创建时被调用，所以，它常被用来作为一次性初始化的工作，如装入初始化参数或获取数据库连接。

init 方法有两个版本：一个没有参数，一个以 ServletConfig 对象作为参数。

2．调用 Servlet

每个 Servlet 都对应一个 URL 地址。Servlet 可以作为显式 URL 引用调用，或者嵌入在 HTML 中并从 Web 应用程序调用。

Servlet 和其他资源文件（如 JSP 文件、静态 HTML 文本等）打包作为一个 Web 应用存放在 Web 服务器上。对于每个 Web 应用，都可以存在一个配置文件 web.xml。关于 Servlet 的名称、对应的 Java 类文件、URL 地址映射等信息都存放在配置文件 web.xml 中。当 Web 服务器接收到对 URL 地址的请求信息时，会根据配置文件中 URL 地址与 Servlet 之间的映射关系将请求转发到指定的 Servlet 来处理。

说明：自 Java EE 6 版本以来，Java EE 规范推荐使用注解来配置 Web 组件，而不是使用配置文件 web.xml。注解是内嵌在 Java 代码中的一种特殊标记，关于注解的使用本书后面的示例中会反复讲到。因此，在 Java EE 6 版本以上的 Web 应用中，也允许没有配置文件 web.xml 存在。

3．处理请求

当 Web 容器接收到对 Servlet 的请求，Web 容器会产生一个新的线程来调用 Servlet

的 service 方法。service 方法检查 HTTP 请求类型（GET、POST、PUT、DELETE 等），然后相应地调用 Servlet 组件的 doGet、doPost、doPut、doDelete 等方法。如果 Servlet 处理各种请求的方式相同，也可以尝试覆盖 service 方法。GET 请求类型与 POST 请求类型的区别在于：如果以 GET 方式发送请求，所带参数附加在请求 URL 后直接传给服务器，并可从服务器端的 QUERY_STRING 这个环境变量中读取；如果以 POST 方式发送请求，则参数会被打包在数据包中传送给服务器。

4. 多个请求的处理

Servlet 由 Web 容器装入，一个 Servlet 同一时刻只有一个实例，并且它在 Servlet 的使用期间将一直保留。当同时有多个请求发送到同一个 Servlet 时，服务器将会为每个请求创建一个新的线程来处理客户端的请求。

如图 3-2 所示，有两个客户端浏览器同时请求同一个 Servlet 服务，服务器会根据 Servlet 实例对象为每个请求创建一个处理线程。每个线程都可以访问 Servlet 装入时的初始化变量。每个线程处理它自己的请求。Web 容器将不同的响应返回各自的客户端。

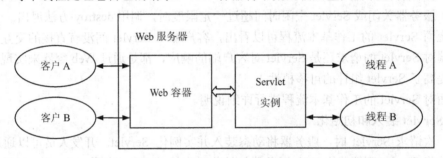

图 3-2　Servlet 对多个请求的处理

上述说明意味着 Servlet 的 doGet 方法和 doPost 方法必须注意共享数据和领域的同步访问问题，因为多个线程可能会同时尝试访问同一块数据或代码。如果想避免多线程的并发访问，可以设置 Servlet 实现 SingleThreadModel 接口，如下所示：

```
public class YourServlet extends HttpServlet  implements SingleThreadModel {
    ...
}
```

注意：使用 SingleThreadModel 接口虽然避免了多请求条件下的线程同步问题，但是单线程模式将对应用的性能造成重大影响，因此在使用时要特别慎重。

5. 退出

如果 Web 应用程序关闭或者 Servlet 已经空闲了很长时间，Web 容器会将 Servlet 实例从内存移除。移除之前 Web 容器会调用 Servlet 的 destroy 方法。Servlet 可以使用这个方法关闭数据库连接、中断后台线程、向磁盘写入 Cookie 列表及执行其他清理动作。

注意：当 Web 容器出现意外而被关闭，则不能够保证 destroy 方法被调用。

通过上面 Servlet 工作流程的基本描述，对于 Web 容器的职责，可以归纳为以下两点：

一是管理 Servlet 组件的生命周期，包括 Servlet 组件的初始化、销毁等；二是作为客户端与 Servlet 之间的中介，负责封装客户端对 Servlet 的请求，并将请求映射到对应的 Servlet，以及将 Servlet 产生的响应返回给客户端。

3.2.3 Servlet 编程接口

Java EE 标准定义了 Java Servlet API，用于规范 Web 容器和 Servlet 组件之间的标准接口。Java Servlet API 是一组接口和类，主要由两个包组成：javax.servlet 包含了支持协议无关的 Servlet 的类和接口；javax.servlet.http 包括了对 HTTP 协议的特别支持的类和接口。如果希望详细了解 Java Servlet API，可访问 http://www.oracle.com/technetwork/java/index-jsp-135475.html 下载 Java Servlet API 的详细文档。

所有的 Servlet 都必须实现通用 Servlet 接口或 HttpServlet 接口。通用 Servlet 接口类 javax.servlet.GenericServlet 定义了管理 Servlet 及它与客户端通信的方法；HttpServlet 接口类 javax.servlet.http.HttpServlet 是继承了通用 Servlet 接口类的一个抽象子类。要编写在 Web 上使用的 HTTP 协议下的 Servlet，通常采用继承 HttpServlet 接口的形式。下面以 HttpServlet 接口为中心，介绍与 Servlet 编程密切相关的几个接口，如图 3-3 所示。

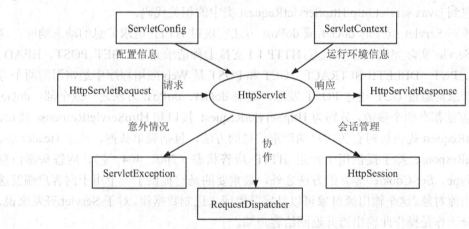

图 3-3 Servlet 编程相关接口示意图

- HttpServletRequest 代表发送到 HttpServlet 的请求。这个接口封装了从客户端到服务器的通信。它可以包含关于客户端环境的信息和任何要从客户端发送到 Servlet 的数据。
- HttpServletResponse 代表从 HttpServlet 返回客户端的响应。它通常是根据请求和 Servlet 访问的其他来源中的数据动态创建生成的响应，如 HTML 页面。
- ServletConfig 代表 Servlet 的配置信息。Servlet 在发布到服务器上的时候，在 Web 应用配置文件中对应一段配置信息。Servlet 根据配置信息进行初始化。配置信息的好处在于在 Servlet 发布时可以通过配置信息灵活地调整 Servlet 而不需要重新改动、编译代码。
- ServletContext 代表 Servlet 的运行环境信息。Servlet 是运行在服务器上的程序。为了与服务器及服务器上运行的其他程序进行交互，有必要获得服务器的环境信息。

- ServletException 代表 Servlet 运行过程中抛出的意外对象。
- HttpSession 用来在无状态的 HTTP 协议下跨越多个请求页面来维持状态和识别用户。维护 HttpSession 的方法有 Cookie 或 URL 重写。
- RequestDispatcher：请求转发器，可以将客户端请求从一个 Servlet 转发到其他的服务器资源，如其他 Servlet、静态 HTML 页面等。

Java EE 服务器必须声明支持的 Java Servlet API 的版本级别。随着 Java EE 技术的不断进步，Java Servlet API 的版本也在不断更新，在 Java EE 8 标准规范中包含的 Java Servlet API 的版本为 4.0。

3.3 第一个 Servlet

在了解了 Servlet 的基础知识后，现在开始编写第一个 Servlet 组件。

编写响应 HTTP 请求的 Servlet 只需要两步：

（1）创建一个扩展了 javax.servlet.http.HttpServlet 接口的类。javax.servlet.http.HttpServlet 接口是 javax.servlet.GenericServlet 的扩展接口，它包含了分析 HTTP 请求 Header 和将客户端信息打包到 javax.servlet.http.HttpServletRequest 类中的相关代码。

（2）重写 Servlet 组件的 doGet 或 doPost 方法实现对 HTTP 请求信息的动态响应。这些方法是 Servlet 实际完成工作的地方。HTTP 1.1 支持七种请求方法：GET、POST、HEAD、OPTIONS、PUT、DELETE 和 TRACE。GET 和 POST 是 Web 应用程序中最常用的两个方法。根据请求是通过 GET 还是 POST 发送，覆盖 doGet、doPost 方法之一或全部。doGet 和 doPost 方法都有两个参数，分别为 HttpServletRequest 接口和 HttpServletResponse 接口。HttpServletRequest 提供访问有关客户端请求信息的方法，包括表单数据、请求 Header 等。HttpServletResponse 除了提供用于指定 HTTP 应答状态（200、404 等）、应答头部信息（Content-Type、Set-Cookie 等）的方法之外，最重要的是它提供了一个用于向客户端发送数据的输出流对象。这个输出流对象可以是字节流或二进制数据流。对于 Servlet 开发来说，它的大部分工作是操作此输出流并返回给客户端。

提示：doGet 和 doPost 这两个方法是由 service 方法调用的，有时可能需要直接覆盖 service 方法，例如 Servlet 要对 GET 和 POST 两种请求采用同样的处理方式。但不推荐那样做。

Servlet 也可以重写 init 和 destroy 方法以实现 Servlet 定制化的初始化和析构。重写 init 和 destroy 方法的典型场景是在 init 方法中建立数据库连接并在 destroy 方法中断开它。

下面开始创建 Servlet。Servlet 作为一个 Web 组件，必须包含在某个 Web 应用程序中，因此，首先创建 Web 应用程序 Chapter3。

注：本章中所有的示例都包含在此 Web 应用程序中。

打开 NetBeans 开发环境，单击"文件"菜单的"新建项目"选项，弹出如图 3-4 所示的"新建项目"对话框。

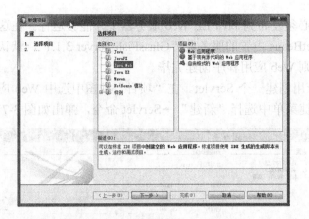

图 3-4 创建 Web 应用项目 Chapter3

在"类别"列表框中选中 Java Web 选项,在"项目"列表框中选中"Web 应用程序"。单击对话框底部的"下一步"按钮,进入下一页面,如图 3-5 所示。

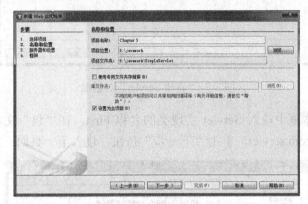

图 3-5 设置 Web 应用项目名称和位置

在"项目名称"文本框输入 Chapter3。单击"项目位置"右侧的"浏览"按钮可选择项目的位置。选中"设置为主项目"复选框将当前项目设置为主项目。单击底部的"下一步"按钮,进入下一页面,如图 3-6 所示。

图 3-6 设置 Web 应用服务器

Web 应用程序必须发布到 Java EE Web 服务器上才能够运行。在这里从"服务器"下拉列表框中选择 NetBeans 内置的服务器"GlassFish Server 3.1.1",默认其他选项设置,单击"完成"按钮,则 Web 应用程序创建完毕。

下面为 Web 应用创建一个 Servlet。在"项目"视图中选中 Web 应用程序 Chapter3,右击,在弹出的快捷菜单中选择"新建"→Servlet 命令,弹出如图 3-7 所示对话框。

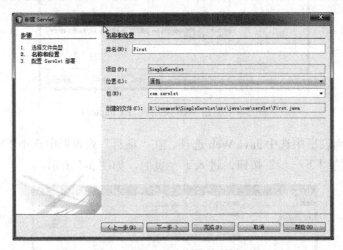

图 3-7 "新建 Servlet"对话框

在"类名"文本框中输入 Servlet 实现类的名称 First,在"包"文本框中输入 Servlet 实现类所在的包名 com.servlet,单击"下一步"按钮,进入下一页面,如图 3-8 所示。

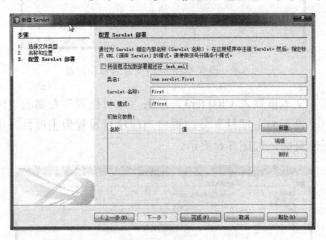

图 3-8 配置 Servlet 部署信息

这一步主要完成 Servlet 组件的部署配置,主要工作是设置 Servlet 的名称以及对应的 URL 模式名称。所谓 URL 模式,就是代表客户端请求的一个字符串,Web 容器总是将匹配此字符串内容的请求转发到此 Servlet 组件来处理以便返回动态响应。"Servlet 名称"文本框中的内容为 Servlet 的显示名称,并不要求等于前面定义的类名。在"Servlet 名称"文本框中输入 First。在"URL 模式"文本框输入 Servlet 所对应的请求 URL 模式"/First"。

选中"将信息添加到部署描述符（web.xml）"复选框，单击"完成"按钮，则一个名为 First 的 Servlet 组件创建完毕。NetBeans 将在编辑器中自动打开 Servlet 的源代码。

在这个 Servlet 中，只要求 Servlet 在接收到请求后向客户端返回 "Hello, World!" 的提示信息。完整代码如程序 3-1 所示。

说明：为节省篇幅，代码中的一些注释信息被省略，完整的代码请到清华大学出版社的网站下载。另外，有些注释信息是 NetBeans 自动生成，由于机器环境的不同，读者所生成的注释信息可能与本书配套资源中的不完全一致，如 create date、author 信息等，这完全正常。

程序 3-1：First.java

```java
package com.servlet;
import java.io.*;
import java.net.*;
import javax.servlet.*;
import javax.servlet.http.*;
public class First extends HttpServlet {
protected void processRequest(HttpServletRequest request, HttpServletResponse response)
    throws ServletException, IOException {
        response.setContentType("text/html;charset=UTF-8");
        PrintWriter out = response.getWriter();
        try {
            out.println("<html>");
            out.println("<head>");
            out.println("<title>Servlet First</title>");
            out.println("</head>");
            out.println("<body>");
            out.println("<h1>Hello World!</h1>");
            out.println("</body>");
            out.println("</html>");
        } finally {
            out.close();
        }
    }
    protected void doGet(HttpServletRequest request, HttpServletResponse response)
    throws ServletException, IOException {
        processRequest(request, response);
    }
    protected void doPost(HttpServletRequest request, HttpServletResponse response)
    throws ServletException, IOException {
        processRequest(request, response);
```

```
        }
    public String getServletInfo() {
        return "Short description";
    }
}
```

程序说明：NetBeans 自动生成了 Servlet 的框架代码，其中方法 doGet 和 doPost 分别用来响应客户端发出的 GET 和 POST 请求，开发人员可以分别编写代码覆盖上述两个方法以实现对 GET 和 POST 请求的处理，在这里它们都默认调用方法 processRequest()，这是 NetBeans 推荐的一种编程实践。方法 processRequest 有两个输入参数：request 是代表客户端发出的请求信息的 HttpServletRequest 接口对象；response 是代表 Servlet 返回客户端的响应的 HttpServletResponse 接口对象。在方法 processRequest 中，首先调用 response 方法 setContentType("text/html;charset=UTF-8") 设置响应返回类型为 HTML 文件，编码类型为 UTF-8，然后调用 response 的 getWriter 方法获取响应对应的 PrintWriter 对象，最后利用 PrintWriter 对象的 out 方法在客户端打印信息 "Hello World!"。

注意：方法 doGet、doPost 的声明中必须包含抛出两个异常（ServletException、IOException）。

为访问编写的 Servlet，必须将其打包并发布到 Java EE 服务器上，然后启动服务器来访问 Servlet。在前面创建 Web 应用程序的时候已经设置 Java EE Web 服务器为 NetBeans 内置的服务器 GlassFish Server 5。

在"项目"视图中选中 Web 应用程序 Chapter3，右击，在弹出的快捷菜单中选择"生成项目"命令，则 Web 应用被自动打包。

重新选中 Web 应用程序 Chapter3，右击，在弹出的快捷菜单中选择"部署项目"命令，则 Web 应用被部署到 Web 服务器。再一次选中 Web 应用程序 Chapter3，右击，在弹出的快捷菜单中选择"运行项目"命令，则 Web 服务器被启动且 Web 应用被加载运行。

说明：在执行"运行项目"的操作时，如果 Web 服务器已经处于运行状态，则服务器只执行加载 Web 应用的操作。

打开 IE 浏览器，在地址栏中输入 http://localhost:8080/Chapter3/First，程序运行结果如图 3-9 所示。

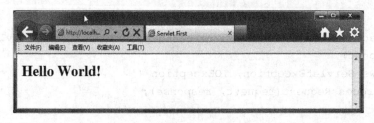

图 3-9　Servlet 运行结果页面

读到这里可能会产生疑问：Web 服务器是如何将浏览器中输入的地址 http://localhost:

8080/Chapter3/First 自动映射到 Servlet 组件 First 的呢？

这个秘密在于：每个 Web 应用程序都对应一个称为上下文信息的字符串，表示此 Web 应用所对应的 URL 请求地址。在"项目"视图选中 Web 项目 Chapter3，右击，在弹出的快捷菜单中选中"属性"命令，弹出如图 3-10 所示对话框。在左侧的"类别"栏目中选中"运行"，则在右侧"上下文路径"文本框中可查看并修改 Web 应用上下文信息。

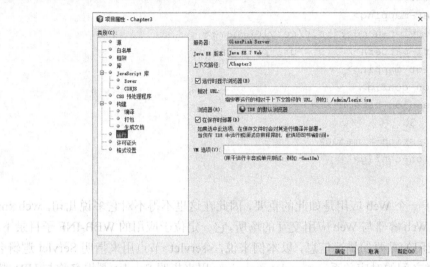

图 3-10　查看 Web 应用上下文路径

当 Web 应用程序部署到服务器上时，服务器根据此信息便知道将上下文信息为"/Chapter3"请求映射到此 Web 应用。

另外，为描述 Web 应用内部信息，每个 Web 应用还通常包含一个配置文件 web.xml 来对自身包含的 Web 组件的信息进行说明。Servlet 添加到 Web 应用后，在 Web 应用的配置文件 web.xml 中包含 Servlet 及其 URL 映射信息。Java EE 服务器正是根据 web.xml 中的配置信息将客户端的请求转发给 Web 应用中适当的 Web 组件。

web.xml 的详细内容如程序 3-2 所示，其中的<Servlet>节点指明 Servlet 名称与 Servlet 实现类之间的对应关系。<Servlet-mapping >节点指明 Servlet 名称与请求 URL 之间的对应关系。再回头看在浏览器地址栏中输入的请求地址。地址最前面的部分"http://localhost:8080"将请求导向本机安装的 Java EE 服务器 GlassFish Server 5。其中 localhost 代表本机，8080 代表 Java EE 服务器程序的端口号。那么对于请求地址剩余信息的解析就由 Java EE 服务器来接管。Java EE 服务器根据请求地址中的"/Chapter3"和服务器上 Web 应用的上下文信息确定请求由 Web 应用 Chapter3 处理响应。Java EE 服务器在 Chapter3 Web 应用的配置文件 web.xml 中查找请求地址中的"/First"对应的 Servlet 映射信息，最终确定请求由名为 First 的 Servlet 处理响应，此 Servlet 对应的类文件就是刚才编写的 com.servlet.First。

程序 3-2：web.xml

```
<?xml version="1.0" encoding="UTF-8"?>
<web-app version="3.0" xmlns=http://java.sun.com/xml/ns/javaee
    xmlns:xsi="http://www.w3.org/2001/XMLSchema-instance"
```

```xml
                xsi:schemaLocation="http://java.sun.com/xml/ns/javaee
                http://java.sun.com/xml/ns/javaee/web-app_3_0.xsd">
    <servlet>
        <servlet-name>First</servlet-name>
        <servlet-class>com.servlet.First</servlet-class>
    </servlet>
    <servlet-mapping>
        <servlet-name>First</servlet-name>
        <url-pattern>/First</url-pattern>
    </servlet-mapping>
    <session-config>
        <session-timeout>
            30
        </session-timeout>
    </session-config>
</web-app>
```

web.xml 对于一个 Web 应用是如此的重要，因此在这里不得不对它多说几句。web.xml 的作用就是作为 Web 容器与 Web 应用交互的场所，它一定位于应用的 WEB-INF 子目录下。它包含了 Web 应用的重要的描述信息，以本例来说，<servlet>节点用来指明 Servlet 逻辑名称与 Java 实现类之间的对应关系；<servlet-mapping>用来指明 Servlet 逻辑名称与 URL 模式之间的对应关系。当然还有其他节点用来描述 Web 应用其他方面的信息，详细信息可以查阅 DTD（Document Type Definitions，文档类型定义）文档。Web 容器正是根据 web.xml 文件描述的信息来操作 Web 应用的。

可以将程序 3-2 中的代码片段：

```xml
<servlet-mapping>
    <servlet-name>First</servlet-name>
    <url-pattern>/First</url-pattern>
</servlet-mapping>
```

改为

```xml
<servlet-mapping>
    <servlet-name>First</servlet-name>
    <url-pattern>/FirstServlet</url-pattern>
</servlet-mapping>
```

将程序 3-2 保存，重新发布 Web 应用并启动浏览器，在地址栏中输入 http://localhost:8080/Chapter3/First，则将得到如图 3-11 所示的运行结果页面。

404 错误代码表示文件无法定位的错误类型。产生错误的原因在于此时 Servlet 组件 First 对应的请求 URL 不再是"/First"，而是"/FirstServlet"。在地址栏中输入 http://localhost:8080 / Chapter3 /FirstServlet，看看又会得到什么运行结果页面。

值得一提的是，自 Java EE 5 规范以后，推荐使用注解来代替编写复杂的配置文件。

下面修改程序 3-1，代码如程序 3-3 所示。

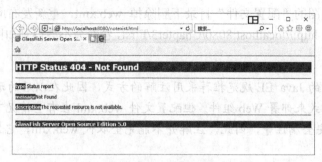

图 3-11　修改 Web 应用配置后的运行结果

注：为节省篇幅，书中代码主要显示编程实践中的重点内容，完整代码请参考本书的源代码包。

程序 3-3：First.java

```
package com.servlet;
…
@WebServlet(name="First", urlPatterns={"/First"})
public class First extends HttpServlet {
protected void processRequest(HttpServletRequest request, HttpServletResponse response)
        throws ServletException, IOException {
    response.setContentType("text/html;charset=UTF-8");
    PrintWriter out = response.getWriter();
    try {
    out.println("<html>");
    out.println("<head>");
    out.println("<title>Servlet First</title>");
    out.println("</head>");
    out.println("<body>");
    out.println("<h1>Hello World!</h1>");
    out.println("</body>");
    out.println("</html>");
    out.close();
    } finally {
       out.close();
    }
 }
 …
}
```

程序说明：与程序 3-1 相比，在类的定义前添加了一个注解@WebServlet，它包含两个属性 name 和 urlPatterns，分别用来定义 Servlet 组件的名称和 URL 模式。当部署此组件时，Web 容器将根据此注解自动完成对此 Servlet 组件的配置。还要注意的是，因为使用了注解

@WebServlet，因此要在代码中添加对 javax.servlet.annotation.WebServlet 的引用。

在"项目"视图的"配置文件"目录下删除掉 web.xml，重新发布应用，打开浏览器重新输入请求地址 http://localhost:8080/Chapter3/First，看看会不会得到如图 3-9 所示的运行结果。

说明：由于新的 Java EE 规范推荐采用注解的方式，因此在以后的示例中，本书将尽可能采用注解的方式来部署 Web 组件。但配置文件 web.xml 在有些情况下还是必需的，如设置 Web 应用的安全属性等，因此，注解并不能完全取代 web.xml，它只是使得 web.xml 更加简洁。

如果 Web 组件中既采用了注解来配置组件，在配置文件 web.xml 中又包含了此组件配置信息，那么 Web 容器在进行 URL 解析映射时该如何进行呢？下面还是亲自动手实验一下吧。

在"项目"视图的"配置文件"目录下重新添加配置文件 web.xml，内容如程序 3-4 所示。

程序 3-4：web.xml

```xml
<?xml version="1.0" encoding="UTF-8"?>
<web-app xmlns="http://java.sun.com/xml/ns/javaee"
    xmlns:xsi="http://www.w3.org/2001/XMLSchema-instance"
     xsi:schemaLocation="http://java.sun.com/xml/ns/javaee
    http://java.sun.com/xml/ns/javaee/web-app_3_0.xsd"
    version="3.0">
    <servlet>
        <servlet-name>First</servlet-name>
        <servlet-class>com.servlet.First</servlet-class>
    </servlet>
    <servlet-mapping>
        <servlet-name>First</servlet-name>
        <url-pattern>/FirstServlet</url-pattern>
    </servlet-mapping>
    <session-config>
        <session-timeout>
            30
        </session-timeout>
    </session-config>
</web-app>
```

程序说明：注意在程序 3-4 中 servlet 对应的 URL 模式（/FirstServlet）与程序 3-3 中注解@WebServlet 对应的 URL 模式（/First）是不一致的。重新发布 Web 应用，在浏览器的地址栏输入 http://localhost:8080/Chapter3/FirstServlet，将得到如图 3-9 所示的运行界面，而在浏览器的地址栏输入 http://localhost:8080/Chapter3/First 却得到一个错误提示信息。这就证明，在 Web 部署配置文件和注解都对 Servlet 进行配置的情形下，Web 容器将以 Web 部署配置文件中的信息为准。

3.4 处理请求

在 3.3 节学习了如何创建、部署和运行一个 Servlet 组件，掌握了如何利用部署配置文件或者使用注解来配置 Servlet，演示了如何编写了一个简单的 Servlet 来显示静态提示信息。Servlet 编程的核心工作便是处理客户端提交的请求信息，生成动态响应信息返回到客户端。本节将深入研究在 Servlet 中如何处理客户端提交的请求信息。

3.4.1 请求参数

客户端提交的信息中最常见也是最重要的一类信息便是用户提交的请求参数。

在 Web 程序设计中，客户端以表单方式向服务器提交数据是最常见的方法。表单数据的提交方法有两种：Post 方法和 Get 方法。Post 方法一般用于更新服务器上的资源，当使用 Post 方法时，提交的数据包含在 HTTP 实体数据内。而 Get 方法一般用于查询服务器上的数据，当使用 Get 方法时，提交的数据附加在请求地址的后面，在浏览器的地址栏中可以看到。Servlet 会自动将以上两种方法得到的数据进行处理，对于 Post 方法或 Get 方法提交的数据，Servlet 的处理方法是一样的，用户只要简单地调用 HttpServletRequest 的 getParameter 方法，给出变量名称即可取得该变量的值。需要注意的是，变量的名称是大小写敏感的。当请求的变量不存在时，将会返回 NULL。

下面演示 Servlet 如何处理客户端提交的信息。首先生成提交客户端信息的页面。在"项目"视图中选中 Web 应用程序 Chapter3，右击，在弹出的快捷菜单中选择"新建"→"HTML"命令来生成提交数据的 HTML 页面 login.html。页面模拟一个系统登录页面，用户名和密码信息通过表单提交到后台的 Servlet 处理，页面代码如程序 3-5 所示。保存并重新发布 Web 应用，打开 IE 浏览器，在地址栏中输入 http://localhost:8080/Chapter3/login.html，页面显示如图 3-12 所示。

图 3-12 提交表单数据的页面

程序 3-5：login.html

```
<!DOCTYPE HTML PUBLIC "-//w3c//dtd html 4.0 transitional//en">
<html>
```

```html
<head>
<meta "charset=UTF-8">
<title>提交表单数据</title>
</head>
<body bgcolor="#FFFFFF">
<h1 align="center"> <b>欢迎登录系统</b></h1>
<form action="GetPostData" method ="post">
<p> </p>
  <table width="52%" border="2" align="center">
    <tr bgcolor="#FFFFCC">
      <td align="center" width="43%"> <div align="center">用户名:</div></td>
      <td width="57%"> <div align="left">
        <input type="text" name="username">
        </div></td>
    </tr>
    <tr bgcolor="#CCFF99">
      <td align="center" width="43%"> <div align="center">密 码:</div></td>
      <td width="57%"> <div align="left">
        <input type="password" name="password">
        </div></td>
    </tr>
  </table>
<p align="center">
<input type="reset" name="Reset" value="重置">
<input type="submit" name="Submit2" value="提交">
</p>
</form>
</body>
</html>
```

下面生成处理客户端请求的 Servlet。在"项目"视图中选中 Web 应用程序 Chapter3，右击，在弹出的快捷菜单中选择"新建"→Servlet 命令，弹出"新建 Servlet"对话框。在包 com.servlet 中创建一个名为 GetPostData 的 Servlet。Servlet 的 URL 为"/GetPostData"。注意，URL 必须和 login.html 页面中 form 对象的 action 的属性值一致，表单提交的信息才能发送到 Servlet 来处理。

下面要做的是为 Servlet 添加处理表单提交信息的代码。代码如程序 3-6 所示。

程序 3-6：GetPostData.java

```java
package com.servlet;
…
@WebServlet(name = "GetPostData", urlPatterns = {"/GetPostData"})
public class GetPostData extends HttpServlet {
protected void processRequest(HttpServletRequest request, HttpServletResponse response)
            throws ServletException, IOException {
```

```
            response.setContentType("text/html;charset=UTF-8");
            PrintWriter out = response.getWriter();
            try {
                out.println(
                        "<BODY BGCOLOR=\"#FDF5E6\">\n" +
                        "<H1 ALIGN=CENTER>" + "get post data " + "</H1>\n" +
                        "<UL>\n" +
                        " <LI><B>username</B>: "
                        + request.getParameter("username") + "\n" +
                        " <LI><B>password</B>: "
                        + request.getParameter("password") + "\n" +
                        "</UL>\n" +
                        "</BODY></HTML>");
            } finally {
                out.close();
            }
        }
    protected void doPost(HttpServletRequest request, HttpServletResponse response)
            throws ServletException, IOException {
        processRequest(request, response);
    }
}
```

程序说明：doPost 方法调用 processRequest 方法来处理客户提交的请求。方法 processRequest 的输入参数 request 是 HttpServletRequest 接口的实例，代表对 Servlet 发出的客户端请求。通过调用 request 的方法 getParameter 可以很方便地获取客户端请求参数。getParameter 的参数为客户端请求参数名称。通过调用 HttpServletResponse 的方法 getWriter 可获得客户端显示对象 PrintWriter，最后调用 PrintWriter 的 println 方法来显示获取的客户端请求参数。

保存程序后，重新发布 Web 应用。打开浏览器，在地址栏中输入 http://localhost:8080/Chapter3/login.html，得到登录页面 login.html。在"用户名"文本框中输入 john，在"密码"文本框中输入 123，单击"提交"按钮，表单数据被提交到 Servlet GetPostData。返回的运行结果页面如图 3-13 所示，可以看到 Servlet 已经正确地获取到客户端提交的用户参数。

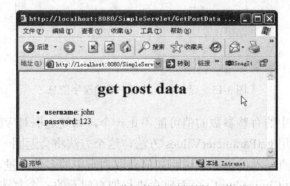

图 3-13　显示获取的客户端的输入信息

Servlet 获取客户端提交的信息就是这么简单。但不要高兴得太早，单击浏览器的"后退"按钮，回到如图 3-12 所示的提交表单数据页面。在"用户名"文本框中输入"张三"，在"密码"文本框中输入 123，单击"提交"按钮，得到如图 3-14 所示的页面。页面中本来应该显示的汉字信息全部显示为乱码。

图 3-14 提交汉字信息后的错误显示

造成这种现象的原因是客户端提交的参数值为汉字。不同于西文字母编码，每个汉字编码占 2 字节，而利用 getParameter 方法获取客户端请求变量，默认的编码方式是西文，如此得到的只是半个汉字，显示为乱码自然就不奇怪了。解决问题的方法很简单，根据程序 3-5，开发人员知道页面的编码字符集为 UTF-8，因此只需要在程序 3-6 的 processRequest 方法中第一行位置添加如下代码：

```
request.setCharacterEncoding("UTF-8");
```

其中，调用 setCharacterEncoding 方法确保参数信息以 UTF-8 编码方式提取。

重新发布 Web 应用，打开浏览器，在地址栏中输入 http://localhost:8080/Chapter3/login.html，调出提交表单数据页面。在"用户名"文本框中输入"张三"，在"密码"文本框中输入 123，提交，得到结果如图 3-15 所示。可以看到汉字信息已经正确显示了。

图 3-15 显示获取的客户端的汉字信息

表单提交的数据中的有些参数的值可能不止一个，如复选框对应的参数。如果参数有多个值，这时应该调用 getParameterValues 方法，这个方法将会返回一个字符串数组。

下面通过一个调查问卷的示例来说明如何获取请求中的多值变量。在 Web 应用项目中新建 HTML 页面 multiChoice.html。页面包含进行调查问卷的一个复选框，如图 3-16 所示。

页面完整代码如程序 3-7 所示。

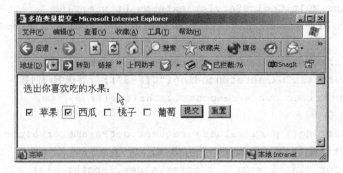

图 3-16　包含复选框的输入页面

程序 3-7：multiChoice.html

```html
<!DOCTYPE HTML PUBLIC "-//w3c//dtd html 4.0 transitional//en">
<html>
<head>
<meta http-equiv="Content-Type" content="text/html; charset=gb2312">
<title>多值变量提交</title>
</head>
<body bgcolor="#FFFFFF">
选出你喜欢吃的水果：
<form name="form1" method="post" action="multichoice">
<input type="checkbox" name="checkbox1" value="苹果">
    苹果
<input type="checkbox" name="checkbox1" value="西瓜">
    西瓜
<input type="checkbox" name="checkbox1" value="桃子">
    桃子
<input type="checkbox" name="checkbox1" value="葡萄">
    葡萄
<input type="submit" name="Submit" value="提交">
<input type="reset" name="reset" value="重置">
  </form>
</body>
</html>
```

下面创建处理客户端请求的 Servlet。Servlet 名称 MultiChoiceServlet，所在的 Java 包为 com.servlet，对应的 URL 模式为 "/multichoice"。注意，URL 必须和 multiChoice.html 页面中 form 对象的 action 的属性值一致，表单提交的信息才能发送到 Servlet 来处理。主要代码如程序 3-8 所示。

程序 3-8：MultiChoiceServlet.java

```java
package com.servlet;
…
```

```java
@WebServlet(name = "MultiChoiceServlet", urlPatterns = {"/multichoice"})
public class MultiChoiceServlet extends HttpServlet {
protected void processRequest(HttpServletRequest request, HttpServletResponse response)
        throws ServletException, IOException {
    request.setCharacterEncoding("UTF-8");//解决编码问题
    PrintWriter out = response.getWriter();
    try {
        String[] paramValues = request.getParameterValues("checkbox1");
        String temp = new String("");
        for (int i = 0; i < paramValues.length; i++) {
            temp += paramValues[i] + " ";
        }
        out.println("你喜欢吃的水果有：" + temp + "。");
    } finally {
        out.close();
    }
}
    ...
}
```

程序说明：由于复选框对应的请求参数有多个值，程序调用 request.getParameterValues("checkbox1")获得参数值数组，然后采用遍历的方式，将其中的每个值取出显示。程序运行结果如图 3-17 所示。

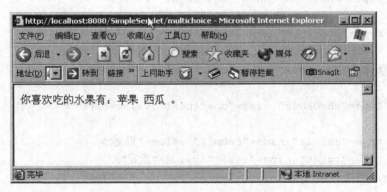

图 3-17　获取复选框提交的信息

3.4.2　Header

在接收到的请求信息中，除了用户提交的参数外，还有一类重要的信息称为 Header，它代表客户端发出的请求的头部信息，相当于客户端和浏览器之间通信的控制信息，用来表示与请求相关的一些特定信息（如浏览器类型、客户端操作系统等）以及对服务器返回的响应的一些特殊要求（如可以接受的内容类型、编码格式等）。通过这些 Header，Servlet 将可以更加灵活地生成适应客户端需求的各种响应。

常见的 Header 信息如表 3-1 所示。

表 3-1 常见 Header 说明

Header 名称	用途
Accept	浏览器可接受的 MIME 类型
Accept-Charset	浏览器支持的字符编码
Accept-Encoding	浏览器知道如何解码的数据编码类型（如 gzip）
Accept-Language	浏览器支持的语言
Connection	是否使用持续连接。使用持续连接可以使保护很多小文件的页面的下载时间减少
Content-Length	使用 POST 方法提交时，传递数据的字节数
Authorization	认证信息，一般是对服务器发出的 WWW-Authenticate 头的回应
Cookie	用户实现客户会话跟踪的信息文件
Host	（主机和端口）
User-Agent	客户端的类型，一般用来区分不同的浏览器和客户端操作系统

在 Servlet 中读取请求 Header 的值是很简单的，只要调用 HttpServletRequest 的 getHeader 方法就可以了，方法的参数为 Header 的名称，返回值为 String 类型的 Header 内容。如果指定的 Header 不存在，则返回 Null。另外，某些 Header 如 Accept-Charset、Accept-Language 等可能对应多个值，此时可调用 getHeaderNames 将返回一个 Enumeration，它代表指定名称的 Header 的所有值。

下面创建一个 Servlet 来显示请求中的各种 Header 信息，代码如程序 3-9 所示。

程序 3-9：ShowRequestHeader.java

```
package com.servlet;
…
@WebServlet(name = "ShowRequestHeader", urlPatterns = {"/ShowRequestHeader"})
public class ShowRequestHeader extends HttpServlet {
 protected void processRequest(HttpServletRequest request, HttpServletResponse
  response)
        throws ServletException, IOException {
     response.setContentType("text/html;charset=UTF-8");
     PrintWriter out = response.getWriter();
     try {
        out.println(
            "<HTML>\n"
            + "<HEAD><TITLE>" + "显示 Header 信息"
            + "" + "</TITLE></HEAD>\n"
            + "<BODY BGCOLOR=\"#FDF5E6\">\n"
            + "<H1 ALIGN=\"CENTER\">" + "显示 Header 信息" + "</H1>\n"
            + "<TABLE BORDER=1 ALIGN=\"CENTER\">\n"
            +"<TR BGCOLOR=\"#FFAD00\">\n"
            + "<TH>Header Name<TH>Header Value");
        Enumeration headerNames = request.getHeaderNames();
        while (headerNames.hasMoreElements()) {
          String headerName = (String) headerNames.nextElement();
```

```
            out.println("<TR><TD>" + headerName);
            out.println(" <TD>" + request.getHeader(headerName));
        }
        out.println("</TABLE>\n</BODY></HTML>");
    } finally {
        out.close();
    }
}
...
}
```

程序说明：在上面的代码中，调用 HttpServletRequest 的 getHeaderNames 获取当前请求的所有 Header 信息，返回值是一个 Enumeration，程序中对它进行了遍历并通过表格来显示。

运行结果如图 3-18 所示。

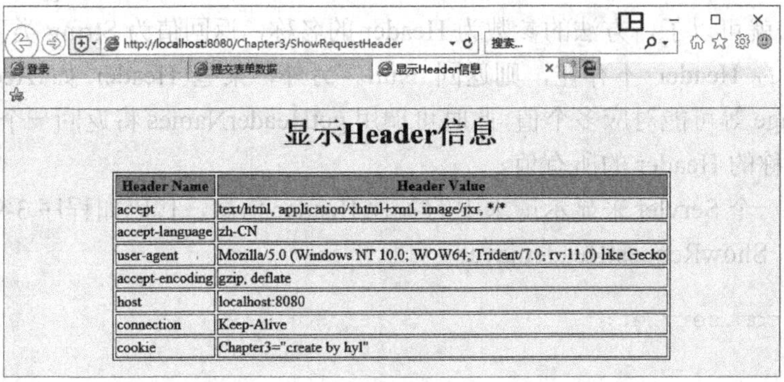

图 3-18　显示请求 Header 信息

从图 3-18 中可以看到，请求的 Header 中包含了主机名称、端口、cookie、客户端浏览器类型以及客户端接受的 MIME 类型和语言属性等。Servlet 组件可以根据上述信息进行特殊的处理，如根据浏览器的类型来决定生成何种页面代码。

在使用 Header 信息时需要注意的是，在 HTTP 1.1 支持的所有 Header 中，只有 Host 是必需的，因此在调用 getHeader(headerName)来获取 Header 信息的过程中，特别要注意返回的信息是否为 Null。

3.4.3　上传文件

文件上传一直是 Web 应用中一个常见的功能需求， Servlet 对文件上传提供了强大支持。HttpServletRequest 提供了两个方法用于从请求中解析出上传的文件：

- Part getPart(String name)
- Collection<Part>getParts()

前者用于获取请求中指定 name 的文件（注意 name 指上传组件的名称而不是被上传文件的文件名），后者用于获取所有的上传文件。每一个文件用一个 javax.servlet.http.Part 实例来表示，它代表了上传的表单数据的一部分，可以有自己的数据实体、Header 信息等。

Part 接口提供了处理文件的简易方法,比如 write、delete 等。因此,利用 HttpServletRequest 和 Part 来保存上传的文件变得非常简单,如下所示:

```
Part photo=request.getPart("photo");
photo.write("/tmp/photo.jpg");
```

下面通过一个示例来演示如何利用 Part 来实现文件上传。首先创建上传信息提交页面,如程序 3-10 所示。

程序 3-10:upload.html

```html
<html>
    <head>
        <title></title>
        <meta http-equiv="Content-Type" content="text/html; charset=UTF-8">
    </head>
    <body>
        <form action="UpLoad" enctype="multipart/form-data" method ="post" >
            文件 1<input type="file" name="file1"/>
            文件 2<input type="file" name="file2"/>
            <input type="submit" name="upload" value="上传" />
        </form>
    </body>
</html>
```

程序说明:页面主要提供一个上传界面,应注意 form 标记的三个属性,其中,action 代表表单提交的 URL 地址;enctype 代表表单内容的编码格式,要实现文件上传,必须设为 multipart/form-data;同时 method 属性也必须设为 post。

下面创建一个 Servlet 组件来处理上传文件信息,代码如程序 3-11 所示。

程序 3-11:UploadServlet

```java
package com.servlet;
…
@WebServlet(name = "UpLoadServlet", urlPatterns = {"/UpLoad"})
  @MultipartConfig(location = "c:\\td")
  public class UploadServlet extends HttpServlet {
  protected void processRequest(HttpServletRequest request, HttpServletResponse
  response)
        throws ServletException, IOException {
  response.setContentType("text/html;charset=UTF-8");
  PrintWriter out = response.getWriter();
  try {
        response.setContentType("text/html;charset=UTF-8");
        for (Part p : request.getParts()) {
            if (p.getContentType().contains("image")) {
                String fname = getFileName(p);
```

```
                    p.write(fname);
                    System.out.println(fname);
                }
            }
        } catch (Exception e) {
            System.out.println(e.toString());
        } finally {
            out.close();
        }
    }
    private String getFileName(Part part) {
        String header = part.getHeader("Content-Disposition");
        String fileName = header.substring(header.indexOf("filename=\"") + 10,
            header.lastIndexOf("\""));
        fileName = fileName.substring(fileName.lastIndexOf("\\") + 1);
        return fileName;
    }
    …
}
```

程序说明：在上面的 Servlet 中，除了注解 @WebServlet 外，还增加了注解 @MultipartConfig，用来声明 Servlet 可以处理 multipart/form-data 格式的请求，它的属性 location 用来设置上传文件的存放路径。注意这个路径必须是已经存在的，否则将抛出异常。

在 processRequest 方法中，调用 HttpServletRequest 接口的 getParts 方法获得请求上传的 Part，然后利用 Part 的 write 方法将其写入服务器。为了获得上传文件名称，程序自定义了方法 getFileName，其中上传文件的名称包含在 Part 实例的名为 content-disposition 的 Header 中。

值得一提的是，在上面的示例中，还通过调用 getContentType 方法对上传附件的类型进行判断，实现只允许保存图像类型的附件。开发人员还需要注意，在调用 Part 的 write 方法后，Part 实例将被释放。还有一点需要注意：如果请求的 MIME 类型不是 multipart/form-data，若调用 HttpServletRequest 的 getPart（Stringname）或 getParts 方法，将会有异常抛出。

3.4.4 异步请求处理

由 3.2 节的内容可知，对于 Servlet 组件接收到的每个请求，都会产生一个线程来处理请求并返回响应。这就产生了一个问题：如果客户端的请求处理是一项比较耗时的过程，例如，需要访问 Web 服务或者后台数据库，则当有大量用户请求此 Servlet 组件时，在 Web 容器中将会产生大量的线程，导致 Web 容器性能急剧恶化。

为了解决这一问题，Servlet 规范中提供了对请求的异步处理支持。在异步处理模式下，客户端请求的处理流程变为：当 Servlet 接收到请求之后，首先需要对请求携带的数据进行一些预处理；接着，Servlet 线程将请求转交给一个异步线程来执行业务处理，Servlet 线程本身返回至容器并可处理其他客户端的请求，注意此时 Servlet 还没有生成响应数据，异步线程处理完业务以后，可以直接生成响应数据（异步线程拥有 HttpServletRequest 和 HttpServletResponse 对象的引用），或者将请求继续转发给其他 Servlet。如此一来，Servlet 线程不再是一直处于阻塞状态以等待业务逻辑的处理，而是启动异步线程之后可以立即返回。

异步处理特性可以应用于 Servlet 和 Filter 两种组件，关于 Filter 将在 3.10 节进行详细讨论。由于异步处理的工作模式和普通工作模式在实现上有着本质的区别，因此默认情况下，Servlet 和 Filter 并没有开启异步处理特性，如果希望使用该特性，则必须按照如下的方式配置：

对于使用传统的部署描述文件(web.xml)的配置方式，Servlet 为<servlet>和<filter>标签增加了<async-supported>子标签，该标签的默认取值为 false；如果需要启用异步处理支持，则将其设为 true 即可。以 Servlet 为例，其配置方式如下所示：

```xml
<servlet>
<servlet-name>MyServlet</servlet-name>
<servlet-class>com.demo.MyServlet</servlet-class>
<async-supported>true</async-supported>
</servlet>
```

对于使用@WebServlet 和@WebFilter 的情况，这两个注解都提供了 asyncSupported 属性，默认该属性的取值为 false，要启用异步处理支持，只需将该属性设置为 true 即可。以@WebServlet 为例，其配置方式如下所示：

```java
@WebServlet(name = "AsyncServlet", urlPatterns = {"/AsyncServlet"},
asyncSupported = true)
```

下面通过一个示例来演示 Servlet 组件的异步处理特性。代码如程序 3-12 所示。

程序 3-12：AsyncServlet.java

```java
package com.servlet;
…
@WebServlet(name = "AsyncServlet", urlPatterns = {"/AsyncServlet"},
asyncSupported = true)
public class AsyncServlet extends HttpServlet {
    protected void processRequest(HttpServletRequest request,
    HttpServletResponse response)
        throws ServletException, IOException {
    response.setContentType("text/html;charset=UTF-8");
    PrintWriter out = response.getWriter();
    out.println("进入 Servlet 的时间：" + new Date() + ".");
    out.flush();
    //在子线程中执行业务调用，并由其负责输出响应，主线程退出
    AsyncContext ctx = request.startAsync();
```

```
        new Thread(new Executor(ctx)).start();
        out.println("<br>");
        out.println("结束 Servlet 的时间:" + new Date() + ".");
        out.flush();
    }
    public class Executor implements Runnable {
        private AsyncContext ctx = null;
        public Executor(AsyncContext ctx) {
            this.ctx = ctx;
        }
        public void run() {
            try {
                //等待 30 秒钟,以模拟业务方法的执行
                Thread.sleep(30000);
                PrintWriter out = ctx.getResponse().getWriter();
                out.println("<br>");
                out.println("业务处理完毕的时间:" + new Date() + ".");
                out.flush();
                ctx.complete();
            } catch (Exception e) {
                e.printStackTrace();
            }
        }
    }
    ...
}
```

程序说明:在 processRequest 方法中,首先调用 HttpServletRequest 的 startAsync 方法获得一个 AsyncContext 实例,它代表对当前请求处理的上下文环境的封装,然后将此实例作为参数传递到一个单独的线程中执行。

在新的线程中,通过调用 AsyncContext 的 getResponse()可以获得对此请求处理响应对象,调用 getRequest 方法获得请求信息,因此可以与在 Servlet 中处理请求一样来进行业务逻辑操作。

运行程序,将得到如图 3-19 所示的运行结果。

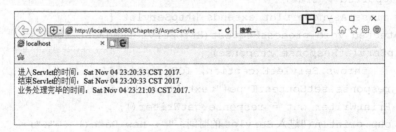

图 3-19 异步处理提示信息

从上面的运行页面可以看出,Servlet 处理线程结束后,业务处理由异步线程托管依然

在继续，最后才由异步线程将结果信息输出到用户界面。

3.4.5 异步 IO 处理

Servlet 3.0 开始支持异步请求处理，但却只允许使用传统 IO 操作方式，如下面的代码片段所示：

```
protected void doGet(HttpServletRequest request, HttpServletResponse response)
    throws IOException, ServletException {
  ServletInputStream input = request.getInputStream();
  byte[] b = new byte[1024];
  int len = -1;
  while ((len = input.read(b)) != -1) {
    //…
  }
}
```

如果读取数据阻塞或者读取数据的速度很慢，那么 Servlet 的线程将会一直等待读取数据。这种情况在写数据的时候也会遇到。这一 IO 操作的局限将会限制 Web 容器的可扩展性。

Servlet 3.1 开始加入对非阻塞 IO（Nonblocking IO）的支持。非阻塞 IO 允许开发人员只在数据准备好的时候再进行读写操作。此功能不仅增加了服务器的扩展性，还增加了服务器可处理的连接数。但是需要注意的是，非阻塞 IO 只允许在异步 Servlet 和异步 Filter 中使用。

为支持非阻塞 IO，Servlet 3.1 引入了两个新的接口：ReadListener 和 WriteListener。ReadListener 有三个回调方法：

- onDataAvailable——在数据没有阻塞、已经完全准备好可以读取的时候调用。
- onAllDataRead——所有数据读取完成后调用。
- onError——处理中发生错误的时候调用。

WriteListener 有两个回调方法：

- onWritePossible——当数据准备好进行无阻塞写出的时候调用。
- onError——当操作出错的时候调用。

Servlet 中可对 ServletInputStream 调用 setReadListener 方法或者对 ServletOutputStream 调用 setWriterListener 方法来使用非阻塞 IO 取代传统 IO。ServletInputStream 的 isFinished 方法可以用于检查非阻塞读取的状态。注意 ServletInputStream 只允许注册一个 ReadListener。ServletOutputStream 的 canWrite 方法可用于检测数据是否已经准备好进行非阻塞写出，同样，ServletOutputStream 也只允许注册一个 WriteListener。

下面通过一个示例来演示如何实现非阻塞 IO 的 Servlet。该示例由两个 Servlet 和一个 ReadListener 来实现，分别如程序 3-13、程序 3-14 和程序 3-15 所示。

程序 3-13：ClientServlet

```
package chapt3;
```

```java
...
@WebServlet(name = "ClientServlet", urlPatterns = {"/ClientServlet"})
public class ClientServlet extends HttpServlet {
    OutputStream output = null;
    InputStream input = null;
    protected void processRequest(HttpServletRequest request,
    HttpServletResponse response)
            throws ServletException, IOException {
        response.setContentType("text/html;charset=UTF-8");
        PrintWriter out = response.getWriter();
        out.println("<html>");
        out.println("<head>");
        out.println("<title>非阻塞IO演示</title>");
        out.println("</head>");
        out.println("<body>");
        String urlPath = "http://"
                + request.getServerName()
                + ":" + request.getLocalPort() //default http port is 8080
                + request.getContextPath()
                + "/ServiceServlet";
        URL url = new URL(urlPath);
        HttpURLConnection conn = (HttpURLConnection) url.openConnection();
        conn.setDoOutput(true);
        conn.setRequestMethod("POST");
        conn.setChunkedStreamingMode(2);
        conn.setRequestProperty("Content-Type", "text/plain");
        conn.connect();
        try {
            output = conn.getOutputStream();
            // 发送第一部分信息
            String firstPart = "hello...";
            out.println("Sending to server: " + firstPart + "</br>");
            writeData(output, firstPart);
            Thread.sleep(2000);
            // 发送第二部分信息
            String secondPart = "World...";
            out.println("Sending to server: " + secondPart + "</br></br>");
            out.flush();
            writeData(output, secondPart);
            Thread.sleep(2000);
            // 发送第三部分信息
            String thirdPart = "The End...";
            out.println("Sending to server: " + thirdPart + "</br></br>");
            out.flush();
            writeData(output, thirdPart);
```

```
            // 从服务器返回信息
            input = conn.getInputStream();
            printEchoData(out, input);
            out.println("Please check server log for detail");
            out.flush();
        } catch (IOException ioException) {
            Logger.getLogger(ReadListenerImpl.class.getName()).log
            (Level.SEVERE,
                "Please check the connection or url path", ioException);
        } catch (InterruptedException interruptedException) {
            Logger.getLogger(ReadListenerImpl.class.getName()).log
            (Level.SEVERE,
                "Thread sleeping error", interruptedException);
        } finally {
            if (input != null) {
                try {
                    input.close();
                } catch (Exception ex) {
                }
            }
            if (output != null) {
                try {
                    output.close();
                } catch (Exception ex) {
                }
            }
        }
        out.println("</body>");
        out.println("</html>");
    }
    protected void writeData(OutputStream output,String data) throws
    IOException {
        if (data != null && !data.equals("") && output != null) {
            output.write(data.getBytes());
            output.flush();
        }
    }
    protected void printEchoData(PrintWriter out, InputStream input) throws
    IOException {
        while (input.available() > 0 && input != null && out != null) {
            out.print((char) input.read());
        }
        out.println("</br>");
```

        }
    }

程序说明：程序用来模拟对服务器组件 ServiceServlet 发起 IO 请求操作。在 processRequest 方法中，首先创建一个与 ServiceServlet 的连接 conn，并通过调用 conn 的 setChunkedStreamingMode(2)方法设置此连接为分块传输模式，之后调用连接对象 conn 的 getOutputStream 方法获得 ClientServlet 的输出流（即 ServiceServlet 的输入流），就可以对输出流进行操作了。在发送完三段信息后，调用连接对象的 getInputStream 来获得 ClientServlet 的输入流并将输入结果显示出来。其中方法 writeData 和 printEchoData 是操作输入输出流的辅助方法。

程序 3-14：ServiceServlet.java

```java
package chapt3;
…
@WebServlet(name = "ServiceServlet", urlPatterns = {"/ServiceServlet"} ,
asyncSupported = true)
public class ServiceServlet extends HttpServlet {
    protected void processRequest(HttpServletRequest request,
    HttpServletResponse response)
            throws ServletException, IOException {
        final AsyncContext context = request.startAsync();
        final ServletInputStream input = request.getInputStream();
        final ServletOutputStream output = response.getOutputStream();
        input.setReadListener(new ReadListenerImpl(input, output, context));
        System.out.println("ServiceServlet returned");
    }
    …
}
```

程序说明：程序用来实现非阻塞 IO 操作。具体步骤是在 processRequest 方法中首先获得请求对象的 ServletInputStream、ServletOutputStream 和 AsyncContext，并以此为参数来构造一个 javax.servlet.ReadListener 的实例对象，之后调用 ServletInputStream 的 setReadListener 并将新建的 ReadListener 的实例对象来实现异步 IO。注意 Servlet 的注解中要加上属性 asyncSupported 并设置为 true，因为非阻塞 IO 是在异步 Servlet 的基础上实现的。

程序 3-15：ReadListenerImpl.java

```java
package chapt3;
import java.io.IOException;
import javax.servlet.AsyncContext;
import javax.servlet.ReadListener;
import javax.servlet.ServletInputStream;
import javax.servlet.ServletOutputStream;
```

```java
public class ReadListenerImpl implements ReadListener {
    private ServletInputStream input;
    private ServletOutputStream output;
    private AsyncContext context;
    private StringBuilder sb = new StringBuilder();
    ReadListenerImpl(ServletInputStream input, ServletOutputStream output,
    AsyncContext context) {
        this.input = input;
        this.output = output;
        this.context = context;
    }
    @Override
    public void onDataAvailable() throws IOException {
        System.out.println("Data is available");
        while (input.isReady() && !input.isFinished()) {
            sb.append((char) input.read());
        }
        sb.append(" ");
    }
    @Override
    public void onAllDataRead() throws IOException {
        try {
            output.print("Total Received Bytes: " + sb.length() + "</br>");
            output.print("Received Contents: " + sb.toString() + "</br>");
            output.flush();
        } finally {
            context.complete();
        }
        System.out.println("Data is all read");
    }
    @Override
    public void onError(Throwable t) {
        context.complete();
        System.out.println("--> onError");
    }
}
```

程序说明：程序实现了 ReadListener 接口，并通过重载 onDataAvailable、onAllDataRead 和 onError 方法来对 IO 事件进行响应。

运行程序 3-13，将得到如图 3-20 所示的运行结果，显示 ClientServlet 和 ServiceServlet 之间的交互已经成功完成。

查看 NetBeans 的服务器日志窗口，如图 3-21 所示，可以看到在处理完第一部分数据请求后，ServiceServlet 的主线程已经返回，而对 Servlet 的 IO 操作却在后台一直异步运行，直到所有数据全部读取完毕。

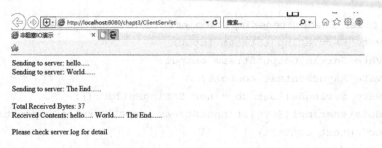

图 3-20　程序 3-13 运行结果

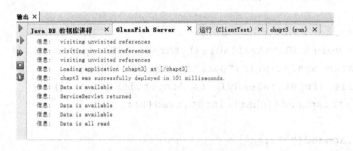

图 3-21　异步 IO 操作在服务器后台输出的日志信息

3.5　生成响应

Servlet 的核心职责就是根据客户端的请求来生成动态响应。在 ServletResponse 接口中定义了一系列与生成响应结果相关的方法，如表 3-2 所示。

表 3-2　ServletResponse 接口的主要方法

方　　法	描　述　信　息
setCharacterEncoding(String charset)	设置响应正文的字符编码。响应正文的默认字符编码为 ISO-8859-1
setContentLength(int len)	设置响应正文的长度
setContentType(String type)	设置响应正文的 MIME 类型
getCharacterEncoding()	返回响应正文的字符编码
getContentType()	返回响应正文的 MIME 类型
setBufferSize(int size)：	设置用于存放响应正文数据的缓冲区的大小
getBufferSize()	获得用于存放响应正文数据的缓冲区的大小
reset()	清空缓冲区内的正文数据，并且清空响应状态代码及响应头
resetBuffer()	仅仅清空缓冲区内的正文数据，不清空响应状态代码及响应头
flushBuffer()	强制性地把缓冲区内的响应正文数据发送到客户端
isCommitted()	返回一个 boolean 类型的值。如果为 true，表示缓冲区内的数据已经提交给客户，即数据已经发送到客户端
getOutputStream()	返回一个 ServletOutputStream 对象，Servlet 用它来输出二进制的正文数据
getWriter()	返回一个 PrintWriter 对象，Servlet 用它来输出字符串形式的正文数据

3.5.1 编码类型

ServletResponse 中响应正文的默认 MIME 类型为 text/plain，即纯文本类型；而 HttpServletResponse 中响应正文的默认 MIME 类型为 text/html，即 HTML 文档类型。可以通过调用 getContentType 方法获得当前响应正文的 MIME 类型，或者通过调用 setContentType(String type) 来设置当前响应正文的 MIME 类型。

说明：MIME 意为多媒体 Internet 邮件扩展，它设计的最初目的是为了在发送电子邮件时附加多媒体数据，让邮件客户程序能根据其类型进行处理。在最早的 HTTP 协议中，并没有附加的数据类型信息，所有传送的数据都被客户程序解释为超文本标记语言 HTML 文档，而随着 Internet 应用的不断扩展，为了支持多媒体数据类型，HTTP 协议中就使用了附加在文档之前的 MIME 数据类型信息来标识数据类型。

Web 浏览器使用 MIME 类型来识别非 HTML 文档，并决定如何显示该文档内的数据。如果浏览器中安装了与 MIME 类型对应的插件（plug-in），则当 Web 浏览器下载 MIME 类型指示的文档时，就能够启动相应插件处理此文档。某些 MIME 类型还可以与外部程序结合使用，浏览器下载文档后会启动相应的外部程序。有时候浏览器不能识别文档的 MIME 类型，通常这是由于没有安装这些文档需要的插件而导致的。在这种情况下，浏览器会弹出一个对话框，询问用户是否需要打开该文件或是将它保存到本地磁盘上。

通过调用 setContentType(String type)，Servlet 可以向浏览器返回非 HTML 文件，比如 Adobe PDF 和 Microsoft Word。使用正确的 MIME 类型能够保证这些非 HTML 文件被正确的插件或外部程序处理显示。

PDF 文件的 MIME 类型是 application/pdf。如果需要 Servlet 返回 PDF 文档，则需要将 response 对象中 header 的 content 类型设置成 application/pdf。代码如下：

```
res.setContentType("application/pdf");
```

若要返回一个 Microsoft Word 文档，就要将 response 对象的 content 类型设置成 application/msword。代码如下：

```
res.setContentType("application/msword");
```

如果是一个 Excel 文档，则使用 MIME 类型 application/vnd.ms-excel。其中 vnd 表示该应用程序的制造者，必须将它包含在 MIME 类型里才能够打开该类型的文档。代码如下：

```
res.setContentType("application/vnd.ms-excel");
```

3.5.2 流操作

在 Servlet 与客户的请求应答的过程中，底层是通过输入输出流来实现的。Servlet 支持两种格式的输入输出流。一种是字符输入输出流。ServletResponse 的 getWriter 方法返回一个 PrintWriter 对象，Servlet 可以利用 PrintWriter 来输出字符流形式的正文数据。另外一种是字节输入输出流。ServletResponse 的 getOutputStream 方法返回一个 ServletOutputStream 对象，Servlet 可以利用 ServletOutputStream 来输出二进制的正文数据。

为了提高输出数据的效率，ServletOutputStream 和 PrintWriter 先把数据写到缓冲区内。当缓冲区内的数据被提交给客户后，ServletResponse 的 isCommitted 方法返回 true。在以下几种情况下，缓冲区内的数据会被提交给客户，即数据被发送到客户端：

- 当缓冲区内的数据已满时，ServletOutputStream 或 PrintWriter 会自动把缓冲区内的数据发送给客户端，并且清空缓冲区。
- 调用 ServletResponse 对象的 flushBuffer 方法。
- 调用 ServletOutputStream 或 PrintWriter 对象的 flush 方法或 close 方法。

为了确保 ServletOutputStream 或 PrintWriter 输出的所有数据都会被提交给客户，比较安全的做法是在所有数据都输出完毕后，调用 ServletOutputStream 或 PrintWriter 的 close 方法。

下面编写一个返回 PDF 文件的 Servlet 来说明 Servlet 如何实现向客户端发送非 HTML 文档，同时演示 Servlet 对输入输出流的操作。代码如程序 3-16 所示。

程序 3-16：PDFServlet.java

```
package com.servlet;
…
@WebServlet(name = "PDFServlet", urlPatterns = {"/pdfshow"})
public class PDFServlet extends HttpServlet {
 protected void processRequest(HttpServletRequest request, HttpServletResponse response)
        throws ServletException, IOException {
    response.setContentType("application/pdf");
    ServletOutputStream out = response.getOutputStream();
    File pdf = null;
    // BufferedInputStream buf = null;
    byte[] buffer = new byte[1024 * 1024];
    FileInputStream input = null;
    try {
        pdf = new File("c:\\sample.pdf");//为演示 PDF 文件发送而保存的一个文件
        response.setContentLength((int) pdf.length());
        input = new FileInputStream(pdf);
        int readBytes = -1;
        while ((readBytes = input.read(buffer, 0, 1024 * 1024)) != -1) {
            out.write(buffer, 0, 1024 * 1024);
        }
    } catch (IOException e) {
        System.out.println("file not found!");
    } finally {
        if (out != null) {
            out.close();
        }
        if (input != null) {
```

```
            input.close();
        }
    }
}
...
}
```

程序说明：首先调用 HttpServletResponse 接口的 setContentType("application/pdf")将响应内容类型设置为 PDF 类型，然后调用 getOutputStream()获取 Servlet 输出流对象。为使 PDF 以流的形式输出到客户端，先创建一个 File 对象，根据 File 对象得到一个文件输入流对象。通过将文件输入流中的信息写到 Servlet 输出流中实现 PDF 文件的发送。为了防止下载的数据量过大，代码中使用了一个容量为 1MB 的缓冲区。

为运行示例程序，需要首先在"C:"盘根目录下放置一个 PDF 文件并将其命名为 sample.pdf。打开浏览器，在地址栏中输入 http://localhost:8080/Chapter3/pdfshow，如果读者的机器装有 Acrobat Reader，那么，Servlet 发送到客户端的 PDF 文件 sample.pdf 将在浏览器内被打开。如果没有安装 Acrobat Reader，则浏览器将提示保存文件。

如果读者的机器装有 Acrobat Reader，但只想通过这种方式传送到客户端，而不想在浏览器内部打开，那么怎么办呢？一种叫作 content-disposition 的 HTTP response header（响应头部）允许将文档指定成单独打开（而不是在浏览器中打开），还可以为该文档建议一个保存时的文件名。

在程序 3-16 的 ServletOutputStream out =res.getOutputStream()一行下面添加如下代码：

```
res.setHeader("Content-disposition","attachment;filename=Example.pdf");
```

打开浏览器，以同样的方式重新调用 Servlet，则出现如图 3-22 所示的提示对话框，PDF 被单独保存而不是在浏览器内打开。

图 3-22　单独保存 PDF 的提示对话框

3.5.3　重定向

ServletResponse 接口还提供了一个重要的方法 sendRedirect，该方法允许将当前请求定位到其他 Web 组件上，这个组件甚至可以是其他主机上的 Web 组件。在将请求重新定位之前，Servlet 可以对当前的请求或响应对象通过调用 SetAttribute 方法来添加属性信息。重定向相当于通知客户端重新发起一个新的请求，因此重定向后在浏览器地址栏中会出现重定向页面的 URL。

下面修改程序 3-16 中的 Servlet 组件，使它重定向到 3.3 节创建的 Servlet First，修改后的代码如程序 3-17 所示

程序 3-17：PDFServlet.java

```java
package com.servlet;
…
@WebServlet(name = "PDFServlet", urlPatterns = {"/pdfshow"})
public class PDFServlet extends HttpServlet {
    …
    @Override
    protected void doGet(HttpServletRequest request, HttpServletResponse res)
        throws ServletException, IOException {
        res.sendRedirect("First");
        return;
    }
    …
}
```

程序说明：在 doGet 方法中，不再调用 processRequest 方法，而是调用 sendRedirect 方法实现请求重定向，并且之后立即调用了 return 语句。这是因为请求已经重定向，若再继续操作 HttpServletRequest 和 HttpServletResponse，将会抛出异常。

运行程序 3-17，结果如图 3-23 所示。特别要注意图 3-23 中浏览器中的地址栏信息，看看是否已经发生变化。

图 3-23　重定向导致浏览器地址栏变化

还需要注意的是，在调用 sendRedirect 方法前不允许有任何信息输出到客户端，因为 Web 容器在 Servlet 组件已经有信息输出到客户端的情形下，是不允许进行重定向的。

3.5.4　服务器推送

3.1 节已经简单介绍了 HTTP 1.1 协议。随着互联网的快速发展，HTTP 1.1 协议得到了

迅猛发展，但当一个页面包含了数十个请求时，HTTP 1.1 协议的局限性便暴露了出来：
- 每个请求需要单独建立与服务器的连接，浪费资源。
- 每个请求与响应都需要添加完整的头信息，应用数据传输效率较低。
- 默认没有进行加密，数据在传输过程中容易被监听与篡改。

HTTP 2 正是为了解决 HTTP 1.1 暴露出来的问题而诞生的。HTTP 2 最大的特点是：不会改动 HTTP 的语义、HTTP 方法、状态码、URI 及首部字段等核心概念，而是致力于突破上一代标准的性能限制，改进传输性能，实现低延迟和高吞吐量。一些知名的网站如 www.baidu.com 已经开始全面支持 HTTP 2。

HTTP 1.1 协议传输的主要是文本信息，而 HTTP 2 把 HTTP 协议通信的基本单位缩小为一个一个的帧，这些帧对应着逻辑流中的消息，并行地在同一个 TCP 连接上双向交换消息。例如，客户端使用 HTTP 2 协议请求页面 http://www.163.com，则页面上所有的资源请求都是通过客户端与服务器之间的一条 TCP 连接完成请求和响应的。

另外 HTTP 2 新增的一个强大的功能，就是服务器可以对一个客户端请求发送多个响应。换句话说，服务器除了对最初请求的响应外，还可以额外向客户端推送资源，而无须客户端明确地请求。例如，当客户端浏览器请求一个 HTML 文件，服务器已经能够知道客户端接下来要请求页面中链接的其他资源（如 logo 图片、css 文件等）了，因此将自动推送这些资源给客户端而不需要等待浏览器得到 HTML 文件后解析页面再发送资源请求。服务器推送有一个很大的优势便是可实现客户端缓存。对于相同的资源，客户端将可以直接在本地缓存中读取。由于 HTTP 2 可主动向服务器端推送数据，目前各大浏览器出于安全考虑，仅支持安全连接下的 HTTP 2，因此 HTTP 2 目前在实际使用中，只用于 HTTPS 协议场景下。

在最新的 Servlet 4.0 中，也提供了对 HTTP 2 的推送资源（push）特性的支持。

下面通过一个示例来演示如何在 HTTP 2 下向客户端推送资源。代码如程序 3-18 所示。

程序 3-18：TestServlet.java

```
@WebServlet(name = "TestServlet", urlPatterns = {"/TestServlet"})
@ServletSecurity(httpMethodConstraints={
        @HttpMethodConstraint(value="GET", transportGuarantee=CONFIDENTIAL) })
public class TestServlet extends HttpServlet {
    @Override
    protected void doGet(HttpServletRequest req, HttpServletResponse res)
            throws IOException, ServletException {
        PushBuilder pushBuilder = req.newPushBuilder().path("my.css");
        pushBuilder.push();
        res.getWriter().println("<html><head><title>HTTP2 Test</title>
         <link rel=\"stylesheet\" href=\"my.css\"></head>
        <body>Hello</body></html>");
    }
}
```

程序说明：调用 HttpServletRequest 的 newPushBuilder 获得请求的 PushBuilder 对象，并调用 path 方法进行填充，最后调用 PushBuilder 的 push 方法将资源对象输出到客户端。

注意 Servlet 组件多了注解@ServletSecurity，表示 Servlet 仅运行在 HTTPS 协议下且仅支持 Get 方法。

注意在运行程序之前需要首先在服务器端准备推送的资源 my.css。代码如程序 3-19 所示。

程序 3-19：my.css

```
body { color: blue; }
```

运行程序 3-18，由于服务器端的 Push 需要运行在 HTTPS 协议下，NetBeans 配置的 GlassFish Server 5 并没有配置相应的数字证书，因此浏览器会弹出如图 3-24 所示的警告提示信息。单击"转到此网页（不推荐）"，将得到如图 3-25 所示的运行结果。可以看到由于应用了服务器端 Push 来的 my.css，结果页面中的文本已经变成蓝色。

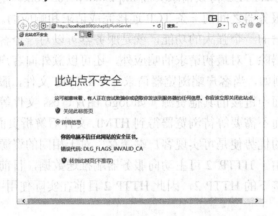

图 3-24　浏览器弹出的安全提示

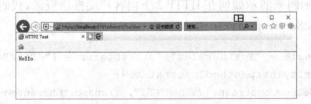

图 3-25　程序 3-18 运行结果

3.6　Servlet 配置

3.6.1　初始化参数

Servlet 除了从请求对象中获取信息以外，还可以从配置文件中获取配置参数信息。与请求中的动态信息不同，配置文件中的参数信息与具体的请求无关，而是 Servlet 初始化时调用的。通过配置信息来初始化 Servlet 可以有效避免硬编码，提高 Servlet 的可移植性。

Servlet 配置参数保存在 ServletConfig 对象中。在 Servlet 被实例化后，ServletConfig

对象对任何客户端在任何时候的访问都有效，但一个 Servlet 的 ServletConfig 对象不能被其他 Servlet 访问。

在 Servlet 中调用 getServletConfig 方法可直接获取 ServletConfig 对象。

在"项目"视图中选中 Web 应用程序 Chapter3，右击，在弹出的快捷菜单中选择"新建"→Servlet 命令，弹出 New Servlet 对话框。在"类名"文本框中输入 Servlet 名称 InitParamServlet。在"包"文本框中输入 Servlet 类所在的 java 包名称 com.servlet。单击"下一步"按钮，得到如图 3-26 所示的对话框。选中"将信息添加到部署描述符（web.xml）"复选框。

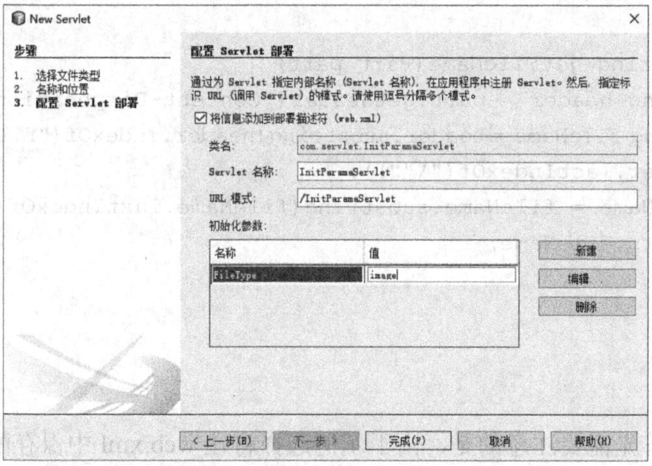

图 3-26 配置 Servlet 的初始化参数

单击"新建"按钮，在"初始化参数"列表中将新增一项。在"名称"单元格中输入 Servlet 初始化参数名称 FileType，在"值"单元格中输入初始化参数的值 image。默认其他选项设置，单击"完成"按钮，NetBeans 自动生成 InitParamServlet 的框架源文件。主要代码如程序 3-20 所示。

程序 3-20：InitParamServlet.java

```
package com.servlet;
…
public class InitParamServlet extends HttpServlet {
protected void processRequest(HttpServletRequest request, HttpServletResponse response)
        throws ServletException, IOException {
     response.setContentType("text/html;charset=UTF-8");
    PrintWriter out = response.getWriter();
    try {
        response.setContentType("text/html;charset=UTF-8");
        for (Part p : request.getParts()) {
            String ftype=this.getInitParameter("FileType");
            if (p.getContentType().contains(ftype)) {
                String fname = getFileName(p);
```

```
                p.write(fname);
                System.out.println(fname);
                System.out.println(p.getContentType());
            }
        } catch (Exception e) {
            System.out.println(e.toString());
        } finally {
            out.close();
        }
    }
    private String getFileName(Part part) {
        String header = part.getHeader("Content-Disposition");
        String fileName = header.substring(header.indexOf("filename=\"") + 10,
            header.lastIndexOf("\""));
        fileName = fileName.substring(fileName.lastIndexOf("\\") + 1);
        return fileName;
    }
    ...
}
```

程序说明：首先需要注意的是，由于示例选择将在 web.xml 中保存配置信息，因此，代码中便没有了注解@WebServlet。程序中通过调用 Servlet 的 getInitParameter 方法可以方便地获得 Servlet 的初始化参数。若 Servlet 有多个初始化参数，则可调用 getInitParameter 获得代表初始化参数列表的枚举。

Servlet 在 web.xml 中的配置信息如程序 3-21 所示。

程序 3-21：web.xml（片段）

```xml
<servlet>
    <servlet-name>InitParamServlet</servlet-name>
    <servlet-class>com.servlet.InitParamServlet</servlet-class>
    <init-param>
        <param-name>FileType</param-name>
        <param-value>image</param-value>
    </init-param>
</servlet>
<servlet-mapping>
    <servlet-name>InitParamServlet</servlet-name>
    <url-pattern>/InitParamServlet</url-pattern>
</servlet-mapping>
```

修改程序 3-11，将文件上传表单的 action 属性指向 Servlet 组件 InitParamServlet，重新运行程序 3-11，看看会得到什么结果。

说明：Servlet 的初始化参数也可以通过注解@WebInitParam 在 Servlet 实现代码中进行配置，但是将 Servlet 的初始化参数配置在部署描述文件中，如果在部署 Servlet 组件时需要调整初始化参数，可直接编辑部署描述文件，而不需要重新编译代码，从而大大提高了程序部署的灵活性。

3.6.2 URL 模式

在 Servlet 配置中，除了初始化参数外，还有一个重要的工作便是配置 Servlet 对应的 URL 地址信息，又称为 URL 模式。这里之所以称之为 URL 模式而不是 URL 地址，是因为同一个 Servlet 可以被映射到多个 URL 地址上。

另外，在 Servlet 映射到 URL 中也可以使用*通配符，但是只能有两种固定的格式：一种格式是"*.扩展名"，另一种格式是以正斜杠（/）开头并以"/*"结尾。如下所示：

```
<servlet-mapping>
    <servlet-name>First</servlet-name>
    <url-pattern>/First/*</url-pattern>
</servlet-mapping>
<servlet-mapping>
    <servlet-name>First</servlet-name>
    <url-pattern>*.do</url-pattern>
</servlet-mapping>
```

3.6.3 默认 Servlet

特别值得一提的是，如果某个 Servlet 的映射路径仅仅为一个正斜杠（/），那么这个 Servlet 就成为当前 Web 应用程序的默认 Servlet。

凡是在当前 Web 应用上下文找不到匹配的组件的 URL，它们的访问请求都将交给默认 Servlet 处理，也就是说，默认 Servlet 负责处理所有其他 Servlet 都不处理的访问请求。

3.7 会话管理

3.1 节讲过 HTTP 协议是一种无状态的协议，客户端每次打开一个 Web 页面，它就会与服务器建立一个新的连接，发送一个新的请求到服务器，服务器处理客户端的请求，返回响应到客户端，并关闭与客户端建立的连接。当客户端发起新的请求，那么它重新与服务器建立连接，因此服务器并不记录关于客户的任何信息。但是对于许多 Web 应用而言，服务器往往需要记录特定客户端与服务器之间的一系列请求响应之间的特定信息。例如，一个在线网上商店需要记录在线客户的个人信息、添加到购物车中的商品信息等。如果顾客每打开一个新的页面都需要重新输入登录信息确认身份，那么这个网上商店可能只能关门大吉了。从特定客户端到服务器的一系列请求称为会话。在 Web 服务器看来，一个会话是由在一次浏览过程中所发出的全部 HTTP 请求组成的。换句话说，一次会话是从客户打开浏览器开始到关闭浏览器结束。记录会话信息的技术称为会话跟踪，对于开发人员而言会话跟踪不是容易解决的问题。会话跟踪的第一个障碍是如何唯一标识每一个客户会话。这只能通过为每一个客户分配一个某种标识,并将这些标识保存在客户端上,以后客户端发给服务器的每一个HTTP请求都提供这些标识来实现。那么为什么不能用客户端的IP地址作为标识呢?这是因为在一台客户端上可能同时发出多个不同的客户请求,而且,如果多个不同客户请求还可能是通过同一个代理服务器发出的,因此IP地址不能作为唯一标识。

常见会话跟踪技术有Cookie和URL重写等。

3.7.1 Cookie

Cookie是一小块可以嵌入到HTTP请求和响应中的数据。典型情况下,Web服务器将Cookie值嵌入到响应的Header,而浏览器则在其以后的请求中都将携带同样的Cookie。Cookie的信息中可以有一部分用来存储会话ID,这个ID被服务器用来将某些HTTP请求绑定在会话中。Cookie由浏览器保存在客户端,通常保存为一个文本文件。Cookie还含有一些其他属性,诸如可选的注释、版本号及最长生命期。

为加深对Cookie的理解,下面创建一个Servlet来显示Cookie的相关信息。代码如程序3-22所示。

程序3-22:CookieServlet.java

```java
package com.servlet;
…
@WebServlet(name=" CookieServlet ", urlPatterns={"/cookie"})
public class CookieServlet extends HttpServlet {
    protected void doGet(HttpServletRequest request,
        HttpServletResponse response) throws ServletException, IOException {
        Cookie cookie = null;
        //获取请求相关的cookie
        Cookie[] cookies = request.getCookies( );
        boolean newCookie = false;
        //判断Cookie ServletStudy是否存在
        if (cookies != null){
            for (int i = 0; i < cookies.length; i++){
                if (cookies[i].getName( ).equals("Chapter3")){
                    cookie= cookies[i];
                }
            }//end for
        }//end if
        if (cookie == null){
            newCookie=true;
            int maxAge=10000;
            //生成cookie对象
            cookie= new Cookie("Chapter3","create by hyl");
            cookie.setPath(request.getContextPath( ));
            cookie.setMaxAge(maxAge);
```

```
            response.addCookie(cookie);
        }//end if
        // 显示信息
        response.setContentType("text/html");
        java.io.PrintWriter out = response.getWriter( );
        out.println("<html>");
        out.println("<head>");
        out.println("<title>Cookie Info</title>");
        out.println("</head>");
        out.println("<body>");
        out.println(
            "<h2> Information about the cookie named \"Chapter3\"</h2>");
        out.println("Cookie value: "+cookie.getValue( )+"<br>");
        if (newCookie){
            out.println("Cookie Max-Age: "+cookie.getMaxAge( )+"<br>");
            out.println("Cookie Path: "+cookie.getPath( )+"<br>");
        }
        out.println("</body>");
        out.println("</html>");
    }
}
```

程序说明：HttpServletRequest 对象有一个 getCookies 方法，它可以返回当前请求中的 Cookie 对象的一个数组。程序首先调用 getCookies 方法获得 request 对象中的所有 Cookie，然后寻找是否有名为 Chapter3 的 Cookie。如果有，则调用 Cookie 对象的 getValue、getName 等方法显示其信息；如果没有，则创建一个新的 Cookie 对象，并调用 response.addCookie 方法将其加入到 response 对象并返回到客户端。以后客户端对服务器的任何访问都会在其头部携带此 Cookie。可以通过刷新页面来查看 Cookie 的信息，可以看到显示的 Cookie 信息是不变的。

重新发布 Web 应用并启动浏览器，在地址栏中输入 http://localhost:8080/Chapter3/cookie，得到如图 3-27 所示的运行结果页面。

图 3-27　显示 Cookie 信息

由于同一客户端对服务器的请求都会携带 Cookie，因此可以通过在 Cookie 中添加与会话相关的信息以达到会话跟踪的目的。下面通过创建一个 Servlet 来演示如何通过 Cookie 实现会话跟踪。代码如程序 3-23 所示。

程序 3-23：CookieTrackServlet.java

...
```java
@WebServlet(name=" CookieTrackServlet ", urlPatterns={"/ cookietrack"})
public class CookieTrackServlet extends HttpServlet {
protected void processRequest(HttpServletRequest request, HttpServletResponse response)
    throws ServletException, IOException {
        Cookie cookie=null;
        //获取请求相关的Cookie
        Cookie[] cookies=request.getCookies();
        //判断Cookie VisitTimes 是否存在，如果存在，其值加1
        if(cookies!=null){
            boolean flag=false;
            for(int i=0; (i<cookies.length)&&(!flag); i++){
                if(cookies[i].getName().equals("VisitTimes")){
                    String v=cookies[i].getValue();
                    int value=Integer.parseInt(v)+1;
                    cookies[i].setValue(Integer.toString(value));
                    //将值更新后的cookie重新写回响应
                    response.addCookie(cookies[i]);
                    flag=true;
                    cookie=cookies[i];
                }//end if
            }//end for
        }//end if
        //不存在，创建cookie
        if(cookie==null){
            int maxAge=-1;
            //创建cookie对象
            cookie=new Cookie("VisitTimes","1");
            cookie.setPath(request.getContextPath());
            cookie.setMaxAge(maxAge);
            response.addCookie(cookie);
        }//end if
        //显示信息
        response.setContentType("text/html; charset=utf-8");
        PrintWriter out= response.getWriter();
        out.println("<html>");
        out.println("<head>");
        out.println("<title>Cookie跟踪会话</title>");
        out.println("</head>");
        out.println("<body>");
        out.println("<h2>您好！</h2>");
```

```
        out.println("欢迎您第"+cookie.getValue()+"次访问本页面<br>");
        out.println("</body>");
        out.println("</html>");
    }
    …
}
```

程序说明：程序使用 Cookie 来实现会话的跟踪，在本示例中跟踪的是会话中页面的访问次数。程序通过将页面访问的次数写入一个名为 VisitTimes 的 Cookie 中。由于对页面的请求每次都包含了这个 Cookie，因此通过每次将 Cookie 的值取出来显示页面的访问次数，同时又将更新过的值写回到 Cookie 来达到会话跟踪的目的。

重新发布 Web 应用并启动浏览器，在地址栏中输入 http://localhost:8080/Chapter3/cookietrack，得到如图 3-28 所示的运行结果页面，不停地刷新页面，页面中显示的值也不停地刷新，可以看到服务器可以准确地跟踪客户端的访问次数。

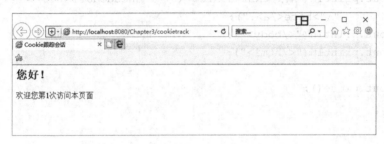

图 3-28 用 Cookie 实现会话跟踪

3.7.2 URL 重写

关于是否应当使用 Cookie 有很多的争论，因为一些人认为 Cookie 可能会造成对隐私权的侵犯。有鉴于此，大部分浏览器允许用户关闭 Cookie 功能，这使得跟踪会话变得更加困难。如果不能依赖 Cookie 的支持又该怎么办呢？那将导致不得不使用另外一种会话跟踪方法——URL 重写。

URL 重写通过在 URL 地址后面增加一个包含会话信息的字符串来记录会话信息。URL 地址与会话信息的字符串之间用"?"隔开。如果请求还包含多个参数，则参数与会话信息以及参数间用"&"隔开。

下面通过编写一个 Servlet URLRewrite1 来演示如何利用 URL 重写来向服务器端传递会话信息。这里假设客户端向服务器端传递的会话信息是用户的身份信息：姓名和年龄。代码如程序 3-24 所示。

程序 3-24：URLRewrite1.java

```
package com.servlet;
…
@WebServlet(name=" URLRewrite1", urlPatterns={"/ url1 "})
public class URLRewrite1 extends HttpServlet {
```

```java
protected void processRequest(HttpServletRequest request, HttpServletResponse response)
    throws ServletException, IOException {
        response.setContentType("text/html;charset=UTF-8");
        java.io.PrintWriter out = response.getWriter( );
        String contextPath = request.getContextPath( );
        String encodedUrl = response.encodeURL(contextPath +
            "/url2?name=张三&age=27");
        out.println("<html>");
        out.println("<head>");
        out.println("<title>URL Rewriter</title>");
        out.println("</head>");
        out.println("<body>");
        out.println(
            "<h1>URL 重写演示：发送参数</h2>");
        out.println("转到 URL2<a href=\"" + encodedUrl +
            "\">here</a>.");
        out.println("</body>");
        out.println("</html>");

        out.close();
    }
    …
}
```

程序说明：程序首先调用 response 的 encodeURL 生成 URL 字符串。其中 request 的 getContextPath 用来获取请求上下文路径。URL 字符串包含的会话信息为两个参数：name 和 age，其值分别为"张三"和 27。

下面通过在 Web 应用 Chapter3 中创建一个名为 URLRewrite2 的 Servlet 来演示服务器端如何获取通过 URL 重写方式传递来的会话信息。代码如程序 3-25 所示。

程序 3-25：URLRewrite2.java

```java
package com.servlet;
…
@WebServlet(name=" URLRewrite2", urlPatterns={"/ url2 "})
public class URLRewrite2 extends HttpServlet {
protected void processRequest(HttpServletRequest request, HttpServletResponse response)
    throws ServletException, IOException {
        response.setContentType("text/html;charset=UTF-8");
        request.setCharacterEncoding("UTF-8");
        java.io.PrintWriter out = response.getWriter( );
        String contextPath = request.getContextPath( );
        out.println("<html>");
        out.println("<head>");
```

```
        out.println("<title>URL Rewriter</title>");
        out.println("</head>");
        out.println("<body>");
        out.println(
            "<h1>URL 重写演示:接收参数</h2>");
        out.println("下面是接收的参数：<br>");
        out.println("name="+request.getParameter("name"));
        out.println("age="+request.getParameter("age"));
        out.println("</body>");
        out.println("</html>");
        out.close();
    }
    ...
}
```

程序说明：对于利用 URL 重写技术传递来会话信息，可以调用 request.getParameter 来获取，就像获取表单提取的参数信息一样。实际上，通过表单向服务器端提交数据就是通过 URL 重写的方式。注意，如果传递的是汉字编码的信息，在提取参数前，别忘了通过"request.setCharacterEncoding("UTF-8");"来设置请求编码格式，否则得到的将会是乱码。

重新发布 Web 应用并启动浏览器，在地址栏中输入 http://localhost:8080/Chapter3/url1，得到如图 3-29 所示的运行结果页面。单击页面中的链接 here，则浏览器被导向地址 http://localhost:8080/Chapter3/url2，得到如图 3-30 所示的运行结果页面，可以看到，客户端通过 URL 重写的会话信息已经传递到 Servlet 组件 URLRewrite2 并被正确解析。

图 3-29　URL 重写：发送参数

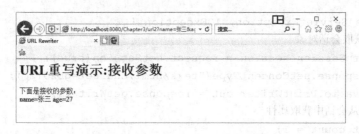

图 3-30　接收 URL 重写的参数信息

3.7.3　HttpSession

为消除代码中手工管理会话信息的需要（无论使用什么会话跟踪方式），Servlet 规范定义了 HttpSession 接口以方便 Servlet 容器进行会话跟踪。这个高级接口实际上是建立在 Cookie 和 URL 重写这两种会话跟踪技术之上的，只不过由 Web 容器自动实现了关于会话跟踪的底层机制，不再需要开发人员了解具体细节。HttpSession 接口允许 Servlet 查看和管理关于会话的信息，确保信息持续跨越多个用户连接等。

使用 HttpSession 接口进行程序开发的基本步骤如下：

（1）获取 HttpSession 对象。

（2）对 HttpSession 对象进行读或写。

（3）手工终止 HttpSession，或者什么也不做，让它自动终止。每个 HttpSession 对象都有一定的生命周期，超过这个周期，容器自动将 HttpSession 对象中止。

程序开发中经常使用的 HttpSession 接口方法有以下几个：

（1）isNew()。如果客户端还不知道会话，则返回 true。如果客户端已经禁用了 Cookie，则会话在每个请求上都是新的。

（2）getId()。返回包含分配给这个会话的唯一标识的字符串。在使用 URL 改写已标识会话时比较有用。

（3）setAttribute()。使用指定的名称将对象绑定到会话。

（4）getAttribute()。返回绑定到此会话的指定名称的对象。

（5）setMaxInactiveInterval()。指定在 Servlet 使该会话无效之前客户端请求间的时间。负的时间表示会话永远不会超时。

（6）invalidate()。终止当前会话，并解开与它绑定的对象。

下面通过一个示例来演示如何用 HttpSession 来存储当前会话中用户访问站点的次数。

在项目中创建 Servlet HitCounter，代码如程序 3-26 所示。

程序 3-26：HitCounter

```
package com.Servlet;
…
@WebServlet(name=" HitCounter ", urlPatterns={"/hitcounter "})
public class HitCounter extends HttpServlet {
 static  final String COUNTER_KEY = "Counter";
 protected void processRequest(HttpServletRequest request, HttpServletResponse response)
    throws ServletException, IOException {
    //获取会话对象
    HttpSession session = request.getSession(true);
    response.setContentType("text/html;charset=gb2312");
    java.io.PrintWriter out = response.getWriter();
    //从会话中获取属性
    int count = 1;
    Integer i = (Integer) session.getAttribute(COUNTER_KEY);
    if (i != null) {
        count = i.intValue() + 1;
    }
    //将属性信息存入会话
```

```
        session.setAttribute(COUNTER_KEY, new Integer(count));
        Date lastAccessed = new Date(session.getLastAccessedTime( ));
        Date sessionCreated=new Date(session.getCreationTime());
        DateFormat formatter =
            DateFormat.getDateTimeInstance(DateFormat.MEDIUM,
            DateFormat.MEDIUM);
//输出会话信息
        out.println("<html>");
        out.println("<head>");
        out.println("<title>会话计数器</title>");
        out.println("</head>");
        out.println("<body>");
        out.println("你的会话 ID: <b>" +session.getId()+ "<br>");
        out.println("会话创建时间:"+formatter.format(sessionCreated) + "<br>");
        out.println("会话上次访问时间:"+formatter.format(lastAccessed) + "<br>");
        out.println("</b> 会话期间你对页面发起 <b>" +
            count +    "</b> 次请求");
        out.println("<form method=GET action=\"" +
            request.getRequestURI() + "\">");
        out.println("<input type=submit " +
            "value=\"再次单击...\">");
        out.println("</form>");
        out.println("</body>");
        out.println("</html>");
        out.flush();
        out.close();
    }
}
```

程序说明：Servlet 中使用 HttpServletRequest 对象的 getSession 方法来取得当前的用户会话。GetSession 的参数决定了如果会话不存在，是否创建一个新会话（还有一个版本的 getSession 没有任何参数，它将默认创建一个新会话）。一旦获得了会话对象，就可以像操作哈希表一样使用一个唯一的键，在会话对象中加入或者获取任何对象。通过调用 setAttribute 将用户访问次数信息存入会话，通过调用 getAttribute 来获取会话中存储的信息。

注意：由于会话数据是由 Web 容器维护存储的，在为这些键赋值时一定要注意维护它的唯一性。一个比较好的方法是为每个会话属性的名称定义一个 static final 类型的 String 变量。

重新发布 Web 应用并启动浏览器，在地址栏中输入 http://localhost:8080/Chapter3/hitcounter，得到如图 3-31 所示的运行结果页面。用户第一次打开 HitCounter Servlet 的时候，如果会话还不存在，就会创建一个新的会话（一定要注意，其他 Servlet 可能已经建立了这个用户的会话对象）。通过一个唯一键从会话对象中取得一个整数，如果这个整数不存在，就使用初始值1，否则每次给这个整数加1。最后，新的值被写回会话对象。一个简单的HTML页被返回给浏览器显示，它显示了会话ID及用户通过单击"再次单击"按钮获取这一页的访问次数。

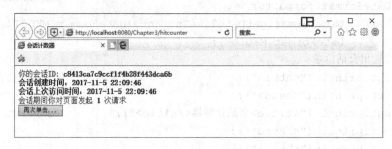

图3-31 利用会话存储页面访问次数

3.8 Servlet 上下文

服务器上的每个 Web 应用都会有一个背景环境对象，称为上下文，Web 应用中的所有资源包括 Servlet、JSP、JavaBean 和静态 HTML 页面等共享此上下文对象，因此上下文对象提供了一个同一 Web 应用内的不同资源间共享信息的场所。Javax.Servlet.ServletContext 接口提供正在运行的 Servlet 所处的 Web 应用程序的上下文对象的视图，可以通过 getServletContext 方法得到该 Servlet 运行的上下文对象。在创建 Web 应用程序时，通过 Servlet 上下文可以实现以下功能：

（1）访问 Web 应用程序资源。ServletContext 可以通过 getResource 和 getResourceAsStream 方法访问 Web 应用程序内的静态资源文件。

（2）在 Servlet 上下文属性中保存 Web 应用程序信息。上下文对象可以用来存储 Java 对象，通过字符串值的 key 来识别对象，这些属性对整个 Web 应用程序都是全局的，Servlet 可以通过 getAttribute、getAttributeNames、removeAttribute 和 setAttribute 方法进行操作。

（3）获取应用初始化参数信息。可以调用 ServletContext 的 getInitParameterNames 方法返回一个初始化参数的枚举对象（java.util.Enumeration），或直接指定一个参数名来得到特定的参数值，如 ServletContext.getInitParameter(String name)。

注意：这里的初始化参数指的是整个 Web 应用的初始化参数，而不是针对哪个具体 Web 组件的。例如，开发人员可以将 Web 应用的运行模式设置为应用的初始化参数。在初始化参数修改后，必须重新启动 Web 应用才会生效。

（4）提供日志支持。可以简单地通过调用 ServletContext.log(String msg) 或 ServletContext.log(String msg,Throwable throwable) 方法向底层的 Servlet 日志记录写入日志信息；ServletContext.log(String msg,Throwable throwable) 方法还可写入异常信息和 throwable 的跟踪栈。

ServletContext 对此 Web 应用的任何客户端请求在任何时间都有效。要访问 ServletContext 对象，只要调用 getServletContext() 就可以了。

下面通过程序演示两个 Servlet 组件间如何通过上下文进行协同工作。其中 AdminTemperatureServlet 用来更新当前温度信息，ShowTemperatureServlet 仅用来显示当前温度信息，两个 Servlet 间通过上下文中的属性来传递信息，实现温度信息实时更新与发布。

首先创建更新温度信息的 AdminTemperatureServlet。它包含一个名为 Temperature 初始化参数，其值为 8。代码如程序 3-27 所示。

程序 3-27：AdminTemperatureServlet.java

```java
package com.servlet;
…
@WebServlet(name="AdminTemperatureServlet",urlPatterns={ "/adminTempera
ture" } ,
initParams ={
    @WebInitParam(name = "Temperature", value ="8")})
public class AdminTemperatureServlet extends HttpServlet {
    protected void doGet(HttpServletRequest request, HttpServletResponse response)
    throws ServletException, IOException {
        response.setContentType("text/html;charset=gb2312");
        PrintWriter out = response.getWriter();
        String Temperature=(String)getServletContext().getAttribute
("Temperature");
        if(Temperature==null){
        //获取初始化参数
            Temperature=(String)getInitParameter("Temperature");
        //放入应用上下文
            getServletContext().setAttribute("Temperature",
            Temperature); }
        out.println("<HTML><HEAD><TITLE>气温更新 "
            + "</TITLE></HEAD>");
        out.println("<BODY><TABLE border=\"0\" width=\"100%\"><tr>");
        out.println("<td align=\"left\" valign=\"bottom\">");
        out.println("<H1>当前气温</H1></td></tr></TABLE>");
        out.print("<FORM ACTION=\"");
        out.println(response.encodeURL("adminTemperature"));
        out.println("\" METHOD=\"POST\">");
        out.println("当前气温（摄氏度）");
        out.println("<INPUT TYPE=\"text\" NAME=\"temperature\" "
            + "VALUE="+Temperature+">");
        out.println("<INPUT TYPE=\"Submit\" NAME=\"btn_submit\" "
            + "VALUE=\"更新\">");
        out.println("</FORM></BODY></HTML>");

    }
    protected void doPost(HttpServletRequest request, HttpServletResponse response)
```

```java
        throws ServletException, IOException {
        response.setContentType("text/html;charset=gb2312");
        PrintWriter out = response.getWriter();
        String Temperature=request.getParameter("temperature");
        //将更新后的气温信息放入上下文
        getServletContext().setAttribute("Temperature",Temperature);
        out.println("<HTML><HEAD><TITLE>气温更新 "
                + "</TITLE></HEAD>");
        out.println("<BODY>");
        out.println("当前气温："+Temperature+"摄氏度");
        out.println("</BODY></HTML>");

    }
    …
}
```

下面生成显示气温信息的 ShowTemperatureServlet，代码如程序 3-28 所示。

程序 3-28：ShowTemperatureServlet.java

```java
package com.servlet;
…
@WebServlet(name=" ShowTemperatureServlet ", urlPatterns={"/ showTemperature "})
public class ShowTemperatureServlet extends HttpServlet {
protected void processRequest(HttpServletRequest request, HttpServletResponse response)
        throws ServletException, IOException {
        response.setContentType("text/html;charset=gb2312");
        PrintWriter out = response.getWriter();
        String Temperature=(String)getServletContext().getAttribute
        ("Temperature");
        if(Temperature==null){Temperature=new String("0");
        }
    String oldTemperature=(String)request.getSession().getAttribute
    ("OldTemperature");
        out.println("<HTML><HEAD><TITLE>气温信息显示 "
                + "</TITLE></HEAD>");
        out.println("<BODY>");
        out.println("当前最新气温："+Temperature+"摄氏度");
        if(oldTemperature!=null){
          out.println("<BR>");
          out.println("更新当前气温："+oldTemperature+"摄氏度");
        }
        out.println("</BODY></HTML>");
        //更新会话中的气温信息
        request.getSession().setAttribute("OldTemperature",Temperature);
    }
```

程序说明：AdminTemperatureServlet 的 doGet 方法首先调用 getServletContext 方法获取应用的上下文对象 ServletContext，然后调用 ServletContext 对象的 getAttribute 方法获取存储在上下文中的 Temperature 属性信息进行显示。如果是第一次调用，ServletContext 中尚不存在 Temperature 属性对象，则调用 getInitParameter 方法获取存储在初始化参数中的气温信息并调用 ServletContext 的 setAttribute 方法将属性添加到上下文对象的 Temperature 属性对象中。ShowTemperatureServlet 采用同样的方法获取上下文中的属性信息进行显示。

重新发布 Web 应用并启动浏览器，在地址栏中输入 http://localhost:8080/Chapter3/adminTemperature，将得到如图 3-32 所示的结果，此时显示的为从 Servlet 初始化参数中获取的气温信息。将文本框中的气温数据更改为 8 并单击"更新"按钮提交。打开一个新的浏览器对话框，在地址栏中输入 http://localhost:8080/Chapter3/showTemperature，将得到如图 3-33 所示的结果，此时显示的为从上下文对象获取的气温信息，可以看到气温信息已经更新了。重新进入如图 3-32 所示的页面来不断更新气温信息，然后重新刷新显示如图 3-33 所示的页面，可以看到，通过上下文，两个 Servlet 组件之间的信息交换变得很方便。

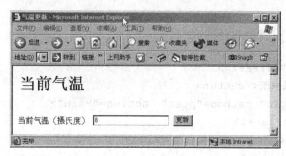

图 3-32 气温更新页面

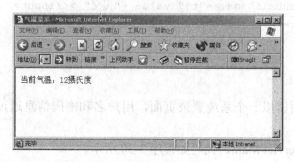

图 3-33 气温显示页面

3.9 Servlet 间协作

当 Web 容器接收到客户端的请求后，它负责创建 HttpRequest 对象和 HttpResponse 对象，然后将这两个对象以参数的形式传递给与请求 URL 地址相关联的 Servlet 的 service 方法进行处理。但对于复杂的处理过程，仅仅通过一个 Servlet 来实现对于请求的处理往往比较困难，这时经常需要几个 Servlet 间共同协作完成对于请求的处理，也就是说，在一个 Servlet 处理过程中或处理完毕后，将客户端的请求传递到另外一个 Servlet 来处理，这种像接力赛似的过程称为请求指派。为实现请求指派，Servlet 规范定义了一个接口：javax.servlet.requestdispatcher。

Requestdispatcher 封装了到同一 Web 应用内的另外一个资源的引用。可以通过调用 Requestdispatcher 的 forword 方法将请求传递到其他资源，或者调用 Requestdispatcher 的 include 方法将其他资源对此请求的响应包含进来。

下面通过一个简单的登录系统来演示如何利用 Requestdispatcher 对象来实现 Servlet 间的协作。系统后台功能主要由三个 Servlet 来实现。Main 为主控 Servlet，用来实现登录验证功能，并根据验证结果将请求转发到 LoginSuccess 或 LoginFail，LoginSuccess 处理登录成功条件下的请求处理，LoginFail 处理登录失败条件下的请求处理。

首先生成登录信息提交页面。代码如程序 3-29 所示。

程序 3-29： dl.html

```html
<html lang='zh'>
  <head>
<title>登录</title>
</head>
<body bgcolor="#FFFFFF">
<center>欢迎登录系统</center>
<form name="login" method="post" action="Main">
<label>用户名：</label>
<input type=text name="userID" value="">
<label>密 码：</label>
<input type=password name="password" value="">
<input type="submit" name="tj" value ="提交" ></input>
<input type="reset" name="reset" ></input>
</form>
</body>
</html>
```

程序说明：页面模拟一个系统登录页面，用户名和密码信息通过表单提交到后台的 Servlet 处理。

下面生成主控 Servlet Main。代码如程序 3-30 所示。

程序 3-30： Main.java

```java
package example.servlet;
…
@WebServlet(name=" Main ", urlPatterns={"/ Main "})
public class Main extends HttpServlet {
    protected void processRequest(HttpServletRequest request,
    HttpServletResponse response)
```

```java
    throws ServletException, IOException {
        String userID=request.getParameter("userID");
        if(userID==null)userID="";
        String password=request.getParameter("password");
        if(password==null)password="";
        if((userID.equals("guest")&&password.equals("guest"))){
            RequestDispatcher dispatcher =
                    request.getRequestDispatcher("LoginSuccess");
            dispatcher.forward(request, response);
        } else{
            RequestDispatcher dispatcher =
                    request.getRequestDispatcher("LoginFail");
            dispatcher.forward(request, response);
        }
    }
…
}
```

程序说明：首先调用 Request 对象的 getParameter 方法来获取登录页面提交的信息，然后根据提交的信息进行登录验证（为表述简单，这里只是用它来与固定值 guest 进行对比）。通过调用 HttpServletRequest 对象的 getRequestDispatcher 方法来得到其他 Web 组件对应的 RequestDispatcher 对象，其中 getRequestDispatcher 方法的参数为被请求指派资源在部署描述文件中的 URL 地址。最后调用 RequestDispatcher 对象的 forward 方法，将请求导向其他 Servlet 组件。

下面生成登录成功条件下的指派资源 Servlet LoginSuccess 和登录失败条件下的指派资源 Servlet LoginFail，代码如程序 3-31 和程序 3-32 所示。

程序 3-31：LoginSuccess.java

```java
package example.servlet;
…
@WebServlet(name=" LoginSuccess ", urlPatterns={"/ LoginSuccess "})
public class LoginSuccess extends HttpServlet {
    protected void processRequest(HttpServletRequest request,
    HttpServletResponse response)
    throws ServletException, IOException {
        response.setContentType("text/html;charset=UTF-8");
        PrintWriter out = response.getWriter();
        String name=request.getParameter("userID");
        out.println("<html>");
        out.println("<head>");
        out.println("<title>登录成功</title>");
        out.println("</head>");
        out.println("<body>");
        out.println("<h1>欢迎！"+name+"您已成功登录系统...</h1>");
```

```
            out.println("</body>");
            out.println("</html>");
            out.close();
        }
        ...
    }
```

程序说明：作为登录验证成功的响应，显示一条欢迎信息。由于 RequestDispatcher 对象 forward 方法将前端的请求对象 request 传递到本 Servlet，因此，依然可以调用 request 对象的 getParameter("userID")方法来获取用户的登录 ID。用户请求对象的生命周期直到服务器端向客户端返回响应时才宣告结束。

程序 3-32：LoginFail.java

```
package example.servlet;
…
@WebServlet(name=" LoginFail ", urlPatterns={"/ LoginFail "})
public class LoginFail extends HttpServlet {
 protected void processRequest(HttpServletRequest request, HttpServletResponse
response)
    throws ServletException, IOException {
    response.setContentType("text/html;charset=UTF-8");
    RequestDispatcher dispatcher = request.getRequestDispatcher
       ("login.html");
    dispatcher.include(request, response);
        }
        ...
    }
```

程序说明：作为登录验证失败的响应，调用 RequestDispatcher 对象的 include 方法，将登录页面作为响应的一部分输出到客户端显示。

保存程序并重新发布 Web 应用，打开 IE 浏览器，在地址栏中输入 http:/localhost:8080/Chapter3/dl.html，得到如图 3-34 所示的运行结果页面。在"用户名"文本框输入 guest，在"密码"文本框输入 guest，单击"提交"按钮，则得到如图 3-35 所示的页面，可以看到请求被指派给了 Servlet LoginSuccess。单击浏览器上的"后退"按钮，分别在"用户名"文本框和"密码"文本框输入其他数据并再次提交，则得到如图 3-36 所示的运行结果页面，可以看到请求被指派给了 Servlet LoginFail。仔细观察图 3-35 和图 3-36 中浏览器的地址栏显示，可以看到地址栏中显示的是同一个地址，这是因为请求指派是在服务器端进行的，因此在客户端的浏览器上觉察不到。

在 3.5 节中了解到可以通过 HttpServletResponse 的 sendRedirect 实现请求重定向，那么它与调用 RequestDispatcher 的 forward 方法有什么区别呢？

首先，从操作的本质上，RequestDispatcher 的 forward 是容器中控制权的转向，在客户端浏览器地址栏中不会显示出转向后的地址；而 HttpServletResponse 的 sendRedirect 是完全的跳转，浏览器将会得到跳转的地址，并重新发送请求连接。这样，从浏览器的地址栏中可以看到跳转后的链接地址。 其次，从性能上，前者仍旧是在同一次请求处理过程中，后者是结束第一次请求，由浏览器发起一次新的请求，因此，RequestDispatcher 的 forward 更加高效。在条件许可时，开发人员尽量使用 RequestDispatcher 的 forward 方法。

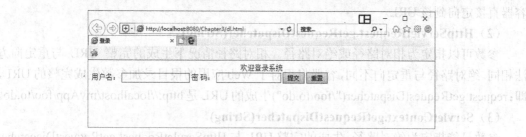

图 3-34　登录页面

图 3-35　登录成功页面

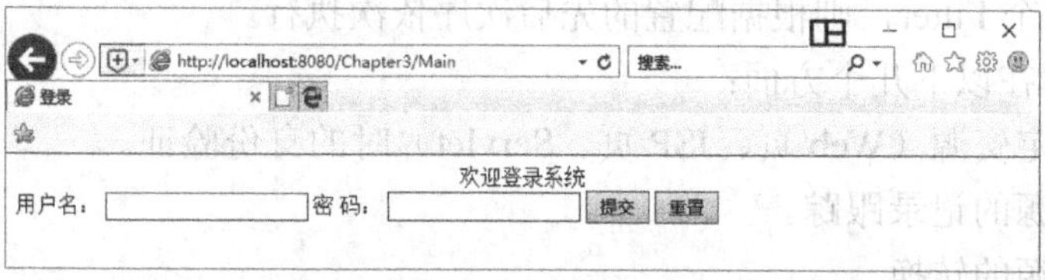

图 3-36　登录失败页面

　　RequestDispatcher 的 forward 也有局限，它只能转到 Web 应用内部的资源，而在有些情况下，比如，需要跳转到其他服务器上的某个资源时，则必须使用 HttpServletResponse 的 sendRedirect 方法。

　　Servlet 中有**两种**方式获得转发对象(RequestDispatcher)：一种是通过 **HttpServletRequest** 的 getRequestDispatcher 方法获得，一种是通过 **ServletContext** 的 getRequestDispatcher 方法获得。

　　重定向的方法只有一种：HttpServletResponse 的 sendRedirect 方法。

　　这三个方法的参数都是一个 URL 形式的字符串，但在使用相对路径或绝对路径上有所区别。

（1）**HttpServletResponse.sendRedirect(String)**。

　　参数可以指定为相对路径、绝对路径或其他 Web 应用。假设以 http://localhost/myApp/cool/from.do 作为起点。

　　若采用**相对路径**，代码为 response.sendRedirect(" **foo**/to.do ")，则容器相对于原来请求

URL 的目录加上 sendRedirect 参数来生成完整的 URL：http://localhost/myApp/**cool**/foo/to.do。

若采用绝对路径，代码为 response.sendRedirect(" / **foo**/to.do ")，容器相对于 Web 服务器本身加 sendRedirect 参数生成完整的 URL：http://**localhost**/foo/to.do。

若参数为其他 Web 应用资源，如 response.sendRedirect("http://www.javaeye.com")，则容器直接定向到该 URL。

（2）**HttpServletRequest.getRequestDispatcher(String)**。

参数可以指定为相对路径或绝对路径。相对路径情况下生成的完整 URL 与重定向方法相同。绝对路径与重定向不同，容器将相对于 Web 应用的根目录加参数生成完整的 URL，即：request.getRequestDispatcher("**/foo**/to.do")生成的 URL 是 http://localhost/myApp/foo/to.do。

（3）**ServletContext.getRequestDispatcher(String)**。

参数只能指定为绝对路径，生成的完整 URL 与 HttpServletRequest.getRequestDispatcher(String)相同。

3.10 Filter

Filter（过滤器）是 Servlet 2.3 规范以后增加的新特性。Filter 拦截请求和响应，以便查看、提取或以某种方式操作正在客户端和服务器之间交换的数据。Filter 可以改变一个请求（Request）或者是修改响应（Response）。Filter 与 Servlet 的关联由 Web 应用的配置描述文件或注解来明确。用户发送请求给 Servlet 时，在 Servlet 处理请求之前，与此 Servlet 关联的 Filter 首先执行，然后才是 Servlet 的执行，Servlet 执行完毕又会回到 Filter。如果一个 Servlet 有多个 Filter，则根据配置的先后次序依次执行。

Filter 主要用在以下几个方面：

（1）访问特定资源（Web 页、JSP 页、Servlet）时的身份验证。

（2）访问资源的记录跟踪。

（3）访问资源的转换。

一个 Filter 必须实现 javax.Servlet.Filter 接口，即实现下面的三个方法：

（1）doFilter(ServletRequest, ServletResponse, FilterChain)。用来实现过滤行为的方法。引入的 FilterChain 对象提供了后续 Filter 所要调用的信息。

（2）init(FilterConfig)。由容器所调用的 Filter 初始化方法。容器确保在第一次调用 doFilter 方法前调用此方法，一般用来获取在 web.xml 文件中指定的初始化参数。

（3）destroy()。容器在破坏 Filter 实例前，doFilter()中的所有活动都被该实例终止后，调用该方法。

下面演示如何利用 Filter 来记录 Web 组件对请求的响应时间。首先生成一个 Filter。在"项目"视图中选中 Web 应用程序 Chapter3，右击，在弹出的快捷菜单中选择"新建"→"文件/文件夹"命令，弹出"新建文件"对话框，如图 3-37 所示。

在"类别"列表中选中 Web，在"文件类型"列表中选中"过滤器"，单击"下一步"按钮，得到如图 3-38 所示的"New 过滤器"对话框。

如图 3-38 所示，在"类名"文本框中输入 Filter 的名称 TimeTrackFilter，在"包"文本框中输入包的名称 com.servlet，单击"下一步"按钮，得到如图 3-39 所示的对话框。

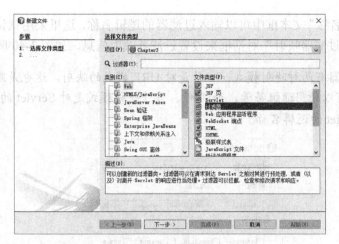

图 3-37 创建 Filter

图 3-38 Filter 的名称和位置

在这里要配置过滤器的部署信息，即将过滤器与它要过滤的 Web 组件或 URL 模式关联起来。

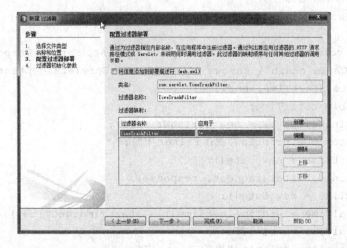

图 3-39 配置 Filter 部署

在"过滤器名称"文本框中可以输入过滤器的逻辑名称，这里采用默认选项。单击"编辑"按钮打开"过滤器映射"对话框来设置过滤器映射信息，如图 3-40 所示。

说明：过滤器有两种映射模式。一种是对 URL 模式的映射，这也是默认的映射模式。在 URL 模式中可以使用通配符号，如 "/*"。另外一种模式是对 Servlet 的映射，这时过滤器关联的是 Servlet 的逻辑名称。

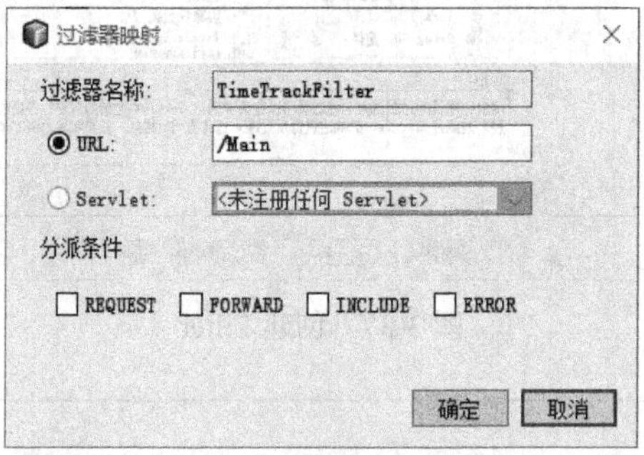

图 3-40 "过滤器映射"对话框

选中单选按钮 URL，并在其右侧的文本框中输入 "/Main"。单击"确定"按钮完成过滤器映射配置。此时 Filter 关联的 URL 对应的组件为 3.9 节创建的 Servlet Main。最后单击图 3-39 中的"完成"按钮，Filter 创建完毕。完整代码如程序 3-33 所示。

程序 3-33：TimeTrackFilter.java

```java
...
@WebFilter(filterName = "TimeTrackFilter", urlPatterns = {"/Main"})
public class TimeTrackFilter implements Filter {
    private FilterConfig filterConfig = null;
    public void init(FilterConfig filterConfig) throws ServletException {
        this.filterConfig = filterConfig;
    }
    public void destroy() {
        this.filterConfig = null;
    }
    public void doFilter( ServletRequest request, ServletResponse response,
    FilterChain chain ) throws IOException, ServletException {
        Date startTime, endTime;
        double totalTime;
        StringWriter sw = new StringWriter();
        System.out.println("我在 Filter 中");
        startTime = new Date();
        chain.doFilter(request, response);
        endTime = new Date();
        totalTime = endTime.getTime() - startTime.getTime();
        totalTime = totalTime ;
        System.out.println("我在 Filter 中");
```

```
        PrintWriter writer = new PrintWriter(sw);
        writer.println("===============");
        writer.println("耗时: " + totalTime + " 毫秒");
        writer.println("===============");
        filterConfig.getServletContext().log(sw.getBuffer().toString());
    }
}
```

程序说明：跟 Servlet 一样，在新版本的 Java EE 规范中，提供了注解 WebFilter 来部署 Filter 组件，其中属性 filterName 为 Filter 的逻辑名称，属性 urlPatterns 为 Filter 的 URL 模式。

程序包含了所有 Filter 必须实现的 3 个接口方法：init、destroy 和 doFilter。当容器第一次加载该过滤器时，init 方法将被调用。该类在这个方法中包含了一个指向 FilterConfig 对象的引用。对请求和响应的过滤功能主要由 doFilter 实现。Web 容器在垃圾收集之前调用 destroy 方法，以便能够执行任何必需的清理代码。

TimeTrackFilter 主要实现对过滤的 Web 组件处理耗时的跟踪，在调用 FilterChain 对象的 doFilter(request, response)方法之前创建一个 Date 对象 startTime，FilterChain 对象在 doFilter(request, response)方法执行完毕后，控制权仍旧回到当前的 Filter，此时，再创建一个 Date 对象 endTime 来获取当前时刻，二者相减，就得到被过滤 Web 组件的执行时间。

为了使执行效果更明显，可以修改 Servlet Main，使 Servlet 的线程暂时中止 2 秒。修改后的代码如程序 3-34 所示。

程序 3-34：Main.java

```
package com.servlet;
…
public class Main extends HttpServlet {
 protected void processRequest(HttpServletRequest request, HttpServletResponse
 response)
    throws ServletException, IOException{
        System.out.println("我在 Servlet Main 中");
        try{
        Thread.sleep(2000);
        }catch (InterruptedException ie){
           System.out.println(ie.toString());
        }
        String userID=request.getParameter("userID");
        …
    }
}
```

程序说明：斜体部分为新增的代码，即调用 Thread 对象的 sleep 方法使线程暂停 2 秒。

重新发布 Web 应用，打开 IE 浏览器，在地址栏中输入 http://localhost:8080/Chapter3/dl.html，得到如图 3-34 所示的运行结果页面。在"用户名"文本框输入 guest，在"密码"

文本框输入 guest，单击"提交"按钮，此时浏览器向 URL 模式"/Main"发出请求，由于 URL 模式"/Main"被关联到 Filter TimeTrackFilter，则首先执行 TimeTrackFilter 的 doFilter 方法，然后执行 Servlet Main，最后又回到 Filter 的 doFilter 方法。因此在 Netbeans 底部的"输出"窗口的 GlassFish Server 3.1.1 中可以看到如图 3-41 的输出信息。

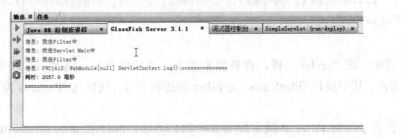

图 3-41　Filter 运行过程中的输出信息

从上面的演示过程可以看出，开发人员不应当把 Filter 看作是请求到达 Servlet 之前的一道防火墙，而应当把它看作是包裹在 Servlet 组件外面的一层防护网。在请求到达 Servlet 前后都会经过 Filter 的处理。

Filter 不仅可以对 URL 模式进行过滤，还可以对 Servlet 组件的逻辑名称进行过滤。下面为 TimeTrackFilter 添加对 Servlet 组件 PDFServlet 的过滤。打开 web.xml，在编辑器中选中"过滤器"视图，得到如图 3-42 所示的运行界面。

图 3-42　修改 Filter 配置信息

单击"过滤器映射"下的"添加"按钮，弹出"编辑过滤器映射"对话框，如图 3-43 所示。

图 3-43　修改 Filter 配置信息

选中"Servlet 名称"单选按钮，在其右边的下拉列表中选中要过滤的 Servlet 的名称 PDFServlet，单击"确定"按钮，完成 TimeTrackFilter 对 Servlet 组件 PDFServlet 的过滤设置。

重新发布 Web 应用，打开 IE 浏览器，在地址栏中输入 http://localhost:8080/Chapter3/pdfshow，在 Netbeans 底部的"输出"窗口的 GlassFish Server 3.1.1 视图中可以看到执行 Servlet 组件 PDFServlet 的耗时信息。

在 Servlet 2.4 以上的 Web 容器中，过滤器可以根据请求分发器（request dispatcher）所使用的方法有条件地对 Web 请求进行过滤。在图 3-43 中，在"分发程序类型"组中可以看到四个检查框，分别代表以下分发类型：

- REQUEST——只有当 request 直接来自客户，过滤器才生效。
- FORWARD——只有当 request 被一个请求分发器使用 forward 方法转到另一个 Web 组件时，过滤器才生效。
- INCLUDE——只有当 request 被一个请求分发器使用 include 方法转到一个 Web 构件时，过滤器才生效。
- ERROR——只有当 request 被一个请求分发器使用"错误信息页"机制方法转到一个 Web 组件时，过滤器才生效。

以上四个条件可以组合使用。

在图 3-39 中，选中 Filter 的映射项 PDFServlet，单击"编辑"按钮来修改映射信息。在弹出的"编辑 过滤器映射"对话框中，选中 FORWARD 复选框，如图 3-44 所示。单击"确定"按钮，完成对过滤器映射信息的修改。

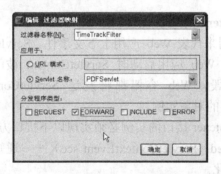

图 3-44 修改 Filter 映射信息

重新发布 Web 应用，打开 IE 浏览器，在地址栏中输入 http://localhost:8080/Chapter3/pdfshow，在 Netbeans 底部的"输出"窗口的 GlassFish Server 3.1.1 视图中将看不到 Filter 输出的执行 Servlet 组件 PDFServlet 的耗时信息。因为按照修改后的 Filter 映射设置，只有调用请求分发器的 forward 方法对 Servlet 组件 PDFServlet 发送请求才被过滤器过滤。

3.11 Listener

Listener（监听器）是 Servlet 2.4 规范以后增加的新特性。Listener 用来主动监听 Web 容器事件。所谓 Web 容器事件，是指 Web 应用上下文创建销毁、会话对象创建销毁以及会话属性信息的增删改等。通过事件监听，Listener 对象可以在事件发生前、发生后进行一些必要的处理。Listener 实现了 Web 应用的事件驱动，使得 Web 应用不仅可以被动地处理客户端发出的请求，而且可以主动对 Web 容器的变化进行响应，大大提高了 Web 应用的能力。

为了实现事件监听功能，Listener 必须实现 Listener 接口，同时，代表 Web 容器事件的 Event 类作为参数传递到 Listener 接口，Listener 可以通过它来对 Web 容器事件进行必要的处理。

目前 Servlet 规范共有 7 个 Listener 接口和 5 个 Event 类，Event 类与 Listener 之间的关系如表 3-3 所示。

表 3-3 Servlet 规范中支持的 Listener 接口和 Event 类

Listener 接口	Event 类
ServletContextListener	ServletContextEvent
ServletContextAttributeListener	ServletContextAttributeEvent
HttpSessionListener	HttpSessionEvent
HttpSessionActivationListener	
HttpSessionAttributeListener	HttpSessionBindingEvent
HttpSessionBindingListener	
javax.servlet.AsyncListener	AsyncEvent

注：新的 Java EE 规范不再支持 ServletRequestListener 和 ServletRequestAttributeListener 接口。

1. ServletContextListener 和 ServletContextEvent

ServletContextEvent 用来代表 Web 应用上下文事件。ServletContextListener 用于监听 Web 应用上下文事件。当 Web 应用启动时 ServletContext 被创建或当 Web 应用关闭时 ServletContext 将要被销毁，Web 容器都将发送 ServletContextEvent 事件到实现了 ServletContextListener 接口的对象实例。

实现 ServletContextListener 接口的实例必须实现以下接口方法：

- void contextInitialized（ServletContextEvent sce）——通知 Listener 对象，Web 应用已经被加载及初始化。
- void contextDestroyed（ServletContextEvent sce）——通知 Listener 对象，Web 应用已经被销毁。

ServletContextEvent 中最常用的方法为：

- ServletContext getServletContext()——取得 ServletContext 对象。

Listener 通常利用此方法来获取 Servlet 上下文信息，然后进行相应的处理。

2. ServletContextAttributeListener 和 ServletContextAttributeEvent

ServletContextAttributeEvent 代表 Web 上下文属性事件，它包括增加属性、删除属性、修改属性等。ServletContextAttributeListener 用于监听上述 Web 上下文属性事件。

ServletContextAttributeListener 接口主要有以下方法：

- void attributeAdded(ServletContextAttributeEvent scab)——当有对象加入 Application

的范围，通知 Listener 对象。
- void attributeRemoved(ServletContextAttributeEvent scab)——若有对象从 Application 的范围移除，通知 Listener 对象。
- void attributeReplaced(ServletContextAttributeEvent scab)——若在 Application 的范围中，有对象取代另一个对象时，通知 Listener 对象。

ServletContextAttributeEvent 中常用的方法如下：
- java.lang.String getName()——返回属性的名称。
- java.lang.Object getValue()——返回属性的值。

3. HttpSessionBindingListener 和 HttpSessionBindingEvent

HttpSessionBindingEvent 代表会话绑定事件。当对象加入 Session 范围（即调用 HttpSession 对象的 setAttribute 方法的时候）或从 Session 范围中移除（即调用 HttpSession 对象的 removeAttribute 方法的时候或 Session Time out 的时候）时，都将触发该事件，此时，Web 容器将发送消息给实现了 HttpSessionBindingListener 接口的对象。

实现了 HttpSessionBindingListener 接口的对象必须实现以下两个方法：
- void valueBound(HttpSessionBindingEvent event)——通知 Listener，有新的对象加入 Session。
- void valueUnbound(HttpSessionBindingEvent event)——通知 Listener，有对象从 Session 中删除。

4. HttpSessionAttributeListener 和 HttpSessionBindingEvent

HttpSessionAttributeListener 也是用来监听 HttpSessionBindingEvent 事件，但是实现 HttpSessionAttributeListener 接口的对象必须实现以下不同的接口方法：
- attributeAdded(HttpSessionBindingEvent se)——当在 Session 增加一个属性时，Web 容器调用此方法。
- attributeRemoved(HttpSessionBindingEvent se)——当在 Session 删除一个属性时，Web 容器调用此方法。
- attributeReplaced(HttpSessionBindingEvent se)——当在 Session 属性被重新设置时，Web 容器调用此方法。

说明：HttpSessionAttributeListener 和 HttpSessionBindingListener 的区别是 HttpSession-AttributeListener 是从会话的角度去观察，而 HttpSessionBindingListener 是从对象绑定的角度来观察。当会话超时或无效时，对象会从会话解除绑定。此时 HttpSessionBindingListener 会得到通知，而 HttpSessionAttributeListener 则不会。

5. HttpSessionListener 和 HttpSessionEvent

HttpSessionEvent 代表 HttpSession 对象的生命周期事件包括 HttpSession 对象的创建、销毁等。HttpSessionListener 用来对 HttpSession 对象的生命周期事件进行监听。

实现 HttpSessionListener 接口的对象必须实现以下接口方法：
- sessionCreated（HttpSessionEvent se）——当创建一个 Session 时，Web 容器调用此方法。
- sessionDestroyed（HttpSessionEvent se）——当销毁一个 Session 时，Web 容器调用

此方法。

6. HttpSessionActivationListener 接口

主要用于服务器集群的情况下，同一个 Session 转移至不同的 JVM 的情形。此时，实现了 HttpSessionActivationListener 接口的 Listener 将被触发。

7. AsyncListener

对 Servlet 异步处理事件提供监听，实现 AsyncListener 接口的对象必须实现以下接口方法：

- onStartAsync(AsyncEvent event)——异步线程开始时，Web 容器调用此方法。
- onError(AsyncEvent event)——异步线程出错时，Web 容器调用此方法。
- onTimeout(AsyncEvent event)——异步线程执行超时时，Web 容器调用此方法。
- onComplete(AsyncEvent event)——异步线程执行完毕时，Web 容器调用此方法。

要注册一个 AsyncListener，只需将准备好的 AsyncListener 对象作为参数传递给 AsyncContext 对象的 addListener()方法即可，如下列代码片段所示：

```
AsyncContext ctx = req.startAsync();
ctx.addListener(new AsyncListener() {
    public void onComplete(AsyncEvent asyncEvent) throws IOException {
        // 做一些清理工作或者其他
    }
    ...
});
```

利用上述七类 Listener 接口，Web 应用实现了对 Web 容器的会话以及应用上下文层面上的事件的监听处理。

除 HttpSessionBindingListener 接口和 AsyncListener 接口，其他所有关于 Listener 的配置信息都存储在 Web 应用的部署描述文件 Web.xml 中，Web 容器通过此文件中的信息来决定当某个特定事件发生时，将自动创建对应的 Listener 对象的实例并调用相应的接口方法进行处理。

下面通过创建一个网站计数器来演示如何应用 Listener 来开发 Web 应用。网站计数器要求满足以下功能：

（1）统计应用自部署以来的所有用户访问次数。

（2）对于用户在一次会话中的访问只记录一次，以保证数据的真实性。

（3）统计在线用户数量信息。

由于网站计数器要记录应用自部署以来的所有用户访问次数，因此，必须将用户访问信息实现持久化。由于用户访问信息比较简单，因此，可以将信息持久化存储到外部的资源文件中，而不是数据库。

利用 ServletContextListener 控制历史计数信息的读取和写入。当 Web 应用上下文创建时，将历史计数信息从外部资源文件读取到内存。当 Web 应用上下文关闭时，则将历史计数信息持久化存储到外部资源文件中。

利用 HttpSessionListener 监听在线用户数量变化。每创建一个新的会话，则代表产生一次新的用户访问。每一个会话销毁事件，则代表一位用户离线。这种方式也避免了用户重复刷新导致的重复计数。

首先在 Web 应用的文件夹"Web 页"下建立一个名为 Count.txt 的空文件，用来存储历史访问数据。

下面在 Web 应用 Chapter3 中创建一个辅助工具类 CounterFile 来实现对资源文件的操作。代码如程序 3-35 所示。

程序 3-35：CounterFile.java

```java
package com.example;
import java.io.BufferedReader;
import java.io.FileNotFoundException;
import java.io.FileOutputStream;
import java.io.FileReader;
import java.io.IOException;
import java.io.PrintWriter;
//用来操作记录访问次数的文件
public class CounterFile {
    private BufferedReader  file; //BufferedReader 对象，用于读取文件数据
    public CounterFile() {
    }
    //ReadFile 方法用来读取文件 filePath 中的数据，并返回这个数据
    public String ReadFile(String filePath) throws FileNotFoundException {
        String  currentRecord = null;//保存文本的变量
        //创建新的 BufferedReader 对象
        file = new BufferedReader(new FileReader(filePath));
        String returnStr =null;
        try {
            //读取一行数据并保存到 currentRecord 变量中
            currentRecord = file.readLine();
        } catch (IOException e) {//错误处理
            System.out.println("读取数据错误.");
        }
        if (currentRecord == null)
            //如果文件为空
            returnStr = "没有任何记录";
        else {//文件不为空
            returnStr =currentRecord;
        }
        //返回读取文件的数据
        return returnStr;
    }
//ReadFile 方法用来将数据 counter+1 后写入到文本文件 filePath 中
//以实现计数增长的功能
public synchronized void WriteFile(String filePath,String counter) throws
FileNotFoundException {
```

```
            int Writestr = 0;
            Writestr=Integer.parseInt(counter);
            try {
        //创建 PrintWriter 对象，用于写入数据到文件中
                PrintWriter pw = new PrintWriter(new FileOutputStream(filePath));
        //用文本格式打印整数 Writestr
                pw.println(Writestr);
        //清除 PrintWriter 对象
                pw.close();
            } catch(IOException e) {
        //错误处理
                System.out.println("写入文件错误"+e.getMessage());
            }
        }
    }
```

程序说明：程序用来实现对资源文件 Count.txt 的读写操作。其中方法 ReadFile（String filePath）负责将信息从资源文件读取到内存，方法 WriteFile（String filePath,String counter）负责将计数信息写回到资源文件。为了避免写文件时发生线程安全问题，这里将方法 WriteFile 用修饰符 synchronized 加以保护。

下面创建一个 ServletContextListener 来实现对 Web 应用创建、销毁事件的监听，以便在 Web 应用创建或销毁时从资源文件载入或回写历史访问数据。在"项目"视图中选中 Web 应用 Chapter3，右击，在弹出的快捷菜单中选择"新建"→"Web 应用程序监听程序"命令，弹出"New Web 应用程序监听程序"对话框，如图 3-45 所示。

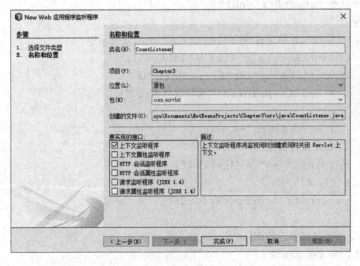

图 3-45 "New Web 应用程序监听程序"对话框

在"类名"文本框中输入辅助工具类名 CountListener，在"包"文本框中输入 Servlet 类所在的包名 com.servlet，在"要实现的接口"列表中选中"上下文监听程序"，单击"完成"按钮，NetBeans 自动生成类 CountListener 的框架源文件。代码如程序 3-36 所示。

程序 3-36：CounterListener.java

```java
package com.example;
import javax.servlet.ServletContextListener;
import javax.servlet.ServletContextEvent;
public class CounterListener implements ServletContextListener {
    String path="";
    public void contextInitialized(ServletContextEvent evt) {
        CounterFile f=new CounterFile();
        String name=evt.getServletContext().getInitParameter("CounterPath");
        path=evt.getServletContext().getRealPath(name);
        try{
        String temp=f.ReadFile(path);
        System.out.println(temp);
        //将计数器的值放入应用上下文
        evt.getServletContext().setAttribute("Counter",temp);
        }catch(Exception e){
            System.out.println(e.toString());
        }
    }
    public void contextDestroyed(ServletContextEvent evt) {
        try{
        String current= (String)evt.getServletContext().getAttribute("Counter");
        CounterFile f=new CounterFile();
        f.WriteFile(path,current);
        }catch(Exception e){
            System.out.println(e.toString());
        }
    }
}
```

程序说明：程序调用辅助工具类 CounterFile 来操作资源文件。在 contextInitialized（ServletContextEvent evt）方法中将历史计数信息从外部读入到内存，在 contextDestroyed（ServletContextEvent evt）方法中将历史计数信息持久化储存到外部文件。这样，在程序运行期间，不管应用的访问次数多么频繁，所用计数操作只是操作内存中的变量，应用程序的性能将不会因为频繁的 IO 操作而下降。

计数器文件的路径信息是从 Web 应用的上下文中读取的，因此在运行程序之前，要在 Web 应用上下文中添加一个名为 CounterPath 的上下文参数。打开 Web.xml，切换到"常规"视图，单击"上下文参数"条目下的"添加"按钮，弹出"添加 上下文参数"对话框，如图 3-46 所示。

在"参数名称"文本框中输入 CounterPath，在"参数值"中输入 count.txt，单击"确定"按钮，Web 上下文参数添加完毕。查看 web.xml 的源代码，可以看到添加的上下文参数和监听器 CounterListener 配置信息如程序 3-37 中斜体部分所示。

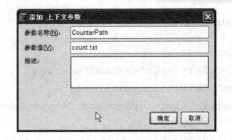

图 3-46 "添加 上下文参数"对话框

程序 3-37：Web.xml（部分）

…
```
<context-param>
    <param-name>CounterPath</param-name>
    <param-value>count.txt</param-value>
</context-param>
…
<listener>
    <description>ServletContextListener</description>
    <listener-class>com.servlet.CounterListener</listener-class>
</listener>
…
```

为了监听在线用户数目，还要创建一个实现 HttpSessionListener 接口的 Listener。在"项目"视图中选中 Web 应用 Chapter 3，右击，在弹出的快捷菜单中选择"新建"→"Web 应用程序监听程序"，弹出"New Web 应用程序监听程序"对话框，如图 3-47 所示。

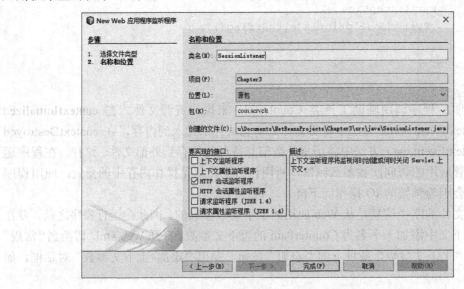

图 3-47 "New Web 应用程序监听程序"对话框

在"类名"文本框中输入类名 SessionListener，在"包"文本框中输入 Servlet 类所在的包名 com.servlet，在"要实现的接口"列表中选中"HTTP 会话监听程序"，单击"完成"按钮，Netbeans 自动生成类 SessionListener 的框架源文件。完整源代码如程序 3-38 所示。

程序 3-38：SessionListener.java

```java
package com.example;
import javax.servlet.http.HttpSessionListener;
import javax.servlet.http.HttpSessionEvent;
@WebListener( )
public class SessionListener implements HttpSessionListener {
public void sessionCreated(HttpSessionEvent evt) {
        // 修改在线人数
        String current= (String)evt.getSession().getServletContext().
         getAttribute("online");
        if(current==null)current="0";
        int c=Integer.parseInt(current);
        c++;
        current=String.valueOf(c);
        evt.getSession().getServletContext().setAttribute("online",
        current);
        //修改历史人数
        String his= (String)evt.getSession().getServletContext().
        getAttribute("Counter");
        if(his==null)his="0";
         int total=Integer.parseInt(his)+1;
         his=String.valueOf(total);
        evt.getSession().getServletContext().setAttribute("Counter",his);
        }
        public void sessionDestroyed(HttpSessionEvent evt) {
        // TODO 在此处添加您的代码:
        // 修改在线人数
     String current= (String)evt.getSession().getServletContext().getAttribute
     ("online");
        if(current==null)current="0";
        int c=Integer.parseInt(current);
        c--;
        current=String.valueOf(c);
        evt.getSession().getServletContext().setAttribute("online",current);
    }
}
```

程序说明：程序通过监听会话事件来维护在线人数和历史访问次数信息。在 sessionCreated（HttpSessionEvent evt）方法中，从 Web 应用上下文中获取历史计数信息和在线人数信息，并分别增加 1。在 sessionDestroyed（HttpSessionEvent evt）方法中，从 Web 应用上下文中获取在线人数信息，并减 1。

最后创建一个 Servlet 来显示在线用户数量以及历史用户数量。代码如程序 3-39 所示。

程序 3-39：Counter.java

```java
package com.servlet;
…
public class Counter extends HttpServlet {
 protected void processRequest(HttpServletRequest request, HttpServletResponse response)
    throws ServletException, IOException {
        response.setContentType("text/html;charset=UTF-8");
        PrintWriter out = response.getWriter();
        String dumb=(String)request.getSession().getAttribute("dumb");
                                                        //触发session事件
        String history =(String)getServletContext().getAttribute("Counter");
        if( history==null) history="0";
        String temp =(String)getServletContext().getAttribute("online");
        if(temp==null)temp="0";
        out.println("<html>");
        out.println("<head>");
        out.println("<title>计数器</title>");
        out.println("</head>");
        out.println("<body>");
        out.println("<h1>当前访问人数: " + temp + "</h1>");
        out.println("<h1>历史访问人数: " + history + "</h1>");
        out.println("</body>");
        out.println("</html>");
        out.close();
    }
    …
}
```

程序说明：从 Web 应用上下文属性中获取历史访问次数和在线人数信息，然后通过 Servlet 输出到页面。

程序发布成功后，在浏览器地址栏输入 http://localhost:8080/Chapter3/Counter，将得到如图 3-48 所示的运行页面。

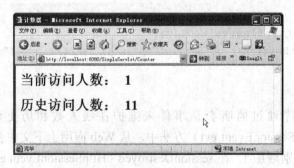

图 3-48　网站计数器显示信息

小　　结

Servlet 作为最核心的 Java EE Web 组件，在 Java EE 编程开发中具有重要的地位，而且是后面学习 JSP 编程的基础。业界流行的一些框架如 Struts、Spring 等都是在 Servlet 组件的基础上进行封装扩展后实现的。在理解 Servlet 的基本概念和工作原理的基础上，必须熟练运用 Servlet 编程的基本技能包括请求处理、响应生成和参数配置等，并掌握会话管理、Servlet 间协同、Servlet 上下文等高级编程技巧，为后续内容的学习打下基础。

习　题　3

1. 什么是 Servlet？与 Applet 有何异同？
2. 详细论述 Servlet 的工作流程。
3. 论述客户端请求、会话与 Servlet 上下文之间的关联。
4. 上机实现本章中的所有例程。
5. 利用 Servlet 的会话跟踪机制实现购物车应用。
6. 利用 Servlet 实现一个简单的聊天室，并利用 Listener 动态显示在线用户列表。
7. 编写一个登录验证的 Filter 实现禁止不通过登录就访问系统。

第 4 章 JSP

本章要点：
- ☑ JSP 的工作原理
- ☑ JSP 脚本元素
- ☑ JSP 指令
- ☑ JSP 动作组件
- ☑ JSP 内置对象
- ☑ 表达式语言
- ☑ 使用 JavaBean

本章首先讲解 JSP 的定义和工作原理，随后对 JSP 脚本元素、指令、动作组件和内置对象以及表达式语言分别进行详细讲解，在讲解过程中结合具体示例演示如何进行 JSP 组件开发。最后演示如何将 JSP 与 JavaBean 结合来开发 Web 应用。

4.1 概　　述

第 3 章学习了一种重要的 Java EE 组件技术——Servlet，从本章开始将学习另外一种 Java EE 组件技术——JSP（Java Server Pages）。JSP 是一种实现普通静态 HTML 和动态 HTML 混合编码的技术。JSP 页面文件通常以.jsp 为扩展名，而且可以安装到任何能够存放普通 Web 页面的地方。虽然从代码编写来看，JSP 页面更像普通 Web 页面而不像 Servlet，但实际上，JSP 最终会被转换成标准的 Servlet。JSP 到 Servlet 的转换过程一般在出现第一次页面请求时进行。因此有了前面 Servlet 编程的基础，理解和掌握 JSP 编程就容易多了。

JSP 设计的目的在于简化表示层的展示。JSP 并没有增加任何本质上不能用 Servlet 实现的功能。但是，在 JSP 中编写静态 HTML 更加方便，不必再用 println 语句来输出每一行 HTML 代码。更重要的是，借助内容和外观的分离，页面制作中不同性质的任务可以方便地分开。例如，由页面设计专家进行 HTML 设计，同时留出供 Java 程序员插入动态内容的空间。

除了普通 HTML 代码之外，嵌入 JSP 页面的其他成分主要有如下三种：脚本元素（Scripting Element）、指令（Directive）和动作（Action）。脚本元素用来嵌入 Java 代码，这些 Java 代码将成为转换得到的 Servlet 的一部分；JSP 指令用来从整体上控制 Servlet 的结构；动作用来引入已有的组件来控制 Web 容器的行为。另外，为了简化脚本元素，JSP 定义了一组可以直接使用的内部对象变量。在新的 JSP 规范中，还可以使用表达式语言（Expression Language，EL）来进一步简化脚本元素编写。Java EE 规范中最新的 JSP 版本为 2.2。

4.2 第一个 JSP

同 Servlet 一样，JSP 作为一个 Web 组件必须包含在某个 Web 应用程序中，因此，首先创建一个 Web 应用程序 JspBasic。具体操作步骤参考 3.3 节。本章中所有的 JSP 例程都包含在此 Web 应用程序中。

下面开始 JSP 编程学习。像以前学习其他编程技术一样，先从开发一个最简单的 JSP 页面开始。

首先在 Web 应用 JspBasic 中创建一个新的 JSP 页面。在"项目"视图中选中 Web 应用 JspBasic，右击，在弹出的快捷菜单中选择"新建"→JSP 命令，弹出"新建 JSP 文件"对话框，如图 4-1 所示。

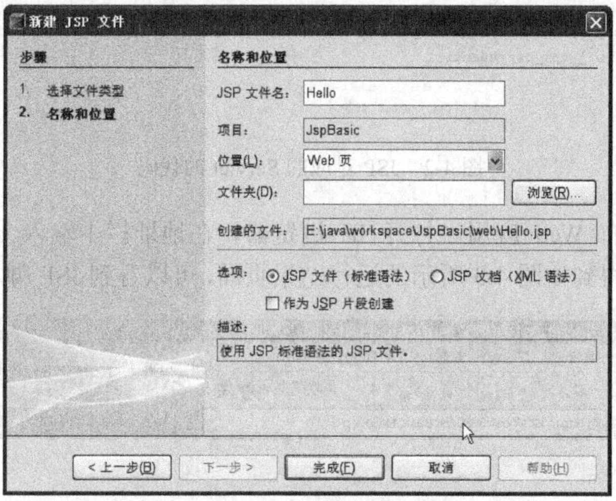

图 4-1 "新建 JSP 文件"对话框

在"JSP 文件名"文本框中输入 JSP 文件名 Hello，其他选项保持默认设置，单击"完成"按钮，JSP 页面生成完毕。Hello.jsp 的完整代码如程序 4-1 所示。

程序 4-1：Hello.jsp

```
<HTML>
<BODY>
<%
out.println("Hello");
%>
</BODY>
</HTML>
```

程序说明：页面比较简单，仅仅在 JSP 脚本通过 out 对象输出一个简单的文本提示。JSP 脚本是<%与%>之间用 Java 语言编写的代码块，关于 JSP 脚本后面还要详细论述。

JSP 在运行时被转化为 Servlet。在"项目"视图中选中 Hello.jsp，右击，在弹出的快捷菜单中选中"查看 Servlet"命令，可以看到 JSP 转化为 Servlet 时的对应 Java 代码 Hello_jsp.java，如图 4-2 所示。

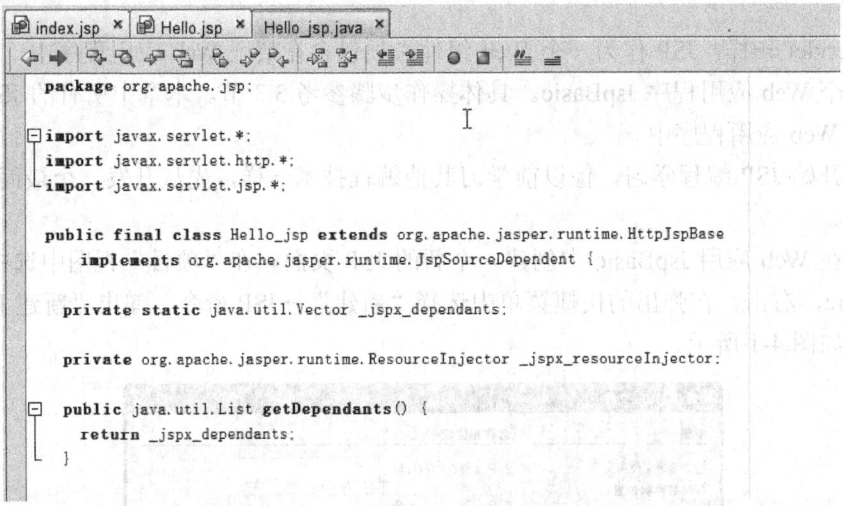

图 4-2　JSP 对应的 Servlet 的代码

保存程序并发布 Web 应用，打开 IE 浏览器，在地址栏中输入 http://localhost:8080/JspBasic/Hello.jsp，得到如图 4-3 所示的运行结果页面，可以看到 JSP 脚本输出的提示信息。

图 4-3　JSP 页面运行结果

4.3　脚　　本

JSP 脚本是<%与%>之间用 Java 语言编写的代码块。代码块必须完全符合 Java 语法，但可以配合使用 HTML 文本。这些 Java 代码最终转换为 Servlet 的一部分。一个 JSP 页面可以包含任意多个脚本。

4.3.1　输出表达式

<%=表达式%>输出表达式的计算结果。表达式中的变量必须是前面已声明过的变量。

注意：%与=之间不能有空格且表达式后面不需要分号。

依照 4.2 节介绍的操作步骤向 Web 应用 JspBasic 中添加 JSP 页面 expression.jsp。完整代码如程序 4-2 所示。

程序 4-2：expression.jsp

```
<%@ page language="java" pageEncoding="GB2312" %>
<%@ page contentType="text/html;charset=gb2312" %>
<!DOCTYPE HTML PUBLIC "-//w3c//dtd html 4.0 transitional//en">
<html>
<head>
<title>JSP 表达式</title>
</head>
<body bgcolor="#FFFFFF">
<% for(int i=1;i<=5;i++){%>
<H<%=i%>>你好</H<%=i%>><BR>
<%}%>
</body>
</html>
```

程序说明：JSP 脚本代码可以与 HTML 代码混杂在一起。JSP 脚本代码可用来控制脚本产生动态内容。这里通过表达式<%=i%>动态生成 HTML 标记 H1～H5 来控制字符串"你好"的显示效果。

保存程序并重新发布 Web 应用，打开 IE 浏览器，在地址栏输入 http://localhost:8080/JspBasic/expression.jsp，得到如图 4-4 所示的运行结果页面。

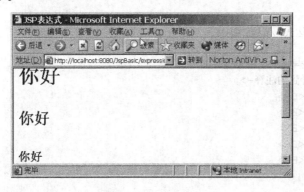

图 4-4 输出表达式

4.3.2 注释

在 JSP 页面中有两种类型的注释。

（1）输出到客户端的注释：<!-comment->。

（2）不输出到客户端的注释：<%--comment--%>。它表示是 JSP 注释，在服务器端将被忽略，也不转化为 HTML 的注释，在客户端查看源码时是看不到的。这种注释一般是开发人员用来实现对程序代码的说明，但同时又防止在客户端看到，可有效保护代码的安全性。

在 expression.jsp 中添加注释，代码如程序 4-3 所示。重新发布 Web 应用后，在客户端浏览器地址栏输入 http://localhost:8080/JspBasic/expression.jsp。在运行结果页面上右击，选择"查看源代码"命令来查看页面源代码，源代码如程序 4-4 所示，可以看到源代码中不包含<%--comment--%>类型的注释。

程序 4-3：expression.jsp（添加注释后）

```
<%@ page language="java" pageEncoding="GB2312" %>
<%@ page contentType="text/html;charset=gb2312" %>
<!DOCTYPE HTML PUBLIC "-//w3c//dtd html 4.0 transitional//en">
<html>
<head>
<title>JSP 表达式</title>
</head>
<body bgcolor="#FFFFFF">
<!-客户端可以看到的注释->
<% for(int i=1;i<=5;i++){%>
<H<%=i %>>你好</H<%=i%>><BR>
<%}%>
<%--客户端看不到的注释--%>
</body>
</html>
```

程序 4-4：expression.jsp 的客户端源代码

```
<!DOCTYPE HTML PUBLIC "-//w3c//dtd html 4.0 transitional//en">
<html>
<head>
<title>JSP 表达式</title>
</head>
<body bgcolor="#FFFFFF">
<!-客户端可以看到的注释->
<H1>你好</H1><BR>
<H2>你好</H2><BR>
<H3>你好</H3><BR>
<H4>你好</H4><BR>
<H5>你好</H5><BR>
</body>
</html>
```

4.3.3 声明变量、方法、类

在 JSP 脚本中可以声明 Java 变量、方法和类。

1．声明变量

格式：

```
<%! 声明代码 %>
```

为演示如何声明变量，向 Web 应用 JspBasic 中添加页面 statement_vary.jsp。页面代码如程序 4-5 所示。

程序 4-5：statement_vary.jsp

```
<%@ page language="java" pageEncoding="GB2312" %>
<%@ page contentType="text/html;charset=GB2312" %>
<HTML>
<!DOCTYPE HTML PUBLIC "-//w3c//dtd html 4.0 transitional//en">
<head>
<title>声明变量</title>
</head>
<BODY ><FONT size=5>
 <%i++; %>
<P>您是第 <%=i%>个访问本站的客户。</p>
<%!int i=0; %>
</BODY>
</HTML>
```

程序说明：JSP 声明变量的作用域为整个页面。也就是说，在整个页面的范围内都可以访问声明的变量。因此将变量声明<%!**int** i=0; %>放在变量引用<%i++; %>之后，程序照样正确运行。

前面提到过，JSP 页面在运行时是被编译成 Servlet 来运行的。在 3.2 节讲过，Servlet 在运行期间在服务器的容器内部只有一个实例在运行，对于不同的客户端请求，产生不同的线程来响应。因此 JSP 页面中声明的变量，也称为组件的全局变量。对变量的任何修改都会影响到所有访问此页面的客户端。

重新发布 Web 应用后，在客户端浏览器地址栏输入 http://localhost:8080/JspBasic/statement_vary.jsp。当第一次请求此页面时，运行结果如图 4-5 所示，页面提示客户端是第 1 个访问页面的用户。而当刷新页面或从另外一台机器请求页面时，程序运行结果如图 4-6 所示，页面提示客户端是第 2 个访问页面的用户，这是因为经过第 1 次请求，页面中声明的全局变量的值已经变成 1 而不再是 0。

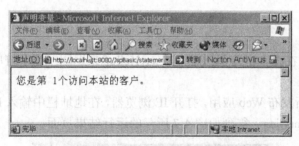

图 4-5　第 1 次请求页面运行结果

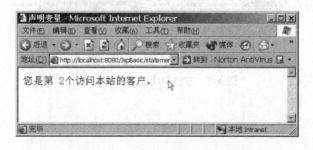

图 4-6　第 2 次请求页面运行结果

注意：%与！之间不能有空格。另外，除了 4.3.1 节介绍的 Java 表达式外，其他的 Java 脚本代码都必须以分号结尾。而 Java 表达式绝不能以分号结尾。这一点必须牢记。

2．声明方法

格式：

```
<%! 声明代码 %>
```

说明：该方法在整个 JSP 页面有效，但该方法内定义的变量只在该方法内有效。

下面向 Web 应用 JspBasic 中添加页面 statement_Hello.jsp 来演示如何在脚本中声明方法。完整代码如程序 4-6 所示。

程序 4-6：sayHello.jsp

```
<%@ page language="java" %>
<%@ page contentType="text/html;charset=GB2312" %>
<!DOCTYPE HTML PUBLIC "-//w3c//dtd html 4.0 transitional//en">
<html>
<head>
<title>声明方法</title>
</head>
<body bgcolor="#FFFFFF">
<%!StringsayHello()
        { return "Hello";
        }
    %>
  <%=sayHello()%>
</body>
</html>
```

程序说明：首先在脚本中声明一个方法 sayHello() 来返回一个字符串，然后调用方法来获取执行结果。

保存程序并重新发布 Web 应用，打开 IE 浏览器，在地址栏中输入 http://localhost:8080/JspBasic/statement_vary.jsp，得到如图 4-7 所示的运行结果页面。

图 4-7　方法声明页面运行结果

3．声明类

格式：

```
<%! 声明代码 %>
```

脚本中声明的类在JSP页面内有效。下面向JspBasic应用中添加页面statement_class.jsp来演示如何在脚本中声明类。完整代码如程序4-7所示。

程序4-7：statement_class.jsp

```
<%@ page language="java" %>
<%@ page contentType="text/html;charset=GB2312" %>
<!DOCTYPE HTML PUBLIC "-//w3c//dtd html 4.0 transitional//en">
<html>
<head>
<title>声明类</title>
</head>
<body bgcolor="#FFFFFF">
<%! public class sayHello
       {boolean county ;
          sayHello(boolean county)
            {this.county=county;
            }
        String Hello()
          {
          if(county)
          return "Hello";
          else return "你好";
          }
       }
   %>
<% sayHello a =new sayHello(false);%>
<%=a.Hello()%>
</body>
</html>
```

程序说明：首先在脚本中声明一个类sayHello，此类具有一个名称为Hello的方法，用来返回一个提示信息。在随后的代码中，生成类sayHello的实例，并且调用类的Hello方法来获取提示信息。

保存程序并重新发布Web应用，打开IE浏览器，在地址栏中输入http://localhost:8080/JspBasic/statement_class.jsp，得到如图4-8所示的运行结果页面。

图4-8 类声明页面运行结果

可以看到，在 JSP 脚本中变量、方法、类的声明和使用与 Java 语言编程完全一致。

4.4 指　　令

JSP 指令是从 JSP 向 Web 容器发送的消息，它用来设置页面的全局属性，如输出内容类型等。指令不向客户端输出任何具体内容。指令的作用范围仅限于包含指令本身的 JSP 页面。

JSP 的指令格式为：

<%@ 指令名 属性="属性值"%>。

指令名有 page、include 和 taglib 三种。taglib 指令允许页面使用扩展标记。本节主要讲述 page 指令和 include 指令。

4.4.1　page 指令

page 指令用来定义整个 JSP 页面的全局属性。合法的 page 属性有 import、contentType、isThreadSafe、session、buffer、autoflush、extends、info、errorPage、isErrorPage 和 language 等。下面重点介绍一些最常用的属性。

1．language 属性

language 属性用来指明 JSP 页面脚本使用的编程语言。目前 JSP 页面中 language 属性的合法值只有一个，那就是"java"。

用法示例：

<%@ page language="java" %>

2．import 属性

import 属性用来向 JSP 页面载入包。

用法示例：

<%@ page import="java.util.*" %>

注意：包名要用引号引起。如用一个 import 载入多个包，则用逗号隔开。如：

<%@ page import="java.util.*, java.lang.*" %>。

3．session 属性

session 属性指定 JSP 页面是否支持会话。默认情况下 session 的值为 true。

用法示例：

<%@ page session="true or false" %>。

下面通过一个例子来说明 session 属性的作用。向 Web 应用 JspBasic 中添加页面 jspSession.jsp。完整代码如程序 4-8 所示。

程序 4-8：jspSession.jsp

```
<%@ page language="java" %>
<%@ page session="false"%>
<%
if(session.getAttribute("name")==null)
    session.setAttribute("name","hyl");
%>
<% out.println(session.getAttribute("name"));%>
```

在"项目"视图中选中文件 jspSession.jsp,右击,在弹出的快捷菜单中选中"编译文件"命令,在 NetBeans 底部的输出窗口中将显示编译错误信息,提示变量 session 找不到,这是因为<%@ page session="false"%>指明页面不支持会话,当编译语句<% out.println (session.getValue("name"));%>时必然会提示出错信息。将<%@ page session="false"%>改为<%@ page session="true"%>,则程序编译通过。

4. errorPage 属性

当 JSP 页面程序发生错误时,由页面的 errorPage 属性指定的程序来处理。首先生成错误信息处理页面 error.jsp。完整代码如程序 4-9 所示。

程序 4-9:error.jsp

```
<%@page contentType="text/html"%>
<%@page pageEncoding="UTF-8"%>
<html>
    <head>
        <meta http-equiv="Content-Type" content="text/html; charset=UTF-8">
        <title>JSP Page</title>
    </head>
    <body>
        <h1>出错啦!! </h1>
    </body>
</html>
```

下面通过向 Web 应用 JspBasic 中添加页面 testError.jsp 来说明 errorPage 属性的作用。完整的代码如程序 4-10 所示。

程序 4-10:testError.jsp

```
<%@ page language="java" %>
<%@ page contentType="text/html;charset=GB2312" %>
<%@ page errorPage="error.jsp" %>
<!DOCTYPE HTML PUBLIC "-//w3c//dtd html 4.0 transitional//en">
<html>
<head>
<title>页面错误属性测试</title>
</head>
<body bgcolor="#FFFFFF">
<%!int[] a={1,2,3};%>
<%=a[3]%>
```

```
</body>
</html>
```

程序说明：页面的 errorPage 属性指定如果当前页面发生错误时，将导向页面 error.jsp。在后面的代码中，发生数组索引越界，将程序导向 errorPage 属性指定的错误页面。

保存程序并重新发布 Web 应用，打开 IE 浏览器，在地址栏中输入 http://localhost:8080/JspBasic/testError.jsp，得到如图 4-9 所示的运行结果页面。

图 4-9　errorPage 属性测试运行结果

5. contentType 属性

contentType 属性指定了 MIME 的类型和 JSP 文件的字符编码方式，它们都是最先传送给客户端，使得客户端可以决定采用什么方式来展现页面内容。MIME 类型有 text/plain、text/html（默认类型）、image/gif 和 image/jpeg 等。JSP 默认的字符编码方式是 ISO 8859-1。

6. isThreadSafe 属性

isThreadSafe 属性设置 JSP 文件是否能多线程使用，属性值有 true 和 false 两种，默认值是 true，也就是说，JSP 能够同时处理多个用户的请求，如果设置为 false，一个 JSP 只能一次处理一个请求。下面通过向 JspBasic 应用中添加页面 safe.jsp 来说明 isThreadSafe 属性在保证页面线程安全上的作用。完整的代码如程序 4-11 所示。

程序 4-11：safe.jsp

```
<%@ page contentType="text/html;charset=GB2312" %>
<HTML>
<BODY>
    <%! int number=0;
     void countPeople()
       {
       int i =0;
       double sum = 0.0;
       while (i++ < 200000000) {
           sum += i;
       }
       number++;
       }
    %>
<% countPeople();   //在程序片段中调用方法
```

```
       %>
<P>您是第    <%=number%>个访问本站的客户。
</BODY>
</HTML>
```

保存程序并重新发布 Web 应用,打开 IE 浏览器,在地址栏中输入 http://localhost:8080/JspBasic/safe.jsp,得到如图 4-10 所示的运行结果页面。

图 4-10 JSP 线程安全属性测试运行结果

打开一个新的浏览器对话框,在地址栏中输入 http://localhost:8080/JSPBasic/safe.jsp,按照程序逻辑设计,页面应该显示"您是第 2 个访问本站的客户",但却得到与图 4-10 相同的结果。为什么会产生错误呢?因为在页面中声明的变量 number 是 JSP 页面转化成的 Servlet 实例所拥有,它为 Servlet 的所有的线程共享。页面第一次访问后,由于服务器延迟,还没有来得及更新这个变量的值,这时,服务器接收到一个对此 Servlet 的新请求,Servlet 产生一个新的线程,这个线程来访问变量 number。正是由于线程之间的不同步,造成了上述错误。

如果在程序第二行加入代码<%@ page isThreadSafe="true" %>,则保证了页面以单线程执行,就从根本上避免了由于线程同步错误的发生。可以在修改页面后重新发布 Web 应用验证上面的错误是否还会发生。

最后,对于 page 指令,需要说明的是:

(1)<%@ page %>指令作用于整个 JSP 页面,同样包括静态的包含文件。但是<%@ page %>指令不能作用于动态的包含文件,比如 <jsp:include>。

(2)可以在一个页面中引用多个<%@ page %>指令,但是其中的属性只能用一次,不过也有例外,那就是 import 属性。因为 import 属性和 Java 中的 import 语句类似(参照 Java 语言,import 语句引入的是 Java 语言中的类),所以此属性就能多用几次。

(3)无论把<%@ page %>指令放在 JSP 的文件的哪个地方,它的作用范围都是整个 JSP 页面。不过,为了 JSP 程序的可读性及良好的编程习惯,最好还是把它放在 JSP 文件的顶部。

4.4.2 include 指令

include 指令向 JSP 页面内某处嵌入一个文件。这个文件可以是 HTML 文件、JSP 文件或其他文本文件。需要着重说明的是,通过 include 指令包含的文件是由 JSP 分析的,并且这部分分析工作是在转换阶段(JSP 文件被编译为 Servlet 时)进行的。

用法示例:

```
<%@include file="relative url"%>
```

版权保护信息页面是许多网页经常需要包含的,下面通过 include 指令向 JSP 页面嵌入版权信息页面来演示 include 指令的使用。首先向 JspBasic 应用中添加使用 include 指令的页面 include.jsp,完整的代码如程序 4-12 所示。

程序 **4-12**:include.jsp

```
<%@ page contentType="text/html;charset=GB2312" %>
<html>
<BODY >
<h1>include 示例</h1>
<H3>
  <%@ include file="copyright.html" %>
</H3>
</BODY>
</HTML>
```

下面生成版权保护信息页面 copyright.html。完整的代码如程序 4-13 所示。

程序 **4-13**:copyright.html

```
<!DOCTYPE HTML PUBLIC "-//w3c//dtd html 4.0 transitional//en">
<html>
<head>
<title> </title>
</head>
<body bgcolor="#FFFFFF">
<HR>
<h3>All the rights are reserved</h3>
</body>
</html>
```

保存程序并重新发布 Web 应用,打开 IE 浏览器,在地址栏输入 http://localhost:8080/JspBasic/include.jsp,得到如图 4-11 所示的运行结果页面,可以看到版权信息已被 include 指令导入。

图 4-11 通过 include 指令导入页面

4.5 动作组件

JSP 动作组件是一些 XML 语法格式的标记，被用来控制 Web 容器的行为。利用 JSP 动作组件可以动态地向页面中插入文件、重用 JavaBean 组件、把用户重定向到另外的页面等。常见的 JSP 动作组件有以下几种：

- <jsp:include>——在页面被请求的时候引入一个文件。
- <jsp:forward>——把请求转到一个新的页面。
- <jsp:param>——在动作组件中引入参数信息。
- <jsp:plugin>——执行一个 Applet 或 Bean。
- <jsp:setProperty>——设置 JavaBean 的属性。
- <jsp:getProperty>——输出某个 JavaBean 的属性。
- <jsp:useBean>——寻找或者实例化一个 JavaBean。

这里主要介绍前四个 JSP 动作组件。后三个动作组件将在 4.8 节单独介绍。

1. include 动作组件

include 动作组件把指定文件插入正在生成的页面。其语法如下：

< jsp:include page="文件名" flush="true"/>。

这里 flush 参数必须为 true，不能为 false 值。下面通过向 JspBasic 应用中添加页面 includeaction.jsp 来演示如何使用 include 动作组件，完整的代码如程序 4-14 所示。

程序 4-14： includeaction.jsp

```
<%@ page contentType="text/html;charset=GB2312" %>
<HTML>
<BODY><FONT Size=1>
<h1>include 动作示例</h1>
<BR>
<jsp:include page="copyright.html" flush="true"/>
</BODY>
</HTML>
```

保存程序并重新发布 Web 应用，打开 IE 浏览器，在地址栏输入 http://localhost:8080/JspBasic/includeaction.jsp，得到如图 4-12 所示的运行结果页面，可以看到 include 动作组件将版权信息页面加入到了 JSP 页面。

图 4-12 通过 include 组件导入其他页面

注意：include 动作组件和 include 指令元素有很大的不同。动作组件在执行时才对包含的文件进行处理，因此 JSP 页面和它所包含的文件在逻辑上和语法上是独立的，如果对包含的文件进行了修改，那么运行时可以看到所包含文件修改后的结果。而静态的 include 指令包含的文件如果发生变化，必须重新将 JSP 页面转译成 Java 文件，否则只能看到所包含的修改前的文件内容。因此，除非被包含的文件经常变动，否则使用 include 指令将获得更好的性能。

2. forward 动作组件

forward 动作组件用于将浏览器显示的网页导向至另一个 HTML 网页或 JSP 网页，客户端看到的地址是 A 页面的地址，而实际内容却是 B 页面的内容。其语法如下：

```
<jsp:forward page="网页名称">
```

page 属性包含的是一个相对 URL，page 的值既可以直接给出，也可以在请求的时候动态计算。

注意：在使用 forward 之前，不能有任何内容输出到客户端，否则会有意外抛出。

下面通过一个示例来演示如何使用 forward 动作组件。动态广告栏是网页中要经常用到的，这里以一个 JSP 页面为广告栏的模板，每次页面被请求时根据一个随机数利用 forward 动作组件来导向具体的广告页面。下面首先向 JspBasic 应用中添加广告模板页面 forward.jsp，完整的代码如程序 4-15 所示。

程序 4-15：forward.jsp

```
<%@page contentType="text/html;charset=UTF-8"%>
<HTML>
<HEAD>
<TITLE>forward</TITLE>
</HEAD>
<BODY>
<P>

当前推荐图书清单：
<% double i=Math.random();
if(i>0.5)
{
%>
<jsp:forward page="catalog1.html">
</jsp:forward>
<%
}
else
{
%>
```

```
<jsp:forward page="catalog2.html">
</jsp:forward>
<%
}
%>
</BODY>
</HTML>
```

下面向 JspBasic 应用中添加两幅广告页面：catalog1.html 和 catalog2.html，代码分别如程序 4-16 和程序 4-17 所示。

程序 4-16：catalog1.html

```
<!DOCTYPE HTML PUBLIC "-//w3c//dtd html 4.0 transitional//en">
<html>
<head>
    <meta charset="UTF-8">
<title>forward 示例</title>
</head>
<body bgcolor="#FFFFFF">

当前推荐图书清单：

<ul>
<li>国画</li>
<li>梅次故事</li>
<li>朝夕之间</li>
</ul>
</body>
</html>
```

程序 4-17：catalog2.html

```
<!DOCTYPE HTML PUBLIC "-//w3c//dtd html 4.0 transitional//en">
<html>
<head>
<meta charset="UTF-8">
<title>forward 示例</title>
</head>
<body bgcolor="#FFFFFF">

当前推荐图书清单：

<ul>
<li>Java EE 编程技术 </li>
<li>轻松掌握 Struts 2</li>
<li>信息系统引论</li>
</ul>
```

```
</body>
</html>
```

保存程序并重新发布 Web 应用,打开 IE 浏览器,在地址栏输入 http://localhost:8080/JspBasic/forward.jsp,得到如图 4-13 所示的运行结果页面。刷新页面,可以看到页面在不断变换。

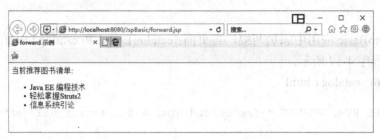

图 4-13 程序 4-15 运行结果页面

注意:<jsp:forward>标记从一个 JSP 文件向另一个文件传递一个包含用户请求的 request 对象。<jsp:forward>标记以后的代码,将不再执行。

3. param 动作组件

param 动作组件用于传递参数信息,必须配合 include 动作组件或 forward 动作组件一起使用。语法如下:

```
< jsp:param name=参数名称, value=值 />
```

当该组件与<jsp:include>一起使用时,可以将 param 组件中的值传递到 include 动作组件要加载的文件中去。

下面通过两个页面间传递参数来演示如何使用<jsp:param>动作组件。向 JspBasic 应用中添加发送参数页面 param1.jsp 和接收参数页面 add.jsp,完整代码分别如程序 4-18 和程序 4-19 所示。

程序 4-18:param1.jsp

```
<%@ page contentType="text/html;charset=GB2312" %>
<HTML>
<BODY>
  <P>向加载文件传递参数示例:</P>
      <jsp:include page="add.jsp">
          <jsp:param name="start" value="0" />
          <jsp:param name="end" value="100" />
      </jsp:include>
</BODY>
</HTML>
```

程序 4-19:add.jsp

```
<%@ page contentType="text/html;charset=GB2312" %>
```

```
<HTML>
<BODY>
    <% String start=request.getParameter("start");   //获取值
        String end=request.getParameter("end");      //获取值
int s=Integer.parseInt(start);
int e=Integer.parseInt(end);
        int sum=0;
        for(int i=s;i<=e;i++)
           { sum=sum+i;
           }
    %>
<P>
    从<%=start%>到<%=end%>的连续和是:
<BR>
<%=sum%>
</BODY>
</HTML>
```

保存程序并重新发布 Web 应用，打开 IE 浏览器，在地址栏输入 http://localhost:8080/JspBasic/param1.jsp，得到如图 4-14 所示的运行结果页面。

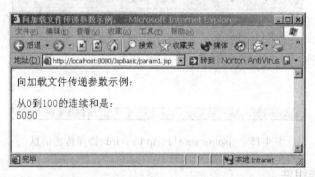

图 4-14 <jsp:param>与<jsp:include>协作传递信息

程序说明：示例中<jsp:include>组件与<jsp:param>组件一起使用，<jsp:param>组件将指定的参数值传递到<jsp:include>组件包含的页面。在被包含的页面中，通过调用 request 对象的 getParameter 方法来获取传递来的参数。

当该组件与<jsp:forward>一起使用时，将把参数导向要转到的页面。完整代码分别如程序 4-20 和程序 4-21 所示。

程序 4-20：param2.jsp

```
<%@ page contentType="text/html;charset=GB2312" %>
<HTML>
<title>向jsp:forward传递参数示例: </title>
<BODY>
<P>向jsp:forward传递参数示例:
<jsp:forward page="welcome.jsp">
```

```
        <jsp:param name="name" value="John" />
    </jsp:forward>
</BODY>
</HTML>
```

程序 4-21：welcome.jsp

```
<%@ page contentType="text/html;charset=GB2312" %>
<HTML>
<BODY>
<%request.setCharacterEncoding("gb2312");%>
欢迎您！ <%= request.getParameter("name")%><BR>
</HTML>
</BODY>
```

保存程序并重新发布 Web 应用，打开 IE 浏览器，在地址栏输入 http://localhost:8080/JspBasic/param2.jsp，得到如图 4-15 所示的运行结果页面。从页面中可以看到参数信息已经成功地传递到 welcome.jsp。

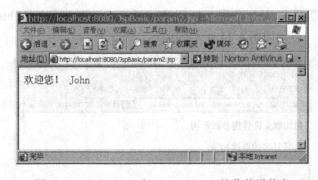

图 4-15 <jsp:param>与<jsp:forward>协作传递信息

4．plugin 动作组件

plugin 动作组件用来执行一个 Applet 或 Bean。语法如下：

```
<jsp:plugin type="bean | applet" code="classFileName"
            codebase="classFileDirectoryName" >
```

其中，type 属性指定将被执行的插件对象的类型，是 Bean 还是 Applet。code 属性指定将会被 Java 插件执行的 Java 类的名字，必须以.class 结尾。这个文件必须存在于 codebase 属性指定的目录中。codebase 属性指定将会被执行的 Java 类文件的目录（或者是路径），如果没有提供此属性，则默认使用<jsp:plugin>的 JSP 文件的目录。

由于浏览器对 Java 插件的支持由于版本等原因经常会出现问题，因此<jsp:plugin>动作组件经常与<jsp:fallback>动作组件联合使用，<jsp:fallback>与</jsp:fallback>之间的部分为 Java 插件启动发生意外时执行的处理代码。

下面通过在页面中引入一个 Applet 来演示<jsp:plugin>动作组件的使用。

首先生成一个 Applet。新建一个 Java 类，名称为 Circle，完整代码如程序 4-22 所示。

程序 4-22：Circle.java

```java
import java.applet.Applet;
import java.awt.Color;
import java.awt.Graphics;
public class Circle extends Applet {
    public void paint(Graphics g){
        g.setColor(new Color(255,0,255));
        g.fillArc(0,0,50,50,0,360);
    }
}
```

选择 NetBeans 的"生成"→"编译 Circle.java"命令来编译此 Java 文件。为保证 JSP 页面能够正确加载 Applet 类，还需要手工将 Circle.java 编译后生成的 Circle.class 添加到 JspBasic 目录下。

下面向 Web 应用添加一个 JSP 页面，并通过<jsp:plugin>调用 Applet。完整代码如程序 4-23 所示。

程序 4-23：plugin.jsp

```
<%@ page contentType="text/html;charset=GB2312" %>
<HTML>
<BODY>
  <jsp:plugin type="applet" code="Circle.class" >
    <jsp:fallback>
      Plugin tag OBJECT or EMBED not supported by browser.
    </jsp:fallback>
  </jsp:plugin>
</body>
</html>
```

保存程序并重新发布 Web 应用，打开 IE 浏览器，在地址栏中输入 http://localhost:8080/JspBasic/plugin.jsp，得到如图 4-16 所示的运行结果。

注意：如果在浏览器端无法启动 plugin，则会显示<jsp:fallback></jsp:fallback>之间的文字。但如果因为路径错误而无法加载 Applet 的 Class 文件，则并不会显示<jsp:fallback></jsp:fallback>之间的文字。

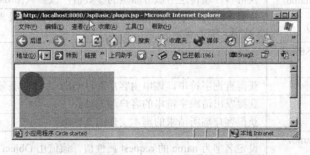

图 4-16 通过<jsp:plugin>加载 Applet 插件

说明：JSP 2.0 版本后，JSP 页面可以作为标准的 XML 文档来实现，因此除了以上介绍的常用动作标记外，JSP 规范还支持一组 XML 文档专用的标记，如<jsp:root>、<jsp:attribute>、<jsp:body>、<jsp:element>等。详细信息请参考新的 JSP 2.0 规范。

4.6 内置对象

Servlet API 规范包含了一些接口，这些接口向开发者提供了方便的抽象，这些抽象封装了对象的实现。如 HttpServletRequest 接口代表从客户发送的 HTTP 数据，其中包含头信息、表单参数等。

JSP 根据 Servlet API 规范提供了相应的内置对象，开发者不用事先声明就可以使用标准的变量来访问这些对象。JSP 共提供九种内置对象：request、reponse、out、session、application、config、pagecontext、page 和 exception。JSP 编程时要求熟练应用这些内置对象。下面重点讲解编程中经常使用的一些内置对象。

4.6.1 request 对象

request 对象是 JSP 编程中最常用的对象，代表的是来自客户端的请求，它封装了用户提交的信息，例如，在 FORM 表单中填写的信息等。通过调用 request 对象相应的方法可以获取关于客户请求的信息。它实际上等同于 Servlet 的 HttpServletRequest 对象。常用的方法如表 4-1 所示。

表 4-1 request 对象和常用方法

方法名称	方法说明
getCookies()	返回客户端的 Cookie 对象，结果是一个 Cookie 数组
getHeader(String name)	获得 HTTP 协议定义的传送文件头信息，如：request.getHeader("User-agent")返回客户端浏览器的版本号、类型
getAttribute(String name)	返回 name 指定的属性值，若不存在指定的属性，就返回空值（null）
getAttributeNames()	返回 request 对象所有属性的名字，结果集是一个 Enumeration（枚举）类的实例
getHeaderNames()	返回所有 request header 的名字，结果集是一个 Enumeration（枚举）类的实例
getHeaders(String name)	返回指定名字的 request header 的所有值,结果集是一个 Enumeration(枚举）类的实例
getMethod()	获得客户端向服务器端传送数据的方法有 GET、POST、PUT 等类型
getParameter(String name)	获得客户端传送给服务器端的参数值，该参数由 name 指定
getParameterNames()	获得客户端传送给服务器端的所有的参数名,结果集是一个 Enumeration（枚举）类的实例
getParameterValues(String name)	获得指定参数的所有值
getQueryString()	获得查询字符串，该串由客户端以 GET 方法向服务器端传送
getRequestURI()	获得发出请求字符串的客户端地址
getServletPath()	获得客户端所请求的脚本文件的文件路径
setAttribute(String name, java.lang.Object o)	设定名字为 name 的 request 属性值，该值由 Object 类型的 o 指定

续表

方法名称	方法说明
getServerName()	获得服务器的名字
getServerPort()	获得服务器的端口号
getRemoteAddr()	获得客户端的 IP 地址
getRemoteHost()	获得客户端计算机的名字，若失败，则返回客户端计算机的 IP 地址
getProtocol()	获取客户端向服务器端传送数据所依据的协议名称，如 http/1.1

下面通过向 Web 应用添加 JSP 页面 jspFunction.jsp 来演示 request 对象的方法调用。完整代码如程序 4-24 所示。

程序 4-24：jspFunction.jsp

```
<%@ page contentType="text/html;charset=GB2312" %>
<%@ page import="java.util.*" %>
<HTML>
<BODY >
<Font size=5>
<BR>客户使用的协议是：
  <%String protocol=request.getProtocol();
     out.println(protocol);
  %>
<BR>获取接受客户提交信息的页面：
  <%String path=request.getServletPath();
     out.println(path);
  %>
<BR>接受客户提交信息的长度：
  <% int length=request.getContentLength();
     out.println(length);
  %>
<BR>客户提交信息的方式：
  <%String method=request.getMethod();
     out.println(method);
  %>
<BR>获取 HTTP 头文件中 User-Agent 的值：
  <%String header1=request.getHeader("User-Agent");
     out.println(header1);
  %>
<BR>获取 HTTP 头文件中 accept 的值：
  <%String header2=request.getHeader("accept");
     out.println(header2);
  %>
<BR>获取 HTTP 头文件中 Host 的值：
  <%String header3=request.getHeader("Host");
     out.println(header3);
  %>
```

```
<BR>获取HTTP头文件中accept-encoding的值:
    <%String header4=request.getHeader("accept-encoding");
        out.println(header4);
    %>
<BR>获取客户的IP地址:
    <%String IP=request.getRemoteAddr();
        out.println(IP);
    %>
<BR>获取客户端的名称:
    <%String clientName=request.getRemoteHost();
        out.println(clientName);
    %>
<BR>获取服务器的名称:
    <%String serverName=request.getServerName();
        out.println(serverName);
    %>
<BR>获取服务器的端口号:
    <% int serverPort=request.getServerPort();
        out.println(serverPort);
    %>
<BR>获取客户端提交的所有参数的名字:
    <% Enumeration enum1=request.getParameterNames();
       while(enum1.hasMoreElements())
            {String s=(String)enum1.nextElement();
             out.println(s);
            }
    %>
<BR>获取头名字的一个枚举:
    <% Enumeration enum_headed=request.getHeaderNames();
       while(enum_headed.hasMoreElements())
            {String s=(String)enum_headed.nextElement();
             out.println(s);
            }
    %>
<BR>获取头文件中指定头名字的全部值的一个枚举:
    <% Enumeration enum_headedValues=request.getHeaders("cookie");
       while(enum_headedValues.hasMoreElements())
            {String s=(String)enum_headedValues.nextElement();
             out.println(s);
            }
    %>
<BR>
</Font>
</BODY>
</HTML>
```

程序说明：程序通过调用 request 对象的各个方法来演示如何来获取与请求相关的各种属性信息，如客户端地址、协议、主机名称及 HTTP 文件头信息等。

保存程序并重新发布 Web 应用，打开 IE 浏览器，在地址栏输入 http://localhost:8080/ JspBasic/ jspFunction.jsp，得到如图 4-17 所示的运行结果界面。

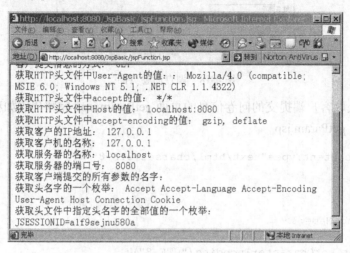

图 4-17　利用 request 对象获取请求信息

利用表单的形式向服务器端提交信息是 Web 编程中最常用的方法。下面以一个调查问卷为例来演示如何通过 request 对象来获取表单提交的信息。首先生成提交问卷信息的静态页面 input.html，完整代码如程序 4-25 所示。

程序 4-25：input.html

```
<!DOCTYPE HTML PUBLIC "-//w3c//dtd html 4.0 transitional//en">
<html>
  <head>  <meta charset="UTF-8"></head>
<body>
  <form action="getParam.jsp">
    姓名<input type="text" name="UserName">
    <br>
    选出你喜欢吃的水果：
<input type="checkbox" name="checkbox1" value="苹果">
  苹果
<input type="checkbox" name="checkbox1" value="西瓜">
  西瓜
<input type="checkbox" name="checkbox1" value="桃子">
  桃子
<input type="checkbox" name="checkbox1" value="葡萄">
  葡萄
<input type="submit"  value="提交">
  </form>
</body></html>
```

页面运行结果如图 4-18 所示。

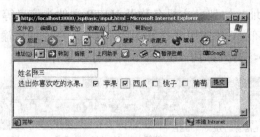

图 4-18 调查问卷页面

下面添加获取客户端提交的问卷信息的页面 getParam.jsp，完整代码如程序 4-26 所示。

程序 4-26：getParam.jsp

```
<%@ page contentType="text/html;charset=UTF-8" %>
<HTML>
 <BODY>
   你好，
<%!String Name;%>
<%
   request.setCharacterEncoding("UTF-8");
   Name=request.getParameter("UserName");
   String stars=new String("你喜欢吃的水果有：");
   String[] paramValues = request.getParameterValues("checkbox1");
       for(int i=0;i<paramValues.length;i++)stars+=paramValues[i]+"  ";
%>
<%=Name%>
<br>
<%=stars%>
 </BODY>
</HTML>
```

程序说明：JSP 页面通过调用内置 request 对象的 getParameter 方法来获取被调查者的姓名，对于多值参数（如本例中的 checkbox1）则调用 getParameterValues 方法来返回一个包含所有参数值的数组。

保存程序并重新发布 Web 应用，打开 IE 浏览器，在地址栏输入 http://localhost:8080/JspBasic/input.html，得到如图 4-18 所示的运行结果页面。在"姓名"文本框输入姓名信息"张三"，选择相应的选项并提交后，将得到如图 4-19 所示的运行结果页面。可以看到输入信息已经成功获取。

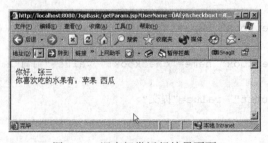

图 4-19 调查问卷运行结果页面

注意：使用 request 对象获取信息要格外小心，要避免使用空对象，否则会出现 NullPointerException 异常。

下面演示如何获取下拉列表框提交的信息。首先生成信息提交页面 select.jsp。完整代码如程序 4-27 所示。

程序 4-27：select.jsp

```
<HTML>
<%@ page contentType="text/html;charset=GB2312" %>
<BODY ><Font size=5 >
   <FORM action="sum.jsp" method=post name=form>
      <P>选择计算方式 <Select name="sum" size=2>
         <Option Selected value="1">计算 1 到 n 的连续和
         <Option value="2">计算 1 到 n 的平方和
         <Option value="3">计算 1 到 n 的立方和
      </Select>
  <P>选择 n 的值：
      <Select name="n" >
         <Option value="10">n=10
         <Option value="20">n=20
         <Option value="30">n=30
         <Option value="40">n=40
         <Option value="50">n=50
         <Option value="100">n=100
      </Select>
       <BR><BR>
    <INPUT TYPE="submit" value="提交" name="submit">
  </FORM>
</FONT>
</BODY>
</HTML>
```

程序说明：程序以两个下拉列表框的形式向服务器端提交信息，运行结果如图 4-20 所示。

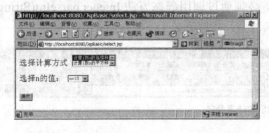

图 4-20　通过 Select 下拉列表框提交信息

下面生成获取下拉列表框提交信息的页面 sum.jsp。完整代码如程序 4-28 所示。

程序 4-28：sum.jsp

```
<HTML>
```

```jsp
<%@ page contentType="text/html;charset=GB2312" %>
<BODY ><Font size=5 >
 <% long sum=0;
   String s1=request.getParameter("sum");
   String s2=request.getParameter("n");
    if(s1= =null)
      {s1="";}
    if(s2= =null)
      {s2="0";}
    if(s1.equals("1"))
       {int n=Integer.parseInt(s2);
         for(int i=1;i<=n;i++)
           {sum=sum+i;
           }
       }
     else if(s1.equals("2"))
       {int n=Integer.parseInt(s2);
         for(int i=1;i<=n;i++)
           {sum=sum+i*i;
           }
       }
     else if(s1.equals("3"))
       {int n=Integer.parseInt(s2);
         for(int i=1;i<=n;i++)
           {sum=sum+i*i*i;
           }
       }
  %>
<P>您的求和结果是<%=sum%>
</FONT>
</BODY>
</HTML>
```

程序说明：程序通过 getParameter(String name)方法来获取下拉列表框的值。在这里进行了意外处理。因为在客户不做任何选择的情况下调用 getParameter(String name)方法获取的参数值为 null。另外，由于通过 getParameter(String name)只能获取 String 类型的值，因此要想获取整型参数 n，必须通过调用静态方法 Integer.parseInt(String name)进行类型转换。运行结果如图 4-21 所示。

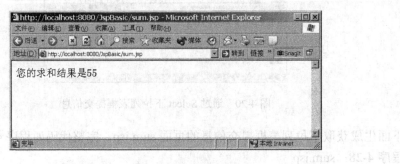

图 4-21　程序 4-28 运行结果页面

从上面的例子可以看出,通过参数的形式只能传递 String 类型的值,为了更加灵活地在客户与服务器间传递信息,还可以通过属性对象来传递数据,属性对象可以是任何类型的数据。首先生成向 request 对象中添加属性对象的页面 Attribute_send.jsp,完整代码如程序 4-29 所示。

程序 4-29:Attribute_send.jsp

```jsp
<%@ page language="java" %>
<%@ page import="java.util.ArrayList" %>
<!DOCTYPE HTML PUBLIC "-//w3c//dtd html 4.0 transitional//en">
<html>
<head>
<title>Lomboz JSP</title>
</head>
<body bgcolor="#FFFFFF">
<% ArrayList ar= new ArrayList();
String he="hello";
ar.add(he);
int m=3;
ar.add(Integer.toString(m));
request.setAttribute("name","peter");
request.setAttribute("value",ar);
%>
<h3>Attribue 传递参数示例</h3>
 <JSP:forward page="Attribute_receive.jsp">
 </JSP:forward>
 </body>
 </html>
```

程序说明:程序通过调用 request 对象的 setAttribute(String name,java.lang.Object o) 方法来给 request 对象添加两个属性对象:其中一个是 String 类型,另一个是 ArrayList 类型。然后利用 JSP 的 forward 动作将请求传递到下一个页面。

下面生成从 request 对象中获取属性对象的页面 Attribute_receive.jsp,完整代码如程序 4-30 所示。

程序 4-30:Attribute_receive.jsp

```jsp
<%@page contentType="text/html;charset=GB2312"%>
<%@ page import="java.util.ArrayList" %>
<!DOCTYPE HTML PUBLIC "-//w3c//dtd html 4.0 transitional//en">
<html>
<head>
<title>Lomboz JSP</title>
</head>
<body bgcolor="#FFFFFF">
<%
```

```
String name =(String)request.getAttribute("name");
java.util.ArrayList content=new ArrayList();
content =(java.util.ArrayList)request.getAttribute("value");
int m=0;
String promt="";
if(content!=null){
String temp=(String)content.get(1);
 m=Integer.parseInt(temp);
 promt=(String)content.get(0);
}
for(int i=0;i<m;i++){
%>
<%=promt+" "+name%>
<br>
<%}%>
</body>
</html>
```

程序说明：程序通过调用 getAttribute(String name)方法来获取请求中提交的属性对象并将其显示在页面上，其中，name 为属性对象的名称。由于对象是以 Object 类型返回的，因此在使用返回的属性对象前必须根据属性对象原来的类型进行强制类型转换。程序运行结果如图 4-22 所示。

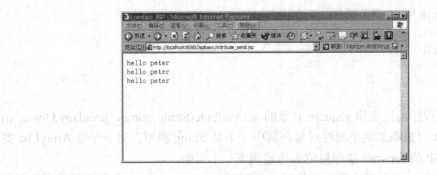

图 4-22 通过请求属性传递信息

注意：使用 setAttribute 方法向 request 对象添加的属性对象只能是可以序列化的对象类型数据，而不能是基本类型数据（如 int、float 等）。

4.6.2 response 对象

response 对象向客户端发送数据，如 Cookie、HTTP 文件头信息等。response 对象代表的是服务器对客户端的响应，也就是说，可以通过 response 对象来组织发送到客户端的信息。但是由于组织方式比较底层，所以不建议一般程序开发人员使用，需要向客户端发送文字时直接使用 out 对象即可。

response 对象常用的方法有：

（1）addCookie（Cookie cookie）。向 response 对象添加一个 Cookie 对象，用来保存客

户端的用户信息。如下面代码：

```
<%cookie mycookie=new Cookie("name","hyl");
    response.addCookie(mycookie);%>
```

可以通过request对象的getcookies方法获得这个Cookie对象。

（2）addHeader（String name,String value）。添加HTTP文件头，该Header将会传到客户端，若同名的Header存在，则原来的Header会被覆盖。

（3）containsHeader（String name）。判断指定名字的HTTP文件头是否存在并返回布尔值。

（4）sendError（int sc）。向客户端发送错误信息，常见的错误信息包括505：服务器内部错误；404：网页找不到错误。如：

```
response.sendError(response.SC_NO_CONTENT);
```

（5）setHeader（String name,String value）。设定指定名字的HTTP文件头的值，若该值存在，则它会被新值覆盖。如，让网页每隔5秒刷新一次。

```
<% response.setHeader("Refresh","5");%>
```

（6）setContentType (String value)。用来设定返回response对象类型，如

```
<% response.setContentType("Application/pdf");%>
```

（7）sendRedirect(String url)。将请求重新定位到一个新的页面。在4.3节曾学过如何利用<jsp: forward>将页面请求转到一个新的服务器资源上。这里必须了解<jsp: forward>动作组件与 sendRedirect(String url)这两种服务器间重定位方式之间的区别。response.sendRedirect()其实是向浏览器发送一个特殊的Header，然后由浏览器来做转向，转到指定的页面，所以用sendRedirect()时，浏览器的地址栏中可以看到地址的变化；而<jsp:forward page="url"/>则不同，它是直接在服务器端执行重定位的，浏览器并不知道，这一点从浏览器的地址并不变化可以证实。

下面通过例子来演示如何利用 response 对象进行重定位。首先生成重定位前的页面greeting.jsp，完整代码如程序4-31所示。

程序4-31：greeting.jsp

```
<%@ page language="java" %>
<%@ page import="java.util.*"%>
<!DOCTYPE HTML PUBLIC "-//w3c//dtd html 4.0 transitional//en">
<html>
<head>
<title>Lomboz JSP</title>
</head>
<body bgcolor="#FFFFFF">
<%
Date today =new Date();
int h= today.getHours();
```

```
if(h<12) response.sendRedirect("morning.jsp");
else response.sendRedirect("afternoon.jsp");
%>
</body>
</html>
```

下面生成重定向的两个页面 morning.jsp 和 afternoon.jsp，代码分别如程序 4-32 和程序 4-33 所示。

程序 4-32：morning.jsp

```
<%@ page contentType="text/html;charset=GB2312" %>
<%@ page language="java" %>
<!DOCTYPE HTML PUBLIC "-//w3c//dtd html 4.0 transitional//en">
<html>
<head>
<title>Lomboz JSP</title>
</head>
<body bgcolor="#FFFFFF">
早上好！
</body>
</html>
```

程序 4-33：afternoon.jsp

```
<%@ page contentType="text/html;charset=GB2312" %>
<%@ page language="java" %>
<!DOCTYPE HTML PUBLIC "-//w3c//dtd html 4.0 transitional//en">
<html>
<head>
<title>Lomboz JSP</title>
</head>
<body bgcolor="#FFFFFF">
下午好！
</body>
</html>
```

保存程序并重新发布 Web 应用，打开 IE 浏览器，在地址栏输入 http://localhost:8080/JspBasic/greeting.jsp，看看会得到什么运行结果。调整系统时间，然后重新请求 http://localhost:8080/JspBasic/greeting.jsp，看看又会得到什么运行结果。

注意：仔细观察浏览器的地址栏，可以看到地址栏中的地址发生了变化，这说明页面的重定位是通过客户端重新发起请求实现的，这一点是与<jsp:forward>最本质的区别。

4.6.3 session 对象

3.7 节对于 Servlet 编程中的会话跟踪技术进行了深入研究。同样，JSP 提供了内置对象 session 来支持 Web 应用程序开发过程中的会话管理。可以通过调用 session 对象的 setAttribute 和 getAttribute 方法来添加或者读取存储在会话中的属性值。

注意：session 中保存和检索的信息不能是 int 等基本数据类型，而必须是 Java Object 对象。

下面通过一个防止重复登录的例子来演示如何利用 Session 进行 Web 应用开发。首先生成提交登录信息的静态页面 login_session.html。完整代码如程序 4-34 所示。

程序 4-34：login_session.html

```html
<html>
<body>
  <form action="logcheck.jsp">
    姓名<input type="text" name="UserName">
    <input type="submit" value="提交">
  </form>
</body>
</html>
```

页面运行时显示如图 4-23 所示。

图 4-23 提交登录信息的静态页面

下面生成进行登录处理的 JSP 页面 logcheck.jsp，完整代码如程序 4-35 所示。

程序 4-35：logcheck.jsp

```jsp
<%@page contentType="text/html" pageEncoding="UTF-8"%>
<%@page import="java.util.*" %>
<HTML>
<BODY>
  <%
    request.setCharacterEncoding("UTF-8");
    String promt=new String();
    String Name=request.getParameter("UserName");
    boolean hasLog=false;
    ArrayList names= (ArrayList)session.getAttribute("lognames");
    if(names==null){
    names=new ArrayList();
```

```
        names.add(Name);
        session.setAttribute("lognames",names);
         promt=" 欢迎登录！你的名字已经写入 session ";
        }else{
    for(int i=0;i<names.size();i++){
        Stringtemp=(String)names.get(i);
        if(temp.equals(Name)){
        promt="你已经登录";
        hasLog=true;
        break;
        }
        }
        if(!hasLog){
        names.add(Name);
        session.setAttribute("lognames",names);
        promt=" 欢迎登录！你的名字已经写入 session ";
        }
        }
    %>
    <br>
    <%=promt%>
    </BODY>
</HTML>
```

程序说明：程序首先调用 request.getParameter 方法获取提交的用户名称信息，然后调用 session.getAttribute 方法获取已登录人员名称列表，从列表中查找此用户是否已经登录。如果尚未登录，则将用户名称添加到一个存储已登录人员名称的列表 ArrayList 中，并通过调用 session.setAttribute 方法更新会话中保存的已登录人员名称列表信息；否则，提示用户已经登录。

保存程序并重新发布 Web 应用，打开 IE 浏览器，在地址栏输入 http://localhost:8080/JspBasic/login_session.html，得到如图 4-23 所示的运行结果页面。在"姓名"文本框中输入"李四"，单击"提交"按钮提交页面信息，得到如图 4-24 所示运行结果页面，提示已将登录者的姓名写入了 session。单击浏览器工具栏的"后退"按钮，在"姓名"文本框中重新输入"李四"，单击"提交"按钮提交页面信息，由于已将登录者的姓名写入了 session，因此系统将提示用户已经登录，运行结果如图 4-25 所示。

图 4-24 第一次登录成功运行结果页面

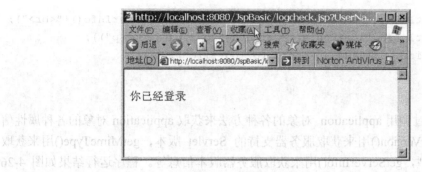

图 4-25　重复登录运行结果页面

4.6.4　application 对象

application 对象代表运行在服务器上的 Web 应用程序，相当于 Servlet 上下文，一旦创建，除非服务器关闭，否则将一直保持下去。

application 常用的方法如表 4-2 所示。

表 4-2　application 对象的常用方法

方法名称	方法说明
getAttribute(String name)	返回由 name 指定名字的 application 对象属性的值，这是个 Object 对象
setAttribute(String name,Object object)	用 object 来初始化某个属性，该属性由 name 指定
getAttributeNames()	返回所有 application 对象属性的名字，结果集是一个 Enumeration（枚举）类的实例
getInitParameter(String name)	返回 application 初始化参数属性值，属性由 name 指定
getServerInfo()	获得当前版本 Servlet 编译器的信息
getMimeType()	获取组件 MIME 类型
getRealPath()	获取组件在服务器上的真实路径

下面通过一个 JSP 页面来演示 application 对象的常用方法的使用。完整代码如程序 4-36 所示。

程序 4-36：application.jsp

```
<%@ page contentType="text/html;charset=gb2312"%>
<html>
    <head><title>application 对象示例</title><head>
<body>
<% out.println("Java Servlet API Version "+application.getMajorVersion()
+"."+application.getMinorVersion()+"<br>");
out.println("application.jsp's MIME type
is:"+application.getMimeType("application.jsp")
    +"<br>");
out.println("URL of 'application.jsp' is:
       "+application.getResource("/application.jsp")+"<br>");
```

```
            out.println("getServerInfo()="+application.getServerInfo()+"<br>");
            out.println(application.getRealPath("application.jsp"));
            application.log("Add a Record to log_file");   %>
    </body>
</html>
```

程序说明：通过调用 application 对象的各种方法来获取 application 对象的各种属性信息，其中 getMajorVersion()用来获取服务器支持的 Servlet 版本，getMimeType()用来获取组件的 MIME 类型，getServerInfo()用来获取服务器版本信息等。程序运行结果如图 4-26 所示。

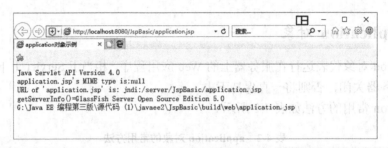

图 4-26 利用 application 获取服务器信息

在 application 对象中也可以存储属性信息，由于 application 对象在整个 Web 应用的过程中都有效，因此在 application 对象中最适合放置整个应用共享的信息。但由于 application 对象生命周期长，因此对于存储在 application 对象中的属性对象要及时清理，以避免占用太多的服务器资源。下面以一个网页计数器的例子来说明如何在 application 对象中存储属性信息，网页计数器 JSP 页面代码如程序 4-37 所示。

程序 4-37：counter.jsp

```
<%@ page contentType="text/html;charset=gb2312"%>
<!DOCTYPE HTML PUBLIC "-//w3c//dtd html 4.0 transitional//en">
<html>
<head>
<title>网页计数器</title>
</head>
<body>
<%   if (application.getAttribute("counter")= =null)
     application.setAttribute("counter","1");
     else{
         String times=null;
         times=application.getAttribute("counter").toString();
         int icount=0;
         icount=Integer.valueOf(times).intValue();
         icount++;
         application.setAttribute("counter",Integer.toString(icount));
     } %>
```

```
您是第<%=application.getAttribute("counter")%>位访问者！
</body>
</html>
```

程序说明：为实现网页计数功能，向 application 对象中添加一个名为 counter 的属性。每次网页被访问时，通过调用 application 对象的 getAttribute 方法获取网页计数器的值，通过 application 对象的 setAttribute 方法将网页计数器更新后的值重新添加到 application 对象中。由于 Application 对象的生命周期是整个 Web 应用程序的生命周期，因此它可以准确地记录 Web 应用运行期间网页被访问的次数。

打开浏览器，在地址栏中输入 http://localhost:8080/JspBasic/counter.jsp，可以得到如图 4-27 所示页面。不断刷新页面，可以看到网页计数不断更新。即使关掉浏览器，再重新打开运行，网页计数器仍然准确地记录着页面被访问的次数。这是因为存储在 application 对象中的网页计数变量在服务器运行期间一直存在。

图 4-27　网页计数器

4.6.5　out 对象

out 对象代表了向客户端发送数据的对象，与 response 对象不同，通过 out 对象发送的内容将是浏览器需要显示的内容，是文本一级的，可以通过 out 对象直接向客户端写一个由程序动态生成 HTML 文件。常用的方法除了 print 和 println 之外，还包括 clear、clearBuffer、flush、getBufferSize 和 getRemaining，这是因为 out 对象内部包含了一个缓冲区，所以需要一些对缓冲区进行操作的方法。

4.6.6　exception 对象

exception 对象用来处理 JSP 文件在执行时所有发生的错误和异常，有三个常用方法。
（1）getMessage()：返回错误信息。
（2）printStackTrace()：以标准错误的形式输出一个错误和错误的堆栈。
（3）toString()：以字符串的形式返回一个对异常的描述。

注意：必须在<%@ page isErrorPage="true" %>的情况下才可以使用 Exception 对象。

下面通过一个示例来演示 exception 对象在处理 JSP 错误和异常情况下的应用。首先生成一个抛出意外的 JSP 页面 makeError.jsp，完整代码如程序 4-38 所示。

程序 4-38：makeError.jsp

```
<%@ page errorPage="exception.jsp" %>
<HTML>
<HEAD>
<TITLE>错误页面</TITLE>
</HEAD>
<BODY>
<%
String s = null;
s.getBytes(); //这将抛出 NullPointException 异常
%>
</BODY>
</HTML>
```

下面生成利用 exception 对象处理 JSP 错误和异常的页面 exception.jsp，完整代码如程序 4-39 所示。

程序 4-39：exception.jsp

```
<%@ page contentType="text/html;charset=gb2312"%>
<%@ page isErrorPage="true" %>
<html>
<body bgcolor="#ffffc0">
<h1>错误信息显示</h1>
<br>An error occured in the bean. Error Message is: <br>
<%= exception.getMessage() %><br>
<%= exception.toString()%><br>
</body>
</html>
```

程序说明：打开浏览器，在地址栏中输入 http://localhost:8080/JspBasic/makeError.jsp，可以得到如图 4-28 所示的页面。程序 makeError.jsp 中将字符串 s 置为 null，然后调用其 getByte 方法，势必抛出异常，由于通过语句<%@ page errorPage="exception.jsp" %>定义了此页面的错误处理页面为 exception.jsp，因此错误信息导向页面 exception.jsp。在 exception.jsp 中执行语句<%@ page isErrorPage="true" %>，因此可以调用内置对象 exception 的各种方法来显示错误信息。

图 4-28　利用 exception 对象显示错误信息

4.6.7 内置对象的作用范围

任何一个 Java 对象都有其作用域范围，JSP 的内置对象也不例外。归纳起来，共有四种范围：

（1）page。page 范围内的对象仅在 JSP 页面范围内有效。超出 JSP 页面范围，则对象无法获取。

（2）request。客户向服务器发起的请求称为 request（请求）。由于采用<jsp:forward>和 response.sendRedirect()等重定位技术，客户端发起的 request 请求可以跨越若干个页面。因此定义为 request 范围的 JSP 内置对象可以在 request 范围内的若干个页面内有效。

（3）session。客户端与服务器的交互过程，称为 session（会话）。在客户端与服务器的交互过程中，可以发起多次请求，一个 session 可以包含若干个 request。定义为 session 范围的 JSP 内置对象可以跨越若干个 request 范围有效。

（4）application。部署在服务器上的 Web 应用程序与所有客户端的交互过程，称为 application。一个 application 可以包含若干个 session。定义为 application 范围的 JSP 内置对象可以在跨越若干个 session 的范围内有效。

综上所述，一个 Web 服务器上可以部署多个 application，一个 application 可以包含多个 session，一个 session 可以包含若干个 request，一个 request 可以包含若干个 page。以一个聊天室 Web 应用为例，作为部署在服务器上的一个 application，每个加入到聊天室的客户与服务器间的交互过程即聊天过程为一个 session。在客户 A 聊天过程中，它既可以向客户 B 发送信息，又可以向客户 C 发送信息，客户 A 向客户 B 和客户 C 发送信息的过程都是一个 request。

JSP 常见内置对象及其对应的 Java 类型和作用范围如表 4-3 所示。

表 4-3　JSP 内置对象对应类型及作用范围

JSP 内置对象	类　　型	作用范围
request	javax.servlet.servletRequest	request
response	javax.servlet.servletResponse	page
session	java.servlet.http.Httpsession	session
application	java.servlet.servletContext	application
page	java.lang.Object	page
out	java.servlet.jsp.JspWriter	page
pagecontext	java.servlet.jsp.PageContext	page
config	java.servlet.servletConfig	page
exception	java.lang.throwable	page

4.7　表达式语言

在新的 JSP 2.0 规范中增加了一项特性：表达式语言（Expression Language，EL）。与 JSP 脚本相比，EL 提供了一种更加简化的方式来生成动态 Web 页面。

4.7.1　基本语法

EL 的基本语法如下：

```
${expr}
```

其中，$为 EL 语法中的输出符号，expr 为 EL 有效表达式，它包含在一对花括号内。EL 有效表达式可以包含文字、操作符、变量（对象引用）和函数调用等。

有效表达式中的内容的合法形式如表 4-4 所示。

表 4-4 EL 有效表达式支持的内容类型

内容类型	合法取值
Boolean	true 和 false
Integer	与 Java 类似。可以包含任何正数或负数，例如，24、−45、567
Floating Point	与 Java 类似。可以包含任何正的或负的浮点数，例如，−1.8E−45、4.567
String	任何由单引号或双引号限定的字符串。对于单引号、双引号和反斜杠，使用反斜杠字符作为转义序列。必须注意，如果在字符串两端使用双引号，则单引号不需要转义
Null	null

另外，EL 支持复杂的数学、逻辑和关系运算操作，它支持的运算符如表 4-5 所示。

表 4-5 EL 有效表达式支持的操作符

术语	定义
算术型	+、−（二元）、*、/、div、%、mod、−（一元）
逻辑型	and、&&、or、||、!、not
关系型	==、eq、!=、ne、gt、<=、le、>=、ge。可以与其他值进行比较，或与布尔型、字符串型、整型或浮点型文字进行比较
空	空操作符是前缀操作，可用于确定值是否为空
条件型	A ?B :C。根据 A 赋值的结果来赋值 B 或 C

下面通过一个示例 JSP 页面来演示 EL 有效表达式。完整代码如程序 4-40 所示。

程序 4-40：el.jsp

```
<%@ page contentType="text/html"%>
<%@ page pageEncoding="UTF-8"%>
<html>
    <head>
        <meta http-equiv="Content-Type" content="text/html; charset=UTF-8">
        <title>EL 有效表达式</title>
    </head>
    <body>
${true}
<br>
${23+15.28}
<br>
${12>10}
<br>
${(12>10)&&(a!=b)}
    </body>
</html>
```

程序运行结果如图 4-29 所示。

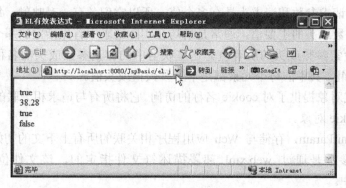

图 4-29　EL 有效表达式输出

说明：JSP 2.0 以后，EL 可以应用在 JSP 页面的模板文本中，也可以作为 JSP 标记的动态属性。它唯一不能使用的场合就是 JSP 的脚本元素内部。

4.7.2　隐式对象

除了可以输出 JSP 页面中定义的变量，EL 还可以对 JSP 页面的相关信息进行操作。为了方便对 JSP 页面相关信息的操作，EL 提供了 11 个隐式对象。

表 4-6 中列出了 11 个 EL 隐式对象的标识符并对它们进行了简单说明。

表 4-6　EL 支持的隐式对象

类　　别	标 识 符	描　　述
JSP	pageContext	JSP 页的上下文
作用域	pageScope	与 page 作用域的属性的名称和值相关联的 Map 类
	requestScope	与 request 作用域的属性的名称和值相关联的 Map 类
	sessionScope	与 session 作用域的属性的名称和值相关联的 Map 类
	applicationScope	与 application 作用域的属性的名称和值相关联的 Map 类
请求参数	param	存储请求参数名称-值对的 Map 类
	paramValues	将请求参数的所有值作为 String 数组存储的 Map 类
请求头	header	按名称存储请求头部主要值的 Map 类
	headerValues	将请求头部的所有值作为 String 数组存储的 Map 类
Cookie	cookie	按名称存储请求附带的 cookie 的 Map 类
初始化参数	initParam	按名称存储 Web 应用程序上下文初始化参数的 Map 类

注意：不要将上述隐式对象与 JSP 内置对象混淆，其中只有一个对象 pageContext 是它们所共有的。

说明：尽管 JSP 和 EL 隐式对象中只有一个公共对象（pageContext），但通过 EL 也可以访问其他 JSP 隐式对象。原因是 pageContext 拥有访问所有其他八个 JSP 隐式对象的功能。

除 pageContext 以外的其他 EL 隐式对象都是 Map 类型，可以用来查找指定名称的对象的值。pageScope、requestScope、sessionScope 和 applicationScope 分别对应 4.6.7 节中讨论的 page、request、session 和 application 这四种作用域范围内的属性信息的集合。

param、paramValues、header 和 headerValues 用来获取请求参数和请求头部的值。因为 HTTP 协议允许请求参数和请求头具有多个值,所以它们各有一对映射。每对中的第一个映射返回请求参数或头的主要值,通常是恰巧在实际请求中首先指定的那个值。每对中第二个映射允许检索参数或头的所有值。这些映射中的键是参数或头的名称,但这些值是 String 对象的数组,其中的每个元素都是单一参数值或头值。

Cookie 隐式对象提供了对 cookie 名称的访问。它将所有与请求相关联的 cookie 名称映射到指定的 Cookie 对象。

隐式对象 initParam,存储与 Web 应用程序相关联的所有上下文的初始化参数的名称和值。初始化参数是通过 web.xml 部署描述符文件指定的,该文件位于应用程序的 WEB-INF 目录中。

4.7.3 存取器

EL 提供了两种不同的存取器:点运算符(.)和方括号运算符([])。

点运算符通常用于访问对象的属性。例如,在表达式${user.firstName}中,使用点运算符来访问 user 标识符所引用对象的名为 firstName 的属性。EL 使用 Java bean 约定访问对象属性,因此必须定义这个属性的 getter 方法,以便表达式正确求值。当被访问的属性本身是对象时,可以递归地应用点运算符。例如,如果 user 对象有一个实现为 Java 对象的 address 属性,那么也可以用点运算符来访问这个对象的属性。例如,表达式${user.address.city}将会返回这个地址对象嵌套的 city 属性。

方括号运算符用来检索数组和集合的元素。在数组和有序集合(即实现了 java.util.List 接口的集合)的情况下,把要检索的元素的下标放在方括号中。例如,表达式${urls[3]}返回 urls 标识符所引用的数组或集合的第四个元素。

说明:和 Java 语言以及 JavaScript 一样,EL 中的下标是从零开始的。

对于实现 java.util.Map 接口的集合,方括号运算符使用关联的键查找存储在映射中的值。在方括号中指定键,并将相应的值作为表达式的值返回。例如,表达式${commands["dir"]}返回与 commands 标识符所引用的 Map 中的"dir"键相关联的值。

特别需要说明的是,方括号中的下标或键都可允许使用表达式。和点运算符一样,方括号运算符也可以递归应用。这使得 EL 能够从多维数组、嵌套集合或两者的任意组合中检索元素。

区别于 JSP 脚本,如果应用 EL 存取器的对象为 null,那么 EL 将输出 null 到 JSP 页面而不会抛出任何异常。这一点开发人员要特别注意。

最后,点运算符和方括号运算符可能实现某种程度的互换。例如,也可以使用${user["firstName"]}来检索 user 对象的 firstName 特性,正如可以用${commands.dir}获取与 commands 映射中的"dir"键相关联的值一样。

下面通过一个实例来演示 EL 语言的使用。

程序 4-41:el2.jsp

```
<%@ page contentType="text/html"%>
<%@ page pageEncoding="UTF-8"%>
```

```jsp
<%@ page import="java.util.*" %>
<%
    HashMap values = new HashMap();
    values.put("money", "沪指今日大涨200点！");
    values.put("热点", "嫦娥一号发回第一幅月球照片！");
    values.put("奥运", "奥运会准备一切就绪！");
    String newscolor="blue";
    request.setAttribute("news",values);
    request.setAttribute("color",newscolor);
%>
<html>
    <head>
        <meta http-equiv="Content-Type" content="text/html; charset=UTF-8">
        <title>EL表达式的存取符和隐含对象</title>
    </head>
    <body>
        <h1>  Hello ${param.name}!</h1>
        <font  color="${requestScope.color}" >
            <h3>
                财经：${requestScope.news.money}<br>
                热点：${requestScope.news.热点}<br>
                奥运：${requestScope.news["奥运"]}<br>
                其他：${requestScope.news.other}
            </h3></font>
    </body>
</html>
```

保存并重新发布应用，在地址栏内输入 http://localhost:8080/JspBasic/el2.jsp?name=hyl，将得到如图 4-30 所示的运行结果页面。

图 4-30 EL 隐式对象和存取符

4.8 使用 JavaBean

尽管表达式语言及其隐式对象大大方便了 JSP 页面的开发，但由于应用程序功能要求越来越强，JSP 页面还是变得越来越臃肿且难以控制。JSP 页面可以用脚本的形式包含处理逻辑和数据访问逻辑。但如果有许多业务逻辑要那样处理，那么繁多的脚本将会使 JSP 页面混乱且难以维护。JavaBean 组件是一些可移植、可重用，并可以组装到应用程序中的 Java 类。通过在 JavaBean 中封装事务逻辑、数据库操作等，然后将 JavaBean 与 JSP 语言元素一起使用，可以很好地实现后台业务逻辑和前台表示逻辑的分离，使得 JSP 页面更加可读、易维护。因此 JSP 与 JavaBean 相结合成为最常见的 Web 应用程序开发方式。

例如，一个网上商店的 JSP 页面中要求包含购物车功能，可以先编写一个代表购物车的 JavaBean，要实现向购物车中添加一件商品的功能，则向 JavaBean 添加一个 public 类型的 AddItem 成员方法，JSP 页面直接引用 JavaBean 实现购物车功能。如果后来又考虑添加商品的时候需要判断库存是否有货物，没有货物不得购买，此时可以直接修改 JavaBean 的 AddItem 方法，加入对库存进行判断的语句，这样就完全不用修改 JSP 页面的代码了。由此可见，通过 JavaBean 可以很好地实现业务逻辑的封装，提高程序的可维护性。

在 JSP 页面中与 JavaBean 有关的动作组件有三个：<jsp:useBean>、<jsp:setProperty> 和<jsp:getProperty>。

1. <jsp:useBean>

<jsp:useBean>声明一个具有一定生存范围及一个唯一 id 的 JavaBean 的实例，JSP 页面通过 id 来识别 JavaBean，并可通过 id.method 类似的语句来操作 JavaBean。

例如，下面的标记在应用程序作用域中，声明了类型 Student、id 为 s1 的 bean：

<jsp:useBean id="s1" class=" Student " scope="application"/>

其中，id 属性是强制性属性，用来唯一地标记一个 JavaBean。Class 属性用来说明 JavaBean 的类型，如果指定 id 的 JavaBean 不存在，则将使用 Class 属性指定的类创建一个新的 JavaBean。Scope 属性的值是 bean 的作用域，它可以是 application、session、request 或 page，默认值是 page。关于 Scope 属性后面还要详细介绍。

2. <jsp:getProperty>

<jsp:getProperty>用来返回一个已被创建的 bean 组件的属性值。用法如下：

<jsp:getProperty name="beanId" property="propertyName" />

其中，name 属性对应 JavaBean 组件的 id 值，property 属性指明要获取的 JavaBean 属性名称。这两个属性都是必需的。如要得到 Student 组件 s1 的 name 属性值，代码如下：

<jsp:getProperty name="s1" property=" name " />

等价于

<%=s1.name %>

3. <jsp:setProperty>

<jsp:setProperty>用来设定一个已被创建的 bean 组件的属性值，用法如下：

<jsp:setProperty name="beanId" property="propertyName" value="propertyValue"/>

其中，name 属性对应着 JavaBean 组件的 id 值，property 属性指明要想设定属性值的属性名，value 属性为设定的属性值，这个值可以是字符串，也可以是表达式。如果是字符串，那么它就会被转换成 Bean 属性的类型；如果是表达式，那么它的类型就必须和将要设定的属性值的类型一致。

如，利用 setProperty 设定 Student 组件 s1 的 classno 属性，代码如下：

```
<jsp:setProperty name="s1" property="classno" value="56789" />
```

每个 JavaBean 都有一个生命周期范围，Bean 只有在它定义的生命周期范围里才能使用，在它的生命周期范围外将无法访问到它。<jsp:useBean>利用 Scope 属性来声明 JavaBean 的生命周期范围。

JSP 为它设定的生命周期范围有 page、request、session 和 application。

- page：Bean 的默认使用范围。Scope 值为 page 的 Bean 能在包含<jsp:useBean>元素的 JSP 文件及此文件中的所有静态包含文件中使用，直到页面执行完毕向客户端发回响应或转到另一个文件为止。
- request：作用于任何相同请求的 JSP 文件中，直到页面执行完毕向客户端发回响应或在此之前已通过某种方式（如重定向、链接等方式）转到另一个文件为止。还可通过使用 request 对象访问 Bean，如，request.getAttribute(beanName)。
- session：从创建 Bean 开始，就能在任何使用相同 session 的 JSP 文件中使用这个 Bean。这个 Bean 存在于整个 session 生命周期内，任何分享此 session 的 JSP 文件都能使用同一 Bean。在 session 的生命周期内，对此 Bean 属性的任何改动，都会影响到在此 session 内的任意 page、任意 request 对此 Bean 的调用。 前提是必须在创建此 Bean 的文件里事先用 page 指令指定了 session=true。
- application：作用于整个 application 的生命周期内，从创建 Bean 开始，就能在任何使用相同 application 的 JSP 文件中使用 Bean。这个 Bean 存在于整个 application 生命周期内，任何在分享此 application 的 JSP 文件都能使用同一 Bean。在 application 的生命周期内，对此 Bean 属性的任何改动，都会影响到此 application 内另一 page、另一 request 及另一 session 里对此 Bean 的调用。

下面以一个调用 JavaBean 的 JSP 页面为例来说明 Scope 属性对 JavaBean 行为的影响。首先创建 JavaBean，完整代码如程序 4-42 所示。

程序 4-42：Student.java

```
package com.jsp;
public class Student {
    private long classno;
    private String name;
    private int age;
    private boolean sex;
    private String major;
    public Student() {
    }
    public String getName() {
```

```
        return name;
    }
    public void setName(String name) {
        this.name = name;
    }
    public int getAge() {
        return age;
    }
    public void setAge(int age) {
        this.age = age;
    }
    public boolean isSex() {
        return sex;
    }
    public void setSex(boolean sex) {
        this.sex = sex;
    }
    public String getMajor() {
        return major;
    }
    public void setMajor(String major) {
        this.major = major;
    }
    public long getClassno() {
        return classno;
    }
    public void setClassno(long classno) {
        this.classno = classno;
    }
}
```

注意：对于 Boolean 变量对应的默认 get 方法的名称是以 is 为前缀的。

下面创建一个引用 JavaBean 的页面，完整代码如程序 4-43 所示。

程序 4-43：JavaBeanScope.jsp

```
<%@ page language="java" %>
<!DOCTYPE HTML PUBLIC "-//w3c//dtd html 4.0 transitional//en">
<html>
<head>
<title>JavaBean Test</title>
</head>
<body bgcolor="#FFFFFF">
<jsp:useBean id="student3" scope="page" class="com.jsp.Student" />
<%=student3.getName()%>
```

```
<%student3.setName("temp");%>
</body>
</html>
```

运行 JavaBeanScope.jsp 文件，name 的初始值为"unknown"。虽然在 JSP 文件中又重设为"temp"，但刷新后仍为"unknown"。这是因为 JavaBean 的 Scope 属性为 page，当页面刷新，将重新生成一个新的 JavaBean，页面显示的是 name 属性的初始值。

将 scope 属性的值改为"session"，运行 JavaBeanScope.jsp 文件，name 的初始值为"unknown"。页面刷新后变为"temp"，只要不关闭此对话框，任意刷新页面或打开一个新对话框，页面都输出"temp"。直到关闭所有对话框，再运行 test.jsp 文件，输出才会为初始值"unknown"。这是因为 JavaBean 的 Scope 属性为 Session，只有当浏览器关闭，Session 才会被终结，JavaBean 也随之消亡。当浏览器重新打开，将重新生成一个新的 JavaBean，页面显示的是 JavaBean 的 name 属性的初始值。

将 scope 属性的值改为"application"，运行 JavaBeanScope.jsp 文件，name 的初始值为"unknown"。页面刷新后变为"temp"，任何刷新或打开一个新对话框，都输出"temp"。即使关闭所有对话框，再重新访问 JavaBeanScope.jsp 文件，输出仍为"temp"。除非关闭服务后又重启，再运行 JavaBeanScope.jsp 文件，name 的输出为初始值"unknown"。这是因为 JavaBean 的生命周期范围是整个 Web 应用的生命周期。

下面通过一个实现网页计数器的例子来演示如何利用 JSP 与 JavaBean 结合进行 Web 程序开发。

程序的设计思想比较简单：将网页计数器以一个 JavaBean 的形式来封装实现，然后通过动态网页 counter.jsp 来引用 JavaBean 实现网页计数。首先生成代表计数器的 JavaBean counter。完整代码如程序 4-44 所示。

程序 4-44：counter.java

```
package com.jsp;
public class counter {
    //初始化 JavaBean 的成员变量
    int count = 0;
    // Class 构造器
    public counter() {
    }
    //属性 count 的 Get 方法
    public int getCount() {
    //获取计数器的值，每一次请求都将计数器加 1
    count++;
    return this.count;
    }
    //属性 count 的 Set 方法
    public void setCount(int count) {
    this.count = count;
    }
}
```

下面生成引用 JavaBean 的 JSP 页面，完整代码如程序 4-45 所示。

程序 4-45：Counter.jsp

```
<%@ page language="java" %>
<!DOCTYPE HTML PUBLIC "-//w3c//dtd html 4.0 transitional//en">
<html>
<head>
<title>网页计数器</title>
</head>
<body bgcolor="#FFFFFF">
<jsp:useBean id="counter" scope="application" class="com.jsp.Counter" />
<center>当前页面访问次数：
<jsp:getProperty name="counter" property="count"/>
</center>
</body>
</html>
```

程序说明：JavaBean Counter 只有一个属性 count 用来存储网页的访问次数。在 count 的获取方法 getCount 中同时实现网页计数的更新。Counter.jsp 通过引用 JavaBean 实现网页计数功能。网页计数器需要在整个应用程序范围内对此页面访问次数记录，因此 JavaBean 的 Scope 属性设为 application。

保存并重新发布 Web 应用，在浏览器的地址栏内输入 http://localhost:8080/JSPBeanBasic/Counter.jsp，得到如图 4-31 所示的运行结果页面。通过不停刷新页面，可以看到页面访问次数的值不断增加。一个简单的网页计数器就完成了。

图 4-31　利用 JavaBean 实现网页计数器

小　　结

JSP 作为 Java EE 应用开发中重要的组件技术之一，大大简化了 Web 应用的表示层开发。JSP 页面除了普通 HTML 代码之外，还主要有如下三种成分：脚本元素、指令、动作。脚本元素用来嵌入 Java 代码，这些 Java 代码将成为转换得到的 Servlet 的一部分；JSP 指令用来从整体上控制 Servlet 的结构；动作用来引入现有的组件控制 Web 容器的行为。JSP

还包含几种重要的内置对象,这些内置对象是 Web 应用开发时经常用到的,必须熟练掌握,灵活运用,更重要的是在使用时搞清楚它们的作用范围。表达式语言的出现,大大提高了 JSP 的开发效率。对于业务逻辑相对复杂的场景,使用 JavaBean 进行封装,然后在 JSP 页面中引入 JavaBean 是一种良好的编程实践。

习 题 4

1. 简述 JSP 几种内置对象的用途及其作用范围。
2. <jsp:forward>与 response.sendRedirect 实现重定位有何不同?
3. 实现本章中的所有例程。
4. 在页面中放入两个文本框,分别用来输入用户名和密码,单击"提交"按钮后,在页面中显示出输入的用户名和密码。
5. 用 include 动作组件加载一个 JSP 文件。
6. 用<jsp: param>和<jsp:forward>一起使用传递数值,写一个求立方的程序。
7. 写一个网上小测试程序,包含填空题、多选题、单选题和判断题,并评分。
8. 实现一个简单的聊天室,具有显示当前聊天室人数功能。

第 5 章　JSF

本章要点：
- ☑ JSF 框架的定义和组成
- ☑ JSF 应用开发流程
- ☑ Managed Bean
- ☑ Facelets

本章首先讲解 JSF 框架定义，然后通过一个简单示例演示 JSF 应用的开发流程，随后详细介绍 JSF 框架下的模型组件 Managed Bean 和视图组件 Facelets，以便深入理解 JSF 框架。

5.1　JSF 概述

前面几章系统学习了 Servlet、JSP 和 JavaBean 等相关内容，掌握了如何基于上述技术开发简单的 Web 应用。但是对于复杂的企业 Web 应用开发，还有许多问题有待解决，例如如何确保企业应用界面风格统一，并且简单易维护；如何在企业应用众多的页面间根据业务逻辑实现导航控制、类型转换和数据校验等。

当然，利用 Servlet 等技术也可以解决上述问题，但是需要开发人员具备高超的编程技巧并且付出大量的劳动，这与企业应用敏捷开发快速交付的需求是矛盾的。究其原因，Servlet 技术只是从应用组件的角度出发，规定了组件的工作接口和工作方式，并没有从系统的高度对 Web 应用开发中的上述共性问题给出一种标准解决方案，导致开发人员不得不亲自设计各种方案解决这些共性问题，由此带来企业应用开发效率低下、标准不统一等诸多问题。

为改变这种局面，Java EE 规范中提出一种新的编程技术——JSF（Java Server Faces）。虽然与 JSP 只有一字之差，但是二者却是两种完全不同的技术。JSP 是一种构建动态 Web 应用的组件技术，但 JSF 却是一种构建动态 Web 应用的框架技术，它是 Java EE 规范中推荐的 Web 应用表现层的框架标准。

5.1.1　什么是框架

既然 JSF 是一种框架技术，那么开发人员必须首先理解什么是框架。

提到框架，首先想到的可能是建筑工地上钢筋水泥组成的柱子。这些柱子决定了建筑物的高度、层数和面积，确定了每个楼层房间的面积和布局。框架也是软件工程中一个重要的概念。它在软件系统中的作用与建筑物中的那些柱子所起的作用一样。更具体一点，开发人员可以从以下两个角度理解。

从软件设计的角度，框架是一个可复用的软件架构解决方案，它规定了应用的体系结构，阐明了软件体系结构中各层次间以及层次内部各组件间的依赖关系、责任分配和控制流程，表现为一组接口、抽象类及其实例之间协作的方法。框架的使用将大大降低应用系统的设计难度，确保系统设计的质量。

从软件实现的角度，框架是软件快速实现的基础平台，它包含一组可重用的组件，它使得某一领域内的软件的基础功能和通用流程的实现更加高效便捷，将使得开发人员可以专注于特定业务逻辑，从而大大提高软件的开发效率。

说明：从上面的定义可以看出，框架都具有一定的适用范围，都是针对特定应用领域软件开发的。本章所论述的JSF就是针对Web应用表现层的框架标准。因此，作为程序开发人员要时刻牢记：没有可以适合所有领域的万能框架。

基于框架进行软件开发有以下优点：

（1）确保开发质量。框架对整个软件的体系进行了合理的规划设计，对一些常用的功能如事件处理、页面导航等提供了基础实现，框架经历了全世界范围内众多开发人员的共同努力以及数以万计的软件工程项目的实践，从根本上保证了软件的稳定性和扩展性。

（2）提高开发效率。框架的最大优点就是重用。重用包括两个层次。一个是应用分析设计上的重用。框架已经设计架构好了应用的整体架构以及各层之间的接口关系，这就使得开发人员可以专注与业务领域的设计分析。二是代码上的重用。框架中提供了一些通用功能组件的实现，将在很大程度上减少开发人员工作量。更重要的是，通过框架，实现了对应用开发中底层API的封装，降低了开发难度，大大提高了开发效率。

5.1.2 JSF框架

随着Java EE企业应用开发的不断深入，一些开源的Web应用框架如Struts2、Spring等不断涌现，并获得了广泛应用和一致好评。为了规范Web应用架构技术，以便各服务器厂商提供更好的兼容性，2004年6月，JCP推出了JSF 1.0，并于2006年成为Java EE 5规范的重要组成部分。特别是2009年推出的JSF 2.0，它广泛吸收了业界主流的Web框架如Struts2、Seam、Webwork、Spring等优点，大大简化了Web应用开发的难度，成为Java EE 6规范中的一大亮点。

那么，究竟什么是JSF呢？

1．JSF是一个框架标准

需要强调的是，与Struts2等具体的框架实现不同，JSF是一个Web应用框架标准，而不是一个具体的框架。作为Java EE标准的一部分，各厂商都可以提供自己的JSF实现，只要遵循JSF标准，就能在Java EE服务器上运行。Java EE SDK中包含的是Sun自己的JSF实现，除此之外，还有OpenFaces、MyFaces等其他JSF实现。

2．JSF是Web应用表现层的框架标准

前面已经说过，任何框架都是有一定适用范围的，JSF是一个针对Web应用表现层的框架标准。Web应用表现层主要实现与用户的人机交互。因此，JSF主要定义了与此相关的输入校验、类型转换、用户事件响应、页面导航等功能，对于数据持久化等领域尚未涉及。因此，在构建复杂的Web应用中，除了JSF框架外，可能还需要利用到其他的框架，如 JPA 等。

3. JSF 是一个基于组件的框架标准

在基于 JSF 框架的 Web 应用中，最核心的元素是组件。JSF 包含一组 UI 组件（如文本框、按钮、下拉列表等）用来实现与用户的动态交互。除此之外，还包含一些非 UI 组件，如转换器、校验器等实现数据的格式转换、输入校验等业务逻辑。它使得 Web 应用采用类似 Delphi 或 Visual Studio 等"所见即所得"的开发方式成为可能。目前已经有一些工具如 Oracle JDeveloper 10g 等提供 JSF 的可视化编辑功能。

4. JSF 是一个基于 MVC 架构的框架

Model-View-Controller（MVC）是一个经典的软件系统架构，它将应用分割为三个独立的部分，实现了应用中表现层与控制逻辑层和业务逻辑层的分离。JSF 继承了这一优秀的架构理念，它将 Web 应用分成三个独立的部分，其中 M（Model，模型）角色由 Managed Bean 承担，实现具体的业务逻辑；V（View，视图）角色由 XHTML 页面承担，实现信息展示和与用户的交互；C（control，控制）角色由 JSF 框架自身承担，实现具体的控制逻辑。这种清晰的职责划分特别适合大规模企业级 Web 应用程序的开发。

5.1.3 JSF 框架的优势

优秀的 Java EE Web 应用的表现层框架很多，相比 Struts2、Spring、Seam 等业界流行的框架，JSF 具有以下优点：

（1）JSF 是 Java EE 规范推荐的表现层的框架标准。与其他框架不同的是，JSF 是一个框架标准，而不是一个具体的框架实现，应用服务器厂商可以实现自己的 JSF 框架。只要遵循 JSF 标准，就能在 Java EE 服务器上运行。因此，JSF 框架将能够得到应用服务器厂商的大力支持，开发人员基于 JSF 的应用也将能够确保运行在更多的应用服务器上。

（2）JSF 吸收了流行框架的优点。在制定 JSF 标准时，广泛吸收了当前流行的 Web 表现层框架如 Struts2、Webwork、Seam 等的优点，能够更好地满足开发人员的需求。

（3）便于与其他 Java EE 技术集成。当前的 JSF 标准已经与 CDI、Bean Validation 等技术规范实现紧密结合。相信随着 Java EE 技术的不断进步，JSF 将能够与其他 Java EE 技术实现更完美的集成，更能充分发挥 Java EE 解决方案的整体优势。

5.2 第一个 JSF 应用

下面将创建一个简单的 JSF 应用演示 JSF 应用的组成和开发流程。

在本示例中，将创建一个名为 HelloWorld 的 Web 应用。它将在页面上显示一行文本提示信息。虽然它的功能足够简单，但是能够反映出 JSF 应用的完整结构。在后面的示例中将通过更加复杂的示例一步步展示 JSF 框架的强大威力。

5.2.1 创建 JSF 项目

打开 NetBeans 开发环境，选择"文件"→"新建项目"命令，得到如图 5-1 所示的对话框。

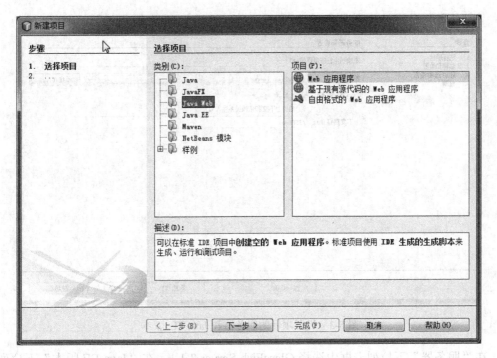

图 5-1 "新建项目"对话框

在"类别"列表框中选择 Java Web,在"项目"列表框中选择"Web 应用程序",单击"下一步"按钮,得到如图 5-2 所示的对话框。

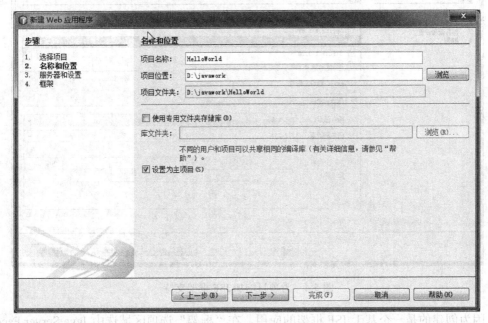

图 5-2 设置项目名称和位置

在"项目名称"和"项目位置"中分别输入新建 Java Web 项目的名称和位置信息,单击"下一步"按钮,得到如图 5-3 所示的对话框。

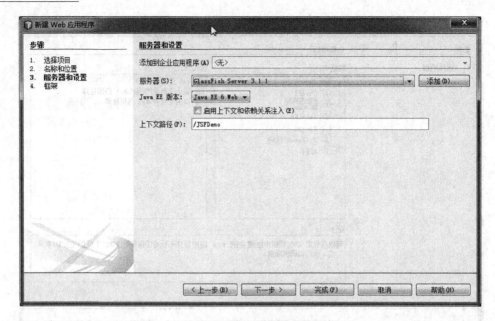

图 5-3 设置项目的服务器和 Java EE 版本

在"服务器"下拉列表框中选择 GlassFish Server 3.1.1，在"Java EE 版本"下拉列表框选择 Java EE 8，默认其他选项，单击"下一步"按钮，得到如图 5-4 所示的对话框。

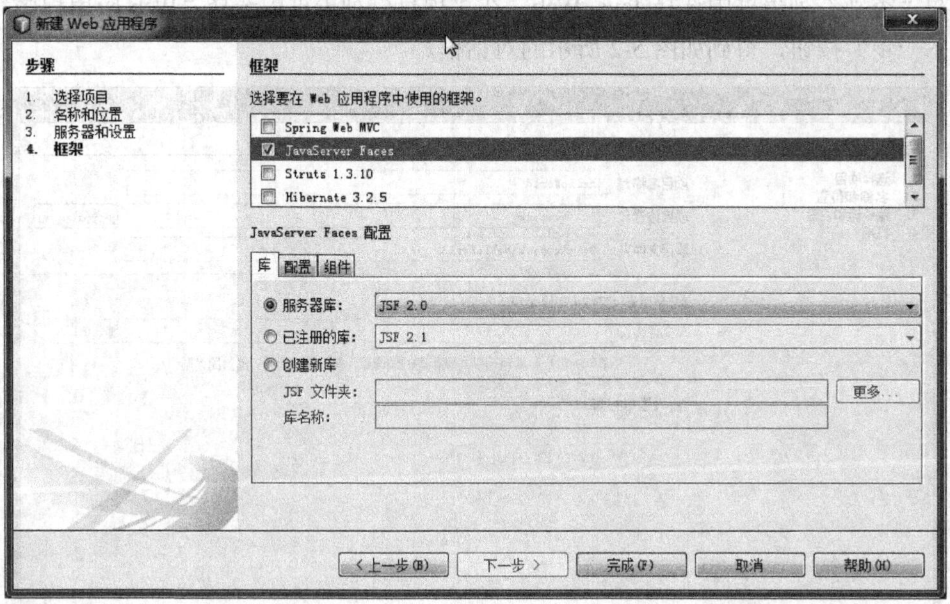

图 5-4 为项目增加 JSF 框架支持

因为创建的是一个基于 JSF 框架的应用，在"框架"选项区域选中 Java Server Faces，默认其他选项设置，单击"完成"按钮，一个支持 JSF 框架的 Java Web 应用创建完成。

在 NetBeans 左上角的"项目"视图中，展开"库"节点，可以看到服务器 GlassFish Server 3.1.1 对 JSF 提供的支持，如图 5-5 所示。

图 5-5　GlassFish 对 JSF 框架的支持

对 JSF 的支持主要是两个 jar。其中 jsf-api.jar 包含 JSF 框架标准，而 jsf-impl.jar 是 Sun 公司提供的对 JSF 框架标准的一个实现。

5.2.2　模型组件

前面已经说过，JSF 是一个基于 MVC 的架构标准。因此首先创建 JSF 的模型组件。JSF 的模型组件其实是一个 JavaBean，所有的业务逻辑全部封装在此 JavaBean 中。由于这类 JavaBean 的生命周期不是应用本身而是由 JSF 框架控制的，因此被称为 Managed Bean。在本示例中，所有的业务逻辑都封装在一个名为 Message 的 Managed Bean 中。代码如程序 5-1 所示。

程序 5-1：Message.java

```
package com.demo.jsf;
import javax.faces.bean.ManagedBean;
@ManagedBean
public class Message  {
    public String getWorld() {
        return world;
    }
    public void setWorld(String world) {
        this.world = world;
    }
    private String world = "Hello World!";
}
```

程序说明：在上面的代码中可以看到，Managed Bean 与普通的 JavaBean 相比，几乎没有什么不同。最大的区别是在类的声明前增加了注解@ManagedBean。通过这个注解，将自己注册到 JSF 框架，以便让 JSF 管理自己的生命周期。

5.2.3 视图组件

视图用来显示业务信息，实现与用户的交互。在本例中，仅仅需要在页面展示模型组件中的信息。因此，视图只包含一个页面。在 JSF 应用中，每个视图都是一个 XHTML 文件。完整代码如程序 5-2 所示。

程序 5-2：hello.xhtml

```
<?xml version="1.0" encoding="UTF-8"?>
<!DOCTYPE html>
<html xmlns="http://www.w3.org/1999/xhtml">
    <head>
        <title>第一个 JSF 应用</title>
    </head>
    <body>
        <div> #{message.world}</div>
    </body>
</html>
```

程序说明：在上面的代码中，通过表达式语言直接引用之前创建的 Managed Bean 的属性，但是并没有像 JSP 一样首先通过<jsp:useBean>引入 JavaBean。因为当视图被执行时，JSF 将检查当前是否有可用的 Message Bean 的实例，如果没有，JSF 框架将自动创建 Managed Bean 的实例并在视图中引用它。这也正是 Managed Bean 的强大之处——开发人员完全不需要关心 Managed Bean 的创建和销毁等生命周期动作，这一切由 JSF 框架托管。

注意这里 Managed Bean 的引用变量名称为 message。因为在声明 Managed Bean 的注解@ManagedBean 时没有为其命名，JSF 框架将按照约定将 Bean 类名（Message）的首字母小写作为 Managed Bean 的名称。Java EE 默认的特性开发人员应铭记在心。

5.2.4 控制组件

JSF 应用的控制功能由 JSF 框架自身实现。为了确保 JSF 应用运行，在 Web 应用的配置文件 web.xml 中，要对 JSF 框架的核心控制组件 javax.faces.webapp.FacesServlet 进行配置。所有 JSF 请求都传入 Faces Servlet 中。该 Servlet 是 JSF 实现代码的一部分。由于在创建 Web 应用中已经选择了 Java Server Face 框架支持，因此，Netbeans 已经帮助开发人员在 web.xml 中完成了 Faces Servlet 的配置工作。

提示：在 JSF 应用中还存在非 JSF 请求吗？当然存在，例如，对 Web 中静态图像资源的请求，就完全没必要经过 JSF 框架处理。

在"项目"窗口中的"配置文件"节点下可以找到 web.xml。详细信息如程序 5-3 所示。

程序 5-3：web.xml

```
<?xml version="1.0" encoding="UTF-8"?>
<web-app version="3.0" xmlns="http://java.sun.com/xml/ns/javaee" xmlns:
xsi="http://www.w3.org/2001/XMLSchema-instance" xsi:schemaLocation="http:
```

```xml
//java.sun.com/xml/ns/javaee http://java.sun.com/xml/ns/javaee/web-app_
3_0.xsd">
    <context-param>
        <param-name>javax.faces.PROJECT_STAGE</param-name>
        <param-value>Development</param-value>
    </context-param>
    <servlet>
        <servlet-name>Faces Servlet</servlet-name>
        <servlet-class>javax.faces.webapp.FacesServlet</servlet-class>
        <load-on-startup>1</load-on-startup>
    </servlet>
    <servlet-mapping>
        <servlet-name>Faces Servlet</servlet-name>
        <url-pattern>/faces/*</url-pattern>
    </servlet-mapping>
    <session-config>
        <session-timeout>
            30
        </session-timeout>
    </session-config>
    <welcome-file-list>
        <welcome-file>faces/hello.xhtml</welcome-file>
    </welcome-file-list>
</web-app>
```

程序说明：在上面的代码中可以看到，已经在 Web 应用中配置了一个名为 Faces Servlet 的 Servlet 组件，它负责处理所有 url-pattern 为 "/faces/*" 的 JSF 请求。这个 Servlet 是由 JSF 框架实现的（它包含在 jsf-api.jar 中。）另外，在<welcome-file-list>节点配置 hello.xhtml 作为应用的启动页面。注意，这里应在页面地址前面增加前缀 "/faces/"。

还应注意程序中的<context-param>节点，它定义了 JSF 应用的项目开发阶段信息。项目阶段的选项有 Development、UnitTest、SystemTest 和 Production。在 Development 阶段，JSF 页面中将会输出更多的信息以帮助用户调试程序。

说明：如果需要对 JSF 框架进行更多的配置，增加一个配置文件 face-config.xml 即可。在这个文件里通过配置参数可以更灵活地控制 JSF 框架的行为。关于如何通过 face-config.xml 配置 JSF 框架，将在后面的示例中深入展开介绍。

5.2.5 运行演示

保存并部署应用后，启动应用，得到如图 5-6 所示的运行界面。

可以看到，Managed Bean 中的信息已经成功显示在页面上。

既然 JSF 应用已经运行起来，现在对比一下基于 JSF 框架的 Web 开发与之前利用 Servlet 和 JSP 的 Web 开发有什么不同。

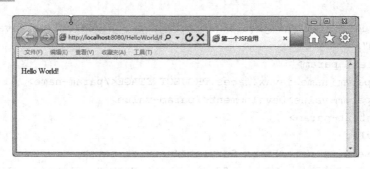

图 5-6 示例程序运行界面

首先，Web 应用的结构变得很清晰。在 JSP 或 Servlet 中，负责显示信息和处理业务逻辑的代码混杂在一起，没有明确的职责划分和界限，尤其是在 JSP 页面中，更是大量 HTML 标记和 Java 脚本的混合，难以维护。在 JSF 应用中，XHTML 负责表示逻辑，Managed Bean 负责业务逻辑，JSF 框架实现控制逻辑。XHTML 中没有了 Java 脚本，只是通过表达式语言引用 Managed Bean 的属性和方法。在 Managed Bean 中，包含了所有的业务逻辑，它不包含任何信息显示的内容，也不会直接获取或设置用户界面信息。表示逻辑和业务逻辑实现了完美分离，并通过表达式语言有机结合。

其次，开发工作变得非常简单，一些基础性通用性的工作如请求处理、响应生成等全由 JSF 框架帮助开发人员完成。例如，在上面示例的开发过程中，开发人员并没有做任何请求处理和响应生成的具体工作。

5.3 Managed Bean

在 5.2 节讲过，JSF 应用的业务逻辑全部封装在 Managed Bean 中。Managed Bean 是一个普通的 JavaBean，它不需要继承任何 Java 类，实现任何特定的接口。但是，与 JSP 页面中使用的 JavaBean 不同的是，它的生命周期不是由应用本身控制，而是由 JSF 框架托管的。在 JSP 页面中使用 JavaBean 必须使用标记<jsp:useBean>，而在 JSF 视图中无须显式引入 Managed Bean，只需要利用表达式语言直接引用 Managed Bean 的属性或方法，JSF 框架在运行页面时将自动创建相关的 Managed Bean，在完成生命周期后自动销毁 Managed Bean，这也是为什么称之为 Managed Bean 的原因。

5.3.1 定义 Managed Bean

定义一个 Managed Bean 与定义一个普通的 JavaBean 没有区别，只需要遵守 JavaBean 的定义规则。

为了将 JavaBean 注册到 JSF 框架，可以有两种方式。一种是利用 JSF 注解。相关的注解主要有以下几个：

- @ManagedBean。必选注解。值得一提的是，它有一个可选的属性 name，用来声明 Managed Bean 的名称，以便在视图中引用，当然开发者可以选择默认此属性，则 JSF 框架默认将 Managed Bean 类名的首字母小写后作为它的名称，如在程序 5-1 中 Message 的默认名称为 message。

- @SessionScoped、@RequestScoped、@ApplicationScoped、@ViewScoped 和@CustomScoped 等。可选注解。这些注解都是声明 Managed Bean 不同的生命周期范围。关于 Managed Bean 的生命周期范围，在后面的示例中还要详细讲解。如果在声明 Managed Bean 时没有使用上述注解，则默认的生命周期范围为@RequestScoped。

另一种方式是在 JSF 配置文件 face-config.xml 中进行配置，配置信息主要包括 Bean 的名称、类和生命周期范围，还是以 5.2 节的示例为例，相关的配置代码如程序 5-4 所示。

程序 5-4： face-config.xml

```
<?xml version="1.0" encoding="UTF-8"?>
<faces-config
    xmlns="http://java.sun.com/xml/ns/javaee"
    xmlns:xsi="http://www.w3.org/2001/XMLSchema-instance"
    xsi:schemaLocation="http://java.sun.com/xml/ns/javaee
    http://java.sun.com/xml/ns/javaee/web-facesconfig_2_0.xsd"
    version="2.0">
    <managed-bean>
        <managed-bean-name> MessageBean </managed-bean-name>
        <managed-bean-class> com.demo.jsf.Message</managed-bean-class>
        <managed-bean-scope>session</managed-bean-scope>
    </managed-bean>
</faces-config>
```

注： Java EE 规范推荐采用注解方式声明 Managed Bean。

需要特别指出的是，对于 Map、List 等集合对象，可以直接作为 Managed Bean，但是只能通过在 face-config.xml 中进行配置的方式注册。配置信息如下面的代码片段所示：

```
<managed-bean>
        <managed-bean-name>listBean</managed-bean-name>
        <managed-bean-class>java.util.ArrayList</managed-bean-class>
        <managed-bean-scope>none</managed-bean-scope>
        <list-entries>
            <value>Steve Jobs</value>
            <value>Sergy Brin</value>
            <value>Larry Page</value>
            <value>Anil Ambani</value>
        </list-entries>
    </managed-bean>
    <managed-bean>
        <managed-bean-name>mapBean</managed-bean-name>
        <managed-bean-class>java.util.HashMap</managed-bean-class>
        <managed-bean-scope>none</managed-bean-scope>
        <map-entries>
            <map-entry>
```

```xml
            <key>Apple</key>
            <value>Steve Jobs</value>
        </map-entry>
        <map-entry>
            <key>Google</key>
            <value>Larry Page and Sergy Brin</value>
        </map-entry>
        <map-entry>
            <key>Reliance</key>
            <value>Anil Ambani</value>
        </map-entry>
    </map-entries>
</managed-bean>
```

在上面的代码片段中,分别声明了一个 ArrayList 类型的 Managed Bean 和一个 HashMap 类型的 Managed Bean。并且在声明 Bean 时,分别利用<list-entries>和<map-entries>对 Managed Bean 的值进行了初始化。

下面演示如何访问作为 Managed Bean 的 Map 和 List,视图文件代码如程序 5-5 所示。

程序 5-5:collection.xhtml

```xml
<?xml version="1.0" encoding="UTF-8"?>
<!DOCTYPE html>
<html xmlns="http://www.w3.org/1999/xhtml"
    xmlns:h="http://java.sun.com/jsf/html"
    xmlns:f="http://java.sun.com/jsf/core">
    <head>
        <title>TODO supply a title</title>
    </head>
    <body>
        <f:view>
            <h:form>
                <h:dataTable var="loc" value="#{listBean}">
                    <h:column> <h:outputText value="#{loc}" /> </h:column>
                </h:dataTable>
                <h:outputText value="#{mapBean['Apple']}"/>
                <h:outputText value="#{mapBean['Google']}"/>
                <h:outputText value="#{mapBean['Reliance']}"/>
            </h:form>
        </f:view>
    </body>
</html>
```

程序说明:从上面的代码中可以看出,访问 List 和 Map 与访问其他 Managed Bean 的语法一样,没有什么不同。

运行程序 5-5,得到如图 5-7 所示的运行结果。

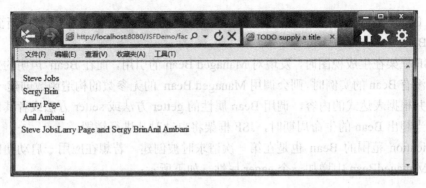

图 5-7　在视图中访问作为 Managed Bean 的 Collection 对象

5.3.2　生命周期

在 4.8 节曾经讲过，每个 JavaBean 都有一个生命周期范围，JavaBean 只有在它的生命周期范围里才能使用，在它的生命周期范围外将无法访问到它。对于 Managed Bean，也同样如此，虽然它的生命周期由框架管理，但是在声明 Managed Bean 时，仍然要告诉 JSF 框架它的生命周期范围。对于 Managed Bean，它的有效生命周期范围属性及其对应的注解如表 5-1 所示。

表 5-1　Managed Bean 的生命周期范围

生命周期范围	对应注解	对应 JavaBean 的生命周期范围	作用域
Application	@ApplicationScoped	Application	整个应用
Session	@SessionScoped	Session	整个对话
View	@ViewScoped		整个视图。主要用在 Ajax 应用中
Request	@RequestScoped	Request	整个请求
None			临时

对于 Request、Session 和 Application 这三个生命周期范围，与第 4 章的 JavaBean 对应的生命周期范围含义一致，此处不再赘述。

Managed Bean 有一个特别的生命周期 View，它代表当前视图，即只要当前视图不变（其间有可能经历多个 Request），Managed Bean 就有效。这里还要特别说生命周期范围为 None 的 Managed Bean。这类 Managed Bean 不能作为一个单独存在的实体，通常作为属性寄存在其他 Managed Bean 中，拥有与宿主 Managed Bean 同样的生命周期。当宿主 Managed Bean 创建时，它将被创建；当宿主 Managed Bean 销毁时，它也一同被销毁。

注意：与 JSP 中的 JavaBean 不同，Managed Bean 没有 Page 这一生命周期范围，因为在 JSF 框架下，视图被编译为一棵组件树，而不是用来向客户端输出响应的 Servlet。这棵组件树可能作为一个单独的页面渲染，也可能被嵌入到其他复合组件中，因此对 JSF 视图来说，是没有 Page 这一概念的。

除了 Request 范围的 Managed Bean 外，其他的 Managed Bean 都需要实现序列化接口。另外，只有 Request 生命周期范围的 Managed Bean 是线程安全的，对于 Session 范围的

Managed Bean,未必是线程安全的,因为用户可能提交多个请求,都会更新到同一个 Managed Bean 中。

当 JSF 框架在生成视图时,发现对 Managed Bean 的引用,而在 Bean 声明的生命周期范围内又没有 Bean 的实例时,则会调用 Managed Bean 的无参数的构造函数创建一个 Bean 的实例,并根据表达式的内容,调用 Bean 属性的 getter 方法或 setter 方法或者其他事件处理方法。当超出 Bean 的生命周期时,JSF 框架将自动对其进行销毁。

Application 范围的 Bean 也是在第一次请求时被创建。若想在应用一启动便创建,可在注解@ManagedBean 中增加一个 eager 属性,如下所示:

```
@ManagedBean(eager=true)
```

下面设计一个脑筋急转弯的游戏演示 Managed Bean 的生命周期范围。

首先创建一个代表问题的 JavaBean,完整代码如程序 5-6 所示。

程序 5-6:ProblemBean.java

```
package com.demo.jsf;
import java.io.Serializable;
public class ProblemBean implements Serializable {
    private String question;
    private String answer;
    public String getAnswer() {
        return answer;
    }
    public void setAnswer(String answer) {
        this.answer = answer;
    }
    public String getQuestion() {
        return question;
    }
    public void setQuestion(String question) {
        this.question = question;
    }
    public ProblemBean() {}
    public ProblemBean(String q, String a) {
        this.question=q;
        this.answer=a;
    }
}
```

程序说明:这是一个普通的 JavaBean,它代表一道脑筋急转弯题,由问题和答案两部分组成。

下面创建 Managed Bean 实现业务逻辑,代码如程序 5-7 所示。

程序 5-7:QuizBean

```
package com.demo.jsf;
```

```java
import java.io.Serializable;
import java.util.ArrayList;
import javax.faces.bean.ManagedBean;
import javax.faces.bean.SessionScoped;
@ManagedBean
@SessionScoped
public class QuizBean  implements Serializable {
   private ArrayList<ProblemBean> problems = new ArrayList<ProblemBean>();
   private int currentIndex;
   private int score;
   public QuizBean() {
     problems.add(
     new ProblemBean("制造日期与有效日期是同一天的产品是什么？" ,"报纸" ));
     problems.add(
        new ProblemBean("什么东西肥得快，瘦得更快？" ,"气球" ));
     problems.add(
       new ProblemBean("放一支铅笔在地上,要使任何人都无法跨过,怎么做?" ,"放在墙边" ));
     problems.add(
        new ProblemBean("青蛙为什么能跳得比树高？" ,"树不会跳" ));
     problems.add(
        new ProblemBean("最不听话的是谁？" ,"聋子" ));
   }
   public void setProblems(ArrayList<ProblemBean> newValue) {
     problems = newValue;
     currentIndex = 0;
     score = 0;
   }
   public int getScore() { return score; }
   public ProblemBean getCurrent() { return problems.get(currentIndex); }
   public String getAnswer() { return ""; }
   public void setAnswer(String newValue) {
     try {
      if (getCurrent().getAnswer().equals(newValue) ) score++;
       currentIndex = (currentIndex + 1) % problems.size();
     }
     catch (Exception ex) {
        System.out.printf(ex.toString());
     }
   }
}
```

程序说明：除了一些 getter 和 setter 方法，主要业务逻辑都封装在此 Managed Bean 的方法 setAnswer 中。注意代码中利用注解@SessionScoped 声明 Bean 的生命周期范围为 Session。

下面创建应用的视图，代码如程序 5-8 所示。

程序 5-8：clever.html

```xml
<?xml version="1.0" encoding="UTF-8"?>
<!DOCTYPE html>
<html xmlns="http://www.w3.org/1999/xhtml"
    xmlns:f="http://java.sun.com/jsf/core"
    xmlns:h="http://java.sun.com/jsf/html">
  <h:head>
    <title>Managed Bean 生命周期范围</title>
  </h:head>
  <h:body>
    <h:form>
       <h3>脑筋急转弯</h3>
       <p>
           您答对了#{quizBean.score}题
       </p>
       <p>#{quizBean.current.question}</p>
       <p>
        <h:inputText value="#{quizBean.answer}"/>
       </p>
       <p><h:commandButton value="提交"/></p>
    </h:form>
  </h:body>
</html>
```

程序说明：在上面的代码中，对于 EL 表达式 quizBean.answer，将调用 Managed Bean 的 setAnswer 方法，即使 Bean 不存在属性 Answer 也没有关系。

运行程序 5-8，得到如图 5-8 所示的运行页面。

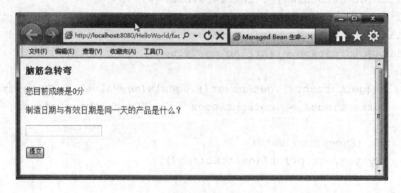

图 5-8　程序 5-8 运行结果

输入答案并单击"提交"按钮，应用将在页面中更新成绩并显示下一道题。

修改 Managed Bean 的生命周期范围为 View，看看还能否实现上述功能。由于在视图中单击"提交"按钮，刷新的仍然是当前视图，View 范围的 Managed Bean 仍然有效，因此，程序依然正常运行。

5.3.3 Bean 之间的依赖

在之前的示例中,Managed Bean 的属性都是基本类型。但是在实际应用中,情况可能复杂得多,例如代表用户信息的 Managed Bean 中可能包含一个代表用户地址信息的 Managed Bean。那么,JSF 是否支持 Managed Bean 间的这种依赖呢?答案是肯定的。只需要利用注解@ManagedProperty 对属性进行标注,JSF 框架在创建此 Managed Bean 时,将自动创建另外一个指定类型的 Managed Bean 作为父 Managed Bean 的属性。以程序 5-9 为例。

程序 5-9:MessageBean.java

```java
package com.demo.jsf.bean;
import java.io.Serializable;
import javax.faces.bean.ManagedBean;
import javax.faces.bean.SessionScoped;
@ManagedBean(name="message")
@SessionScoped
public class MessageBean implements Serializable
{
    private String message="test bean dependence";
    public String getMessage() {
        return message;
    }
    public void setMessage(String message) {
        this.message = message;
    }
}
```

程序说明:这只是一个简单的 Managed Bean,用来封装一条消息。

程序 5-10:HelloBean.java

```java
package com.demo.jsf.bean;
import java.io.Serializable;
import javax.faces.bean.ManagedBean;
import javax.faces.bean.ManagedProperty;
import javax.faces.bean.SessionScoped;
@ManagedBean
@SessionScoped
public class HelloBean implements Serializable {
 @ManagedProperty(value="#{message}")
private MessageBean messageBean;
    public MessageBean getMessageBean() {
        return messageBean;
    }
    public void setMessageBean(MessageBean messageBean) {
        this.messageBean = messageBean;
```

        }
　　}

程序说明：在上面的代码中，注意属性 messageBean，它是前面定义的 MessageBean 的实例，并且通过注解@ManagedProperty(value="#{message}")进行标注，注意注解 @ManagedProperty 的属性 value 的值必须与之前声明的 MessageBean 的名称相对应。另外，对于 Managed Bean 类型的属性，也要声明对应的 getter 和 setter 方法。因此，当 JSF 框架创建 HelloBean 的实例时，将自动利用 MessageBean 的实例 message 作为 HelloBean 实例的 messageBean 属性值。下面创建一个页面对 Managed Bean 进行测试，代码如程序 5-11 所示。

程序 5-11：testbean.xhtml

```
<?xml version="1.0" encoding="UTF-8"?>
<!DOCTYPE html>
<html xmlns="http://www.w3.org/1999/xhtml">
    <head>
        <title>test bean </title>
    </head>
    <body>
        <div>#{helloBean.messageBean.message}</div>
    </body>
</html>
```

程序说明：对于 Managed Bean 类型的属性，在视图中可使用多级点操作符访问。
运行程序 5-11，看是否能得到如图 5-9 所示的运行结果。

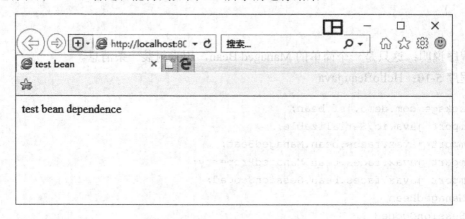

图 5-9　验证 Bean 之间的依赖

在使用 Managed Bean 之间的依赖时，下面几点需要注意：
- 作为属性的 Managed Bean 的生命周期必须大于引用它的 Managed bean 的生命周期，这是很显然的。如果作为属性的 Managed Bean 的生命周期小于引用它的 Managed Bean 的生命周期，则将出现作为属性的 Managed Bean 已经被 JSF 框架回收，引用它的 Managed Bean 的对应属性则为 null，导致抛出异常。前面已经说明，生命周期范围为 None 的 Managed Bean 拥有与宿主 Bean 相同的生命周期范围，因此可以作为任何 Managed Bean 的属性。
- 作为属性的 Managed Bean 与引用它的 Managed Bean 之间不能出现循环引用。

5.4 Facelets

在 JSF 框架下，视图都是以 XHTML 的形式存在，它们采用 Facelets 作为视图定义语言，而不是之前熟悉的 JSP。

Facelets 是一个功能强大的轻量级页面声明语言，使用 XHTML 模板构建 JSF 视图。Facelets 完全契合 JSF 以组件为中心的设计思想。与 JSP 采用嵌入 Java 脚本不同，Facelets 采用不同 XML 命名空间的标记引入不同的组件，并通过 EL 表达式访问组件的属性和方法，完美实现了应用中表现与逻辑的清晰分割。Facelets 包括以下的特性：

- 使用 XHTML 创建 Web 页面。
- 在支持 JSF 和 JSTL 标记库的同时支持 Facelets 标记库。
- 支持统一表达式语言（unified expression language）。
- 复合组件和页面模板。

为什么 JSF 框架不使用 JSP 呢？这是因为 JSP 是为了简化 Servlet 生成 HTML 页面而产生的一种技术，它将动态的服务器端脚本与静态的 HTML 代码混合在一起，它本身还是一个 Servlet。JSP 被编译后将会生成一个.class 文件，运行在 Web 容器中。而 JSF 是一个以组件为中心的表现层框架，JSF 组件的生命周期与 Servlet 的生命周期是完全不同的两个概念。Servlet 组件处理请求，并生成响应返回客户端。而 JSF 组件负责自身的界面绘制和事件处理。因此，将 JSF 组件嵌入 JSP 页面既会造成逻辑上的混乱，又会带来性能上的负担。

5.4.1 组件树

JSF 框架是以组件为中心的框架，在 Facelets 模板化语言中可以直接使用 JSF 标记引入组件。JSF 标记（例如，f:view 和 h:form）只是调用 JSF 组件呈现自己的当前状态。每个组件负责自身的显示绘制和事件响应。Facelets 使用 XHTML 构建 Web 页面。XHTML 页面是一个标准的 XML 文件，遵循严格的 XML 语法，确保组件之间形成严格的嵌套关系。JSF 框架在运行时将视图编译成一棵组件树，而不是 Java 的.class 文件，这使得视图脱离了 Servlet 容器的限制，页面绘制的性能大幅提升。组件树是视图在内存中的映像，它保存着视图的状态信息，JSF 框架负责维护视图当前状态与组件树之间的同步。

通过在页面中增加一个<ui:debug>标记可以允许开发人员查看视图在运行时对应的组件树的详细信息。以 clever.xhtml 为例，在页面中增加一行代码如下：

```
<ui:debug />
```

运行程序，并按 Ctrl+Shift+D 键，将弹出调试页面窗口，如图 5-10 所示。

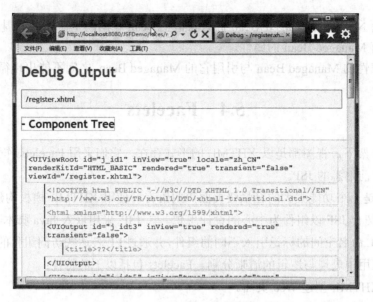

图 5-10 查看 JSF 视图对应的组件树

可以看到，页面对应的组件树的根节点是 UIViewRoot 组件，它代表整个页面，视图中的所有组件都嵌套在这棵组件树中。

5.4.2 标记

Facelets 通过标记将各种组件添加到页面中，并通过标记的属性设置组件的属性和行为。开发 JSF 应用必须熟练运用这些标记。JSF 的标记按照功能的不同分别保存在不同的标记库中。JSF 标记库的内容如表 5-2 所示。

表 5-2 JSF 标记库

标记库名称	前缀	命名空间	说明
Core	f:	http://java.sun.com/jsf/core	对组件进行属性设置和功能绑定
HTML	h:	http://java.sun.com/jsf/html	生成 HTML 控件标记
Facelets	ui:	http://java.sun.com/jsf/facelets	页面模板标记
Composite Components	Composite：	http://java.sun.com/jsf/composite	生成复合组件
传递属性标签库	P：	http://xmlns.jcp.org/jsf/passthrough	支持 HTML5 友好标记
传递元素标签库	jsf:	http://xmlns.jcp.org/jsf	支持 HTML5 友好标记

如在程序 5-8 中，通过以下的标记引入一个按钮组件：

`<h:commandButton value="提交"/>`

其中，冒号前面的 h 为 HTML 标记库的前缀，冒号后面的 commandButton 为标记的名称，它通过空格与标记的属性 value 分割开，这里通过设置 value 属性设置按钮的标题。

从这里可以看出，编写 JSF 视图与编写 HTML 网页的思路基本一样，就是在文件中通过引入各种不同的标记以及设置标记的属性最终确定视图的外观。它摒弃了 JSP 页面中的复杂的指令和脚本，使得页面更加简洁和可维护。

注：除了JSF标记外，Facelets还同时支持JSTL的Core标记库和Fn标记库。关于JSTL标记库相关内容，可参阅关于Java EE编程技术的相关书籍。

1. HTML标记

HTML标记用来绘制页面，实现与用户的交互。JSF框架提供了几十个HTML标记，如表5-3所示。

表5-3 HTML标记

标 记	说 明
head	呈现页面标题
body	呈现页面正文
form	呈现HTML表单
outputStylesheet	向页面中添加一个样式表
outputScript	向页面中添加一个脚本
inputText	单行文本输入控件
inputTextarea	多行文本输入控件
inputSecret	密码输入控件
inputHidden	隐藏字段
outputLabel	便于访问其他组件的标签
outputLink	到其他Web站点的链接
outputFormat	类似于outputText，但是格式化复合消息
outputText	单行文本输出
commandButton	按钮：提交、重置或单击按钮
commandLink	作用类似于单击按钮的链接
button	用于发布GET请求的按钮
link	用于发布GET请求的链接
message	显示一个组件最近的消息
messages	显示所有消息
graphicImage	显示图像
selectOneListbox	单选列表框
selectOneMenu	单选菜单
selectOneRadio	单选按钮集
selectBooleanCheckbox	复选框
selectManyCheckbox	复选框集
selectManyListbox	多选列表框
selectManyMenu	多选菜单
panelGrid	表格布局
panelGroup	将两个或多个组件布置成一个组件
dataTable	功能丰富的表格控件
column	dataTable中的列

HTML标记支持丰富的属性，用于定制组件的行为，这些属性可以分为三类。

（1）基本属性：包括id、binding、render、Values、Converters、Validators等。这些属性用来标记组件，设置组件值、绘制方式，绑定转换器和校验器等。其中，id属性作为组件的唯一标识，利用它可以从其他JSF标签访问JSF组件：

```
<h:inputText id="name" .../>
<h:message for="name"/>
```

其中，标记<h:message>的属性 for 的值就是引用了<h:inputText>的 id 属性。

或者在 Java 代码中获取组件引用。例如，在系统事件监听器中访问组件的代码如下：

```
UIComponent component = event.getComponent().findComponent("name");
```

（2）HTML 4.0 属性：包括 border、size、style、title 等。这些属性用来控制标记的输出，决定页面的显示外观。

（3）DHTML 事件：客户端的脚本语言在 Web 开发中总是不可忽视的，如实现客户端输入校验、图像滚动等。HTML 标记中包含的支持客户端脚本的属性称为动态 HTML 事件属性。JSF 的 HTML 标记几乎支持所有的动态 HTML 事件属性，包括 onblur、 onchange、onclick 等。这些属性用来响应客户端的事件，用来链接到指定的 Javascript 代码。

说明：关于 HTML 标记及其属性的相关说明，可参考相关资料。限于篇幅，此处不再赘述。

2. Core 标记

Core 标记与页面的 HTML 绘制无关，它通常嵌套在 HTML 标记中，负责向组件添加属性、参数和 Facelets，注册与组件关联的转换器、校验器和事件监听器等。常见的 Core 标记如表 5-4 所示。

表 5-4 常见 Core 标记

标 签	说 明
attribute	在父组件中设置属性（键/值）
param	向父组件添加参数子组件
facet	向组件添加 facet
actionListener	向组件添加动作监听器
setPropertyActionListener	添加设置属性的动作监听器
valueChangeListener	向组件添加值改变监听器
phaseListener	向父视图添加阶段监听器
event	添加组件系统事件监听器
converter	向组件添加强制转换器
convertDateTime	向组件添加日期时间转换器
convertNumber	向组件添加数字转换器
validator	向组件添加验证器
validateDoubleRange	验证组件值的双精度范围
validateLength	验证组件值的长度
validateLongRange	验证组件值的长整型范围
validateRequired	检查值是否存在
validateRegex	对照规则表达式验证值
validateBean	使用 Bean 验证 API（JSR 303）进行验证
loadBundle	加载资源包存储属性为 Map
selectitems	为选定的一个或多个组件指定项

续表

标签	说明
selectitem	为选定的一个或多个组件指定一个项
verbatim	将包含标记的文本转换为组件
viewParam	定义一个可使用请求参数进行初始化的"视图参数"
metadata	保存视图参数。可能在以后保存其他元数据
ajax	支持组件的 Ajax 行为
view	指定页面区域设置或者阶段监听器
subview	Facelets 不需要该标签

3. Facelets 标记

Facelets 的一大功能特性是模板功能，Facelets 标记主要包含实现页面模板功能的标记，详细信息如表 5-5 所示。关于如何利用这些标记实现页面模板，详见 5.5 节的内容。

表 5-5 主要 Facelets 标记

标签	说明
ui:component	定义一个组件，该组件会被添加到组件树中
ui:composition	定义一个页面组件，可以选择在该组件中使用模板。这个标签之外的内容会被忽略
ui:debug	定义一个调试组件，该组件会被添加到组件树中
ui:define	定义一段被模板插入到页面中的内容
ui:decorate	与 composition 类似，但是不忽略标签之外的内容
ui:fragment	与 component 相似，但是不忽略标签之外的内容
ui:include	为多个页面封装并重用内容
ui:insert	将内容插入一个模板
ui:param	将参数传递给被 include 的文件
ui:repeat	作为其他的循环标签如 c:forEach 或 h:dataTable 的替换项
ui:remove	将内容从页面中移除

4. 复合组件标记

复合组件标记用来实现 JSF 复合组件，JSF 复合组件是一种将现有 JSF 组件组合起来，形成一个新的组件的技术。复合组件标记详细信息如表 5-6 所示。

表 5-6 主要复合组件标记

标记	说明
composite:interface	声明复合组件的使用协议。复合组件可作为一个组件使用，它的功能由使用协议来定义
composite:implementation	定义一个复合组件实现。如果存在 composite:interface 标记，必须存在一个对应的 composite:implementation 标记
composite:attribute	声明复合组件的属性
composite:insertChildren	利用此标记将子组件或模板文本添加到复合组件中
composite:valueHolder	组件实现 ValueHolder 接口，包含一个 value 属性
composite:editableValueHolder	组件实现 EditableValueHolder 接口，包含一个可编辑的 value 属性
composite:actionSource	组件实现 ActionSource2 接口，允许触发 Action 事件

5.4.3 EL 支持

JSF 视图的一个重要特性是可以通过 EL 直接引用 Managed Bean 的属性或方法。所有位于"#"之后的一对花括号之中的字符串（形如"#{...}"）都是 EL。EL 既可以位于标记的内容中，也可以位于标记的属性值中。例如：

```
<h1 style=#{login.usertype}>#{login.username }</h1>
```

注意：只有组件的 id 和 var 属性不支持 EL。

值得一提的是，JSF 的 EL 在运行时求解（通常是视图被显示时），而不是在视图被编译时。

说到 EL，首先想到的便是 JSP 支持的 EL。那么与 JSP 支持的 EL 相比，JSF 支持的 EL 有哪些不同呢？

- 使用的分隔符不同。JSF 的 EL 使用"#"标记表达式的开始，而 JSP 的 EL 使用"$"。
- 作用方向不同。JSP 只是访问并输出变量和 Bean 的值，JSF 可以访问输出托管 Bean 的属性，还可以更新托管 Bean 的属性。
- JSF 与 JSP 中的内置对象有点不同。表 5-7 列出了所有 JSF EL 支持的隐含对象。

表 5-7 JSF 与 JSP 隐含对象对比

隐含变量	说 明	实 例	是否支持 JSP 2.0 EL
applicationScope	应用作用域变量的 Map，以名称作为关键字	#{application-Scope.myVariable}	是
cookie	一个当前请求的 cookie 值的 Map，以 cookie 名称作为关键字	#{cookie.myCookie}	是
facesContext	当前请求的 facesContext 实例	#{facesContext}	否
header	当前请求的 HTTP 首部值的 Map，以 header 名称作为关键字。如果给定的 header 名称有多个值，仅返回第 1 个值	#{header['User-Agent']}	是
headerValues	当前请求的 HTTP 首部值的 Map，以 header 名称作为关键字。对每个关键字，返回一个 String 数组（以便所有的值都能访问）	#{headerValues['Accept-Encoding'][3]}	是
initParam	应用初始化参数的 Map，以参数名称为关键字（也称为 Servlet 上下文初始化参数,在部署描述符中设置）	#{initParam.adminEmail}	是
param	请求参数的 Map，以 header 名称作为关键字。如果对给定的参数名称有多个值，仅返回第 1 个值	#{param.address}	是
paramValues	请求参数的 Map，以 header 名称作为关键字。对每个关键字，返回一个 String 数组（以便可以访问所有的值）	#{param.address[2]}	是

续表

隐含变量	说明	实例	是否支持 JSP 2.0 EL
requestScope	请求范围内的变量的 Map，以名称作为关键字	#{requestScope.user-Preferences}	是
sessionScope	会话范围内的变量的 Map，以名称作为关键字	#{sessionScope['user']}	是
view	当前视图	#{view.locale}	否

由表 4-6，二者的大部分隐含对象是相同的，只有两个隐含对象是专门针对 JSF 的：facesContext 和 view。facesContext 实例代表当前正在处理的请求的上下文环境。它包含对当前应用消息栈、当前呈现包和其他有用对象的引用。view 代表当前视图，因为 JSF 中没有 Page 的概念，view 以组件树的形式一直保存在内存中。

5.4.4 资源管理

对于 JSF 视图，不可避免地要引用 image、css 和 javascript 等资源。JSF 2.0 对 image、css 和 javascript 等资源统一放到 Web 应用的根目录下的 resource 下，resource 目录下的每个子目录为一个 library。JSF 2.0 提供了定义和访问资源的标准机制，它包含两个 JSF 标记访问资源：<h:outputScript> 和 <h:outputStylesheet>。这些标记可以结合<h:head> 和 <h:body> 标记一起使用，如下面的代码片段所示：

```
<h:body>
<h:outputStylesheet library="css" name="styles.css" target="body"/>
<h:outputScript library="javascript" name="util.js" target="head"/>
...
</h:body>
```

或

```
<h:body>
    <h:outputStylesheet library="css" name="styles.css" target="body"/>
    <h:outputScript library="javascript" name="util.js" target="head"/>
    ...
</h:body>
```

<h:outputScript> 和 <h:outputStylesheet> 标记有两个属性 library 和 name。library 名称对应于 resources 目录下的子目录，它代表保存资源的位置。例如，如果在 resources/css/en 目录中有一个样式表，那么 library 对应的名称为 css/en。name 属性是资源本身的名称。例如，使用<h:graphicImage>访问一个图像，对应的示例代码如下所示：

```
<h:graphicImage library="images" name="cloudy.gif"/>
```

有些情况下，需要使用 JSF 表达式语言（EL）访问资源。在 EL 表达式内访问资源的语法是 resource['LIBRARY:NAME']，其中 LIBRARY 和 NAME 对应于 <h:outputScript>和<h:outputStylesheet>标记的 library 和 name 属性。示例代码如下所示：

```
<h:graphicImage value="#{resource['images:cloudy.gif']}"/>
```

更重要的，JSF 还支持资源版本的动态更新。假设存在如下的两个路径

```
resources/css/1_0_2
resources/css/1_1
```

则 JSF 框架在加载资源时首先在 resources/css/1_1 目录下寻找，然后才去 resources/css/1_0_2 下寻找。

下面通过一个示例演示如何在视图中访问资源。首先建立一个视图，完整代码如程序 5-12 所示。

程序 5-12：testresource.html

```
<?xml version="1.0" encoding="UTF-8"?>
<!DOCTYPE html PUBLIC "-//W3C//DTD XHTML 1.0 Transitional//EN"
"http://www.w3.org/TR/xhtml1/DTD/xhtml1-transitional.dtd">
<html xmlns="http://www.w3.org/1999/xhtml"
    xmlns:h="http://java.sun.com/jsf/html">
  <h:head>
    <title>资源管理测试 </title>
    <h:outputStylesheet library="css" name="table.css"/>
    <h:outputScript library="javascript" name="check.js"/>
  </h:head>
  <h:body>
    <h:form>
      <h:panelGrid columns="2" columnClasses="evenColumns, oddColumns">
        姓名
         <h:inputText/>
        密码
         <h:inputSecret id="password"/>
        重新输入密码
         <h:inputSecret id="passwordConfirm"/>
      </h:panelGrid>
      <h:commandButton type="button" value="提交"
                   onclick="checkPassword(this.form)"/>
    </h:form>
  </h:body>
</html>
```

程序说明：在上面的代码中，分别利用标记 <h:outputScript> 和 <h:outputStylesheet> 向视图中引入样式表和标记库，后面的内容与 HTML 页面中引用样式表和 JavaScript 的办法一致。

下面还要在项目的 Web 目录下建立一个 resources 文件夹，并继续在 resources 文件夹下建立一个 css 文件夹和 javascript 文件夹，分别用来保存样式表和 JavaScript。样式表和.js 文件的内容分别如程序 5-13 和程序 5-14 所示。

程序 5-13：table.css

```css
.evenColumns {
    font-style: italic;
    color:red
}
.oddColumns {
    padding-left: 1em;
}
```

程序 5-14：check.js

```javascript
function checkPassword(form) {
    var password = form[form.id + ":password"].value;
    var passwordConfirm = form[form.id + ":passwordConfirm"].value;
    if(password == passwordConfirm)
        form.submit();
    else
        alert("两次输入的密码不匹配");
}
```

程序说明：注意代码中 JavaScript 中对 JSF 组件的引用。视图中框架生成的所有组件的 ID 都遵循如下规律：

```
Formid+": "+组件自身 ID
```

运行程序 5-12，得到如图 5-11 所示的运行界面。可以看到，字体颜色已经倾斜，且变为红色，在文本输入框"密码"和"重新输入密码"中输入不一致的信息，单击"提交"按钮，看看是否会有错误提示信息弹出。

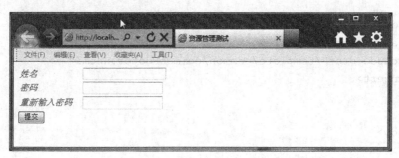

图 5-11 在 JSF 视图中引用资源

5.5 页面模板

在 Web 应用程序中，大部分页面都有相似的布局，例如都有页眉和页脚。在 JSF 中，可以使用 Facelets 标记，实现标准的页面布局。常用的 Facelets 标记如表 5-5 所示。

模板机制的功能其实很简单。它定义一个模板封装在多个视图中常见的功能。每个视图的内容和布局由一个组装声明，它关联到一个指定的模板。当 JSF 创建视图时，加载组装关联的模板，然后将由组装所定义的内容插入模板。

在 JSF 2.0 框架中，模板文件是个普通的 XHTML 文件，它包含定义布局的 JSF Facelets 标记。下面是一个简单的模板文件，如程序 5-15 所示。

程序 5-15：commonLayout.xhtml

```xml
<?xml version="1.0" encoding="UTF-8"?>
<!DOCTYPE html PUBLIC "-//W3C//DTD XHTML 1.0 Transitional//EN"
"http://www.w3.org/TR/xhtml1/DTD/xhtml1-transitional.dtd">
<html xmlns="http://www.w3.org/1999/xhtml"
xmlns:h="http://java.sun.com/jsf/html"
xmlns:ui="http://java.sun.com/jsf/facelets"
>
<h:head>
<h:outputStylesheet name="common-style.css" library="css" />
</h:head>
<h:body>
<div id="page">
<div id="header">
<ui:insert name="header" >
<ui:include src="/template/common/commonHeader.xhtml" />
</ui:insert>
</div>
<div id="content">
<ui:insert name="content" >
<ui:include src="/template/common/commonContent.xhtml" />
</ui:insert>
</div>
<div id="footer">
<ui:insert name="footer" >
<ui:include src="/template/common/commonFooter.xhtml" />
</ui:insert>
</div>
</div>
</h:body>
</html>
```

程序说明：在上面的模板里，使用 ui:insert 标记定义了三个可被替换的部分：页眉、内容和页脚。在使用模板时没有指定替换部分时，使用 ui:include 标记提供默认的内容。

三个默认的页面内容分别如程序 5-16、程序 5-17 和程序 5-18 所示。

程序 5-16：Header.xhtml

```xml
<?xml version="1.0" encoding="UTF-8"?>
<!DOCTYPE html PUBLIC "-//W3C//DTD XHTML 1.0 Transitional//EN"
"http://www.w3.org/TR/xhtml1/DTD/xhtml1-transitional.dtd">
```

```
<html xmlns="http://www.w3.org/1999/xhtml"
xmlns:ui="http://java.sun.com/jsf/facelets"
>
<body>
<ui:composition>
<h1>This is default header</h1>
</ui:composition>
</body>
</html>
```

程序 5-17：Content.xhtml

```
<?xml version="1.0" encoding="UTF-8"?>
<!DOCTYPE html PUBLIC "-//W3C//DTD XHTML 1.0 Transitional//EN"
"http://www.w3.org/TR/xhtml1/DTD/xhtml1-transitional.dtd">
<html xmlns="http://www.w3.org/1999/xhtml"
xmlns:ui="http://java.sun.com/jsf/facelets"
>
<body>
<ui:composition>
<h1>This is default content</h1>
</ui:composition>
</body>
</html>
```

程序 5-18：Footer.xhtml

```
<?xml version="1.0" encoding="UTF-8"?>
<!DOCTYPE html PUBLIC "-//W3C//DTD XHTML 1.0 Transitional//EN"
"http://www.w3.org/TR/xhtml1/DTD/xhtml1-transitional.dtd">
<html xmlns="http://www.w3.org/1999/xhtml"
xmlns:ui="http://java.sun.com/jsf/facelets"
>
<body>
<ui:composition>
<h1>This is default footer</h1>
</ui:composition>
</body>
</html>
```

下面利用模板文件创建一个默认的组装，代码如程序 5-20 所示。

程序 5-19：default.xhtml

```
<?xml version="1.0" encoding="UTF-8"?>
<!DOCTYPE html PUBLIC "-//W3C//DTD XHTML 1.0 Transitional//EN"
"http://www.w3.org/TR/xhtml1/DTD/xhtml1-transitional.dtd">
<html xmlns="http://www.w3.org/1999/xhtml"
```

```
xmlns:h="http://java.sun.com/jsf/html"
xmlns:ui="http://java.sun.com/jsf/facelets"
>
<h:body>
<ui:composition template="template/common/commonLayout.xhtml">
</ui:composition>
</h:body>
</html>
```

运行程序 5-19，得到如图 5-12 所示的运行结果。由于在组装中没有引入新的内容，视图输出时将显示模板中默认的内容。

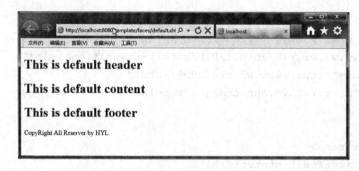

图 5-12 默认模板视图输出

下面创建一个引入新内容的组装，代码如程序 5-20 所示。

程序 5-20：index.html

```
<?xml version="1.0" encoding="UTF-8"?>
<!DOCTYPE html PUBLIC "-//W3C//DTD XHTML 1.0 Transitional//EN"
"http://www.w3.org/TR/xhtml1/DTD/xhtml1-transitional.dtd">
<html xmlns="http://www.w3.org/1999/xhtml"
xmlns:h="http://java.sun.com/jsf/html"
xmlns:ui="http://java.sun.com/jsf/facelets"
>
<h:body>
<ui:composition template="/template/common/commonLayout.xhtml">
<ui:define name="content">
<h2>This is page1 content</h2>
</ui:define>
<ui:define name="footer">
<h2>This is page1 Footer</h2>
</ui:define>
</ui:composition>
</html>
```

程序说明：在上面的代码中，利用标记<ui:define>定义模板中新的内容，属性 name 对应模板文件中由 ui:insert 定义的可替换的部分。运行程序 5-20，将得到如图 5-13 所示的内容。可以看到，模板中默认的内容被视图中新的内容所替换，但页面整体布局是不变的。

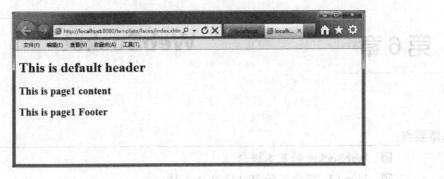

图 5-13　程序 5-20 运行结果

小　　结

　　JSF 是一个以组件为中心的、基于事件驱动的 Web 表现层框架标准，它采用经典的 MVC 软件系统架构，将应用分割为三个独立的部分，其中 M（Model，模型）角色由 Managed Bean 承担，实现具体的业务逻辑；V（View，视图）角色由 XHTML 页面承担，实现信息展示和与用户的交互，C（Control，控制）角色由 JSF 框架自身承担，实现具体的控制逻辑。这种清晰的职责划分特别适合大规模企业级 Web 应用程序的开发。作为 Java EE 规范推荐的 Web 表现层框架标准，JSF 是构建企业应用程序的良好平台。特别是对 Web 表现层的导航控制、输入校验、类型转换、交互处理、国际化支持等重要功能特性，JSF 框架都提供了强大的支持，但由于篇幅限制，本书无法进行详细讲解。感兴趣的读者可参考相关资料。

习　题　5

1. 什么是 JSF 框架？它有哪些优点？
2. Managed Bean 与 JavaBean 有何不同？
3. 实现本章的所有示例。
4. 基于 JSF 框架实现一个网上问卷调查系统。

第 6 章 WebSocket

本章要点：
- ☑ WebSocket 的基本概念
- ☑ Java EE 平台下的 WebSocket 支持
- ☑ 开发 WebSocket 组件

本章首先介绍 WebSocket 的基本概念，然后讲解 Java EE 最新规范对 WebSocket 的支持，最后通过一个具体示例演示如何利用 WebSocket 开发动态实时 Web 应用。

6.1 引　　言

随着企业 Web 应用的广泛普及尤其是移动互联网的蓬勃发展，高并发与实时响应是 Web 应用需要面临的新挑战，如金融证券行业应用的实时信息发布、Web 导航应用中的地理位置获取、社交网络的实时消息推送等。

HTTP 协议下传统的请求-响应模式的 Web 应用在处理此类业务场景时，通常采用轮询的方式，即客户端通过一定的时间间隔以频繁请求的方式向服务器发送请求，保持客户端和服务器端的数据同步。这种解决方式的缺点很明显，当客户端以固定频率向服务器端发送请求时，服务器端的数据可能并没有更新，带来很多无谓请求，既浪费带宽，又给服务器带来巨大的负荷。因此，开发人员需要一种高效节能的双向通信机制保证数据的实时传输。

在 Web 应用飞速普及的同时，Web 应用相关的规范也在不断进化，其中最具代表性、影响力最大的是 HTML5 规范。2007 年 W3C（万维网联盟）立项 HTML5 规范小组，致力于解决原有的 HTML 标记语言在多媒体支持、实时交互方面的限制问题。2014 年 10 月底，HTML5 规范正式发布。作为下一代的 Web 标准，HTML5 拥有许多引人注目的新特性，如 Canvas、本地存储、多媒体编程接口、WebSocket 等。其中最吸引开发人员的还是 WebSocket 协议。它是 HTML5 开始提供的一种在单个 TCP 连接上进行全双工通信协议。在 WebSocket 协议下，浏览器和服务器只需要做一个握手的动作，浏览器和服务器之间就形成了一条快速通道，两者之间就直接可以互相传送数据。开发人员可以非常方便地使用 WebSocket 构建实时 Web 应用。

6.2　WebSocket 的工作机制

WebSocket 是 HTML5 规范中一种新的协议。它实现了浏览器与服务器全双工通信，能更好地节省服务器资源和带宽，并实现实时通信。与 HTTP 协议一样，WebSocket 也属于应用层协议，它建立在 TCP 之上，通过 TCP 传输数据，但是它与 HTTP 协议的区别在于：

- WebSocket 是一种双向通信协议，在建立连接后，WebSocket 服务器和浏览器/客户端代理都能主动向对方发送或接收数据，就像 Socket 一样；
- WebSocket 像 TCP 一样，需要客户端和服务器端通过握手连接，连接成功后才能相互通信。

传统 HTTP 协议与 WebSocket 协议下客户端与服务器的交互过程分别如图 6-1 和图 6-2 所示。

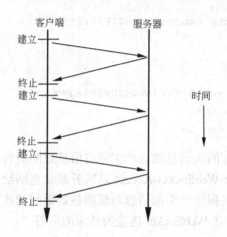

图 6-1　HTTP 协议下服务器与客户端交互

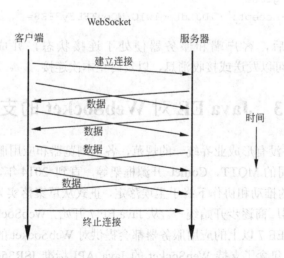

图 6-2　WebSocket 协议下服务器与客户端交互

对比图 6-1 和图 6-2 可以看出，相比传统 HTTP 每次请求-应答都需要客户端与服务端建立连接的模式，WebSocket 采用类似 Socket 的 TCP 长连接的通信模式，一旦 WebSocket 连接建立后，后续数据都以帧序列的形式传输。在客户端断开 WebSocket 连接或 Server 端断掉连接前,不需要客户端和服务端重新发起连接请求。在海量并发及客户端与服务器交互负载流量大的情况下,极大地节省了网络带宽资源的消耗,有明显的性能优势,且客户端发送和接收消息是在同一个持久连接上发起,实时性优势明显。

为了建立一个 WebSocket 连接,客户端浏览器首先要向服务器发起一个 HTTP 请求,这个请求和通常的 HTTP 请求不同,如程序 6-1 所示。请求包含一些附加头部信息,其中附加头部信息"Upgrade:websocket"表明这是一个申请协议升级的 HTTP 请求,Sec-WebSocket-Key 是客户端传递给服务器端的密钥,用来确保建立的传输通道的安全。

程序 6-1:建立 WebSocket 连接的请求

```
GET /path/to/websocket/endpoint HTTP/1.1
Host: localhost
Upgrade: websocket
Connection: Upgrade
Sec-WebSocket-Key: xqBt3ImNzJbYqRINxEFlkg==
Origin: http://localhost
Sec-WebSocket-Version: 13
```

服务器端解析这些附加的头信息然后产生应答信息返回给客户端,应答信息如程序 6-2 所示。其中,头部信息 Sec-WebSocket-Accept 是服务器端返回给客户端的根据客户端密钥生成的应答,允许客户端根据这一头部信息判断服务器返回的连接是否可靠。

程序 6-2:服务器对建立 WebSocket 连接的请求的应答

```
HTTP/1.1 101 Switching Protocols
Upgrade: websocket
Connection: Upgrade
Sec-WebSocket-Accept: K7DJLdLooIwIG/MOpvWFB3y3FE8=
```

一旦握手成功后,客户端和服务器便处于连接状态,并成为对等的两个端点(Endpoint);双方都可以发送或接收消息,以及终止本次连接。

6.3 Java EE 对 WebSocket 的支持

早期 HTML5 并没有形成业界统一的规范,各个浏览器和应用服务器厂商有各异的类似实现,如 IBM 公司的 MQTT、Comet 开源框架等,直到 2014 年,HTML5 在 IBM、微软、Google 等公司的推动和协作下终于尘埃落定,正式从草案落实为实际标准规范,各个应用服务器及浏览器厂商逐步开始统一。从 Java EE 7 开始,WebSocket 也被正式纳入 Java EE 规范。支持 Java EE 7 以上的应用服务器都会提供对 WebSocket 的支持。

Java EE 规范中包含了支持 WebSocket 的 Java API 标准 JSR356,它允许开发人员在 Web 应用中创建、配置和部署 WebSocket 端点,规范中包含的客户端 API 同样也帮助开发人员访问其他 Java 应用中的 WebSocket 端点。

目前,主流的浏览器(包括 PC 和移动终端)已都支持标准的 HTML5 的 WebSocket API,这意味着客户端的 WebSocket JavaScript 脚本具备良好的一致性和跨平台特性。表 6-1

列举了常见的浏览器厂商对 WebSocket 的支持情况。

表 6-1 WebSocket 客户端支持

方　　法	描　述　信　息
Chrome	Chrome version 4+支持
Firefox	Firefox version 5+支持
IE	IE version 10+支持
Safari	iOS 5+支持
Android Browser	Android 4.5+支持

可见，客户端 WebSocket API 基本上已经在各主流浏览器厂商中实现了统一，因此使用 WebSocket 客户端的 JavaScript API 即可访问 Java EE Web 服务器上的 WebSocket 端点。

6.4　利用 WebSocket 实现聊天室应用

创建和部署 WebSocket 端点很简单，它包含以下三个步骤：

（1）创建端点 Java 类。Java 类需要扩展 Javax.websocket.server.ServerEndpoint 类或者利用注解@ServerEndpoint 标记。

（2）在端点的生命周期事件的回调方法中实现业务逻辑。各生命周期事件对应的注解以及回调方法如表 6-2 所示。

表 6-2 WebSocket 端点生命周期事件的回调方法

事　　件	注　　解	回调方法示例
连接建立	@OnOpen	@OnOpen public void open(Session session, EndpointConfig conf) { }
收到消息	@OnMessage	@OnMessage public void message(Session session, String msg) { }
连接错误	@OnError	@OnError public void error(Session session, Throwable error) { }
连接关闭	@OnClose	@OnClose public void close(Session session, CloseReason reason) { }

（3）将端点部署到 Web 应用。

下面演示如何通过 WebSocket 实现一个文字聊天室。首先创建 Web 应用 WebSocketDemo。

接下来在 Web 应用添加端点。在 NetBeans 开发环境选择"文件"→"新建文件"命令，弹出如图 6-3 所示的对话框。

在"类别"列表框中选中 Web，在"文件类型"列表框中选中"WebSocket 端点"，单击"下一步"按钮，得到如图 6-4 所示的对话框。

在"类名"文本框中输入端点的类名 ChatsEndpoint，在"包"文本框中输入端点类所在的包名，在本例中为 demo.websocket.hyl。在 WebSocket URI 文本框中输入端点对应的 URI 的值"/chat"，单击"完成"按钮，端点类创建完成，代码如程序 6-3 所示。

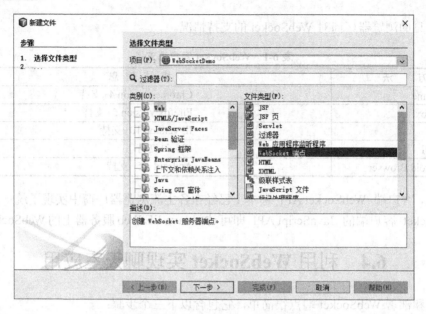

图 6-3 新建 WebSocket 端点

图 6-4 设置 WebSocket 端点名称和位置

程序 6-3：ChatEndpoint.java

```
package demo.websocket.hyl;
import javax.websocket.OnMessage;
import javax.websocket.server.ServerEndpoint;
@ServerEndpoint("/chat")
public class ChatEndpoint {
    @OnMessage
    public String onMessage(String message) {
```

```
        return null;
    }
}
```

程序说明：可以看到 NetBeans 已经自动为端点实现类加上了注解@ServerEndpoint，声明这是一个 WebSocket 端点。端点的 URI 即为注解的参数 "/chat"，并且已经自动创建了消息到达事件的回调方法 onMessage。

下面需要根据文字聊天室的要求，在端点实现类中增加相应的业务逻辑，完整代码如程序 6-4 所示。

程序 6-4：ChatEndpoint.java

```java
package demo.websocket.hyl;
import java.io.IOException;
import java.util.Set;
import java.util.concurrent.CopyOnWriteArraySet;
import java.util.concurrent.atomic.AtomicInteger;
import javax.websocket.OnClose;
import javax.websocket.OnError;
import javax.websocket.OnMessage;
import javax.websocket.OnOpen;
import javax.websocket.Session;
import javax.websocket.server.ServerEndpoint;
@ServerEndpoint("/chat")
public class ChatEndpoint {
    private static final String GUEST_PREFIX = "游客";
    private static final AtomicInteger connectionIds = new AtomicInteger(1);
    private static final Set<ChatEndpoint> connections
            = new CopyOnWriteArraySet<>();
    private final String nickname;
    private Session session;
    public ChatEndpoint() {
        nickname = GUEST_PREFIX + connectionIds.getAndIncrement();
    }
    @OnOpen
    public void start(Session session) {
        this.session = session;
        connections.add(this);
        String message = String.format("* %s %s", nickname, "进入聊天室.");
        broadcast(message);
    }
    @OnClose
    public void end() {
        connections.remove(this);
        String message = String.format("* %s %s",
                nickname, "离开聊天室");
```

```
            broadcast(message);
        }
        @OnMessage
        public void onMessage(String message) {
            broadcast(message);
        }

        @OnError
        public void onError(Throwable t) throws Throwable {
            System.out.println("错误: " + t.toString());
        }
        private static void broadcast(String msg) {
            for (ChatEndpoint client : connections) {
                try {
                    synchronized (client) {
                        client.session.getBasicRemote().sendText(msg);
                    }
                } catch (IOException e) {
                    System.out.println("错误: 向客户发送信息失败");
                    connections.remove(client);
                    try {
                        client.session.close();
                    } catch (IOException e1) {
                        // Ignore
                    }
                    String message = String.format("* %s %s",
                        client.nickname, "离开聊天室.");
                    broadcast(message);
                }
            }
        }
    }
}
```

程序说明：变量 connectionIds 是一个自增的整数，用来代表聊天室游客的编号，connections 是一个集合，用来保存连接到服务器的连接。为了防止多个客户端同时修改服务器上的变量，这里变量都设置为 java.util.concurrent 包中的类的实例。关于聊天室的业务逻辑实现主要在 4 个 WebSocket 回调方法中。其中在连接建立的事件处理方法 start 中，将客户端连接加入连接集合，并向所有的连接端点广播游客进入聊天室的通知；在连接关闭的事件处理方法 close 中，将客户端连接从连接集合中删除，并向所有的连接端点广播游客离开聊天室的通知。在消息到达的事件处理方法 onMessage 中，服务器只是将消息广播到所有的端点。至于连接错误事件的处理方法 onError，只是在服务器控制台中打印出错误消息。

下面将建立一个 WebSocket 客户端，它的主要作用是调用服务器端的功能，展现聊天室界面并实现用户交互。在本例中，客户端通过一个 XHTML 文件实现。具体 WebSocket 的操作则是通过客户端的 JavaScript 实现。完整的代码如程序 6-5 所示。

程序 6-5：chat.xhtml

```xml
<?xml version="1.0" encoding="UTF-8"?>
<!DOCTYPE html>
<html xmlns="http://www.w3.org/1999/xhtml" xml:lang="en">
    <head>
        <title>文字聊天室</title>
        <style type="text/css">
            input#chat {
                width: 410px
            }
            #console-container {
                width: 400px;
            }
            #console {
                border: 1px solid #CCCCCC;
                border-right-color: #999999;
                border-bottom-color: #999999;
                height: 170px;
                overflow-y: scroll;
                padding: 5px;
                width: 100%;
            }
            #console p {
                padding: 0;
                margin: 0;
            }
        </style>
        <script type="application/javascript">
            var Chat = {};
            Chat.socket = null;
            Chat.connect = (function(host) {
            if ('WebSocket' in window) {
            Chat.socket = new WebSocket(host);
            } else if ('MozWebSocket' in window) {
            Chat.socket = new MozWebSocket(host);
            } else {
            Console.log('Error: WebSocket is not supported by this browser.');
            return;
            }
            Chat.socket.onopen = function () {
            Console.log('Info: WebSocket 连接已建立..');
```

```
            document.getElementById('chat').onkeydown = function(event) {
            if (event.keyCode == 13) {
            Chat.sendMessage();
            }
            };
            };

            Chat.socket.onclose = function () {
            document.getElementById('chat').onkeydown = null;
            Console.log('Info: WebSocket 关闭.');
            };
            Chat.socket.onmessage = function (message) {
            Console.log(message.data);
            };
            });
            Chat.initialize = function() {
            if (window.location.protocol == 'http:') {
            Chat.connect('ws://' + window.location.host + '/WebSocketDemo/chat');
            } else {
            Chat.connect('wss://' + window.location.host + '/WebSocketDemo/chat');
            }
            };
            Chat.sendMessage = (function() {
            var message = document.getElementById('chat').value;
            if (message != '') {
            Chat.socket.send(message);
            document.getElementById('chat').value = '';
            }
            });
            var Console = {};
            Console.log = (function(message) {
            var console = document.getElementById('console');
            var p = document.createElement('p');
            p.style.wordWrap = 'break-word';
            p.innerHTML = message;
            console.appendChild(p);
            while (console.childNodes.length > 25) {
            console.removeChild(console.firstChild);
            }
            console.scrollTop = console.scrollHeight;
            });
            Chat.initialize();
        </script>
    </head>
    <body>
```

```
        <div>
            <p>
                <input type="text"placeholder="输入信息并单击回车键发送"id="chat"/>
            </p>
            <div id="console-container">
                <div id="console"/>
            </div>
        </div>
    </body>
</html>
```

程序说明：客户端界面主要由两部分组成，如图 6-5 所示。上面一部分是一个文本框，允许用户输入聊天信息；下面一部分用来滚动显示用户的聊天记录。对 WebSocket 的操作主要由 JavaScript 完成。首先调用 new WebSocket(host)或者 new MozWebSocket(host)创建一个 WebSocket 对象，然后调用 connect('ws://' + window.location.host + '/WebSocketDemo/chat')建立对 WebSocket 服务器端点的连接，接下来与服务器端相同，也是通过重载 WebSocket 的 4 个事件回调方法实现业务逻辑。

发布 Web 应用，打开浏览器的窗口，并在地址栏中输入链接地址 http://localhost:8080/WebSocketDemo/chat.xhtml，得到如图 6-5 所示的运行页面。

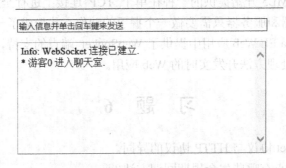

图 6-5　第一个聊天窗口页面

下面打开其他浏览器的一个窗口，并在地址栏中输入链接地址 http://localhost:8080/WebSocketDemo/chat.xhtml，得到如图 6-6 所示的运行页面。

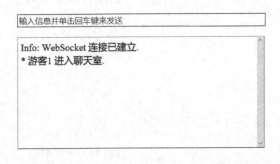

图 6-6　第二个聊天窗口页面

再切换回如图 6-5 所示的运行页面，可以看到，页面已经自动刷新，第 2 个游客进入的信息已经自动发送到第一个聊天客户端，如图 6-7 所示。

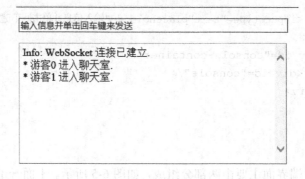

图 6-7　第一个聊天窗口自动刷新

在如图 6-7 所示的顶部文本框中输入任意文字信息，切换到如图 6-6 所示的界面，看看会不会及时刷新。

小 结

WebSocket 是 HTML5 开始提供的一种在单个 TCP 连接上进行全双工通信的协议。利用 WebSocket，浏览器和服务器只需要做一个握手的动作，就形成了一条快速通道，实现数据实时传送。在 Java EE Web 应用中提供了 WebSocket 端点的支持，开发人员可通过重载 WebSocket 的事件处理方法开发实时的 Web 应用。

习 题 6

1. 简述 WebSocket 协议与 HTTP 协议的异同。
2. WebSocket 端点有哪些生命周期回调方法？
3. 完善 6.4 节的聊天室示例，增加聊天内容过滤功能。

第 7 章　JDBC 和数据源

本章要点：
- ☑ JDBC 的工作原理
- ☑ 通过 JDBC 对数据库执行 SQL 语句
- ☑ ResultSet
- ☑ RowSet
- ☑ 基于数据源访问数据库

本章首先介绍如何搭建访问数据库的 JDBC 开发环境，然后详细讲解如何在 Java EE 应用开发中利用 JDBC 进行数据库编程，包括连接数据库、执行 SQL 语句，操作 ResultSet 和 RowSet，最后对数据源和连接池进行了介绍。

7.1　搭建 JDBC 开发环境

企业应用程序经常需要访问存储在数据库中的信息，因此 JDK 提供了一个标准接口 JDBC（Java DataBase Connection，Java 数据库连接）进行数据库访问操作。JDBC 为多种关系数据库提供了统一的访问接口。JDK 8 中包含的 JDBC 版本为 4.1。

利用 JDBC 访问数据库，必须首先安装一个数据库系统并将数据库的 JDBC 驱动程序添加到 Java EE 应用服务器的 Java 编译路径之中。

7.1.1　安装数据库系统

MySQL 是由瑞典 TcX 公司开发的一个精巧的 SQL 数据库管理系统。由于它的强大功能、灵活丰富的应用程序接口（API）及精巧的系统结构，受到了自由软件爱好者甚至商业软件用户的青睐，本书所有例程中使用的数据库系统均采用 MySQL 数据库系统。

下面讲解 MySQL 数据库的安装。可以到网站（http://www.mysql.com）下载 MySQL 安装文件。本书中使用的 MySQL 数据库系统的版本是 5.5.20。

双击安装文件，则安装程序自动开始运行，并显示如图 7-1 所示的安装提示界面。

单击 Next 按钮开始安装，将打开安装协议对话框，如图 7-2 所示。

选中 I accept the terms in the License Agreement 复选框接受协议，单击 Next 按钮继续安装过程，得到如图 7-3 所示的安装类型选择界面。

单击按钮 Typical 选择典型安装模式，在随后的安装过程中，默认所有选项设置，最后得到如图 7-4 所示的运行界面。

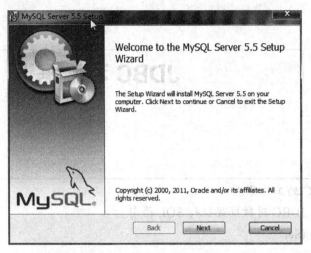

图 7-1 开始安装 MySQL

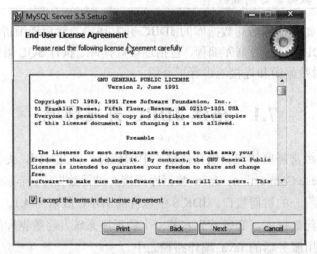

图 7-2 接受安装协议

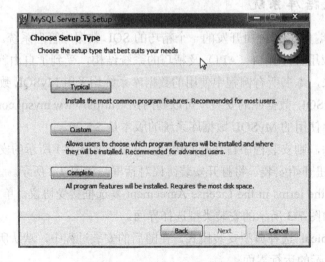

图 7-3 选择 MySQL 安装类型

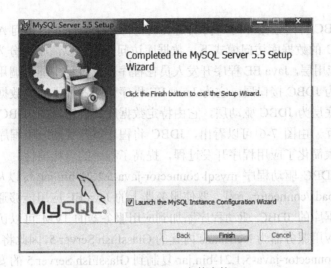

图 7-4　MySQL 安装完毕

选中 Launch the MySQL Instance Configuration Wizard 复选框启动 MySQL 服务器配置向导，单击 Finish 按钮，则 MySQL 安装完毕并启动了 MySQL 服务器配置向导，如图 7-5 所示。

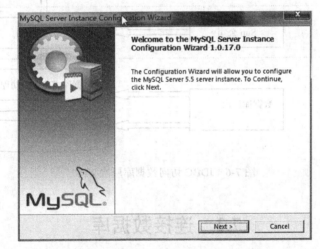

图 7-5　MySQL 服务器示例配置向导启动

在随后的配置过程中，始终接受默认选项设置，最终完成 MySQL 服务器实例的配置。

7.1.2　安装驱动程序

　　JDBC 为多种关系数据库提供了统一的访问方式，作为特定厂商数据库访问 API 的一种高级抽象，它主要包含通用的接口类（通过查看 JDBC 包中的内容就可以证实这一点）。那么真正的数据库访问操作是在哪里实现的呢？实际上，真正的数据库访问操作实现是由各数据库厂商提供的。通常把厂商提供的特定于数据库的访问 API 称为数据库 JDBC 驱动程序。JDBC 通过提供一个抽象的数据库接口，使得程序开发人员在编程时可以不用绑定在特定数据库厂商的 API 上，从而大大增加了应用程序的可移植性。在实际运行过程中，程序代码通过 JDBC 访问数据库时，仍旧需要调用特定于数据库的访问 API。

在基于 JDBC 的数据库访问模式下，数据库访问过程可以清晰地分为 3 层，如图 7-6 所示：最上层为应用层，Java EE 程序开发人员在程序开发过程中通过调用 JDBC 进行数据库访问；中间层为 JDBC 接口层，它为 Java EE 程序访问各种不同的数据库提供一个统一的访问接口；最底层为 JDBC 驱动层，它由特定数据库厂商提供的 JDBC 驱动程序实现与数据库的真正交互。由图 7-6 可以看出，JDBC 将程序员开发的应用程序与具体的数据库产品隔离开，大大简化了应用程序开发过程，提高了程序的可移植性。

MySQL 的 JDBC 驱动程序 mysql-connector-java-5.1.21-bin.jar 可以从网站 https://dev.mysql.com/downloads/connector/下载。要使服务器上的 Java EE 应用能够通过 JDBC 访问数据库，必须将数据库的 JDBC 驱动程序添加到应用服务器的 JVM 可以访问到的目录下。在本书中使用的应用服务器为 NetBeans 内置的 GlassFish Server 5，因此将 MySQL 的 JDBC 驱动程序 mysql-connector-java-5.1.21-bin.jar 复制到 GlassFish Server 5 的安装路径（本例中为 C:\glassfish-5\glassfish\）下的 lib 子目录下即可。

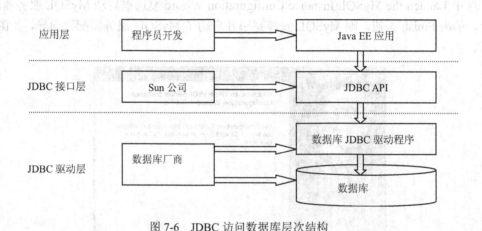

图 7-6 JDBC 访问数据库层次结构

7.2 连接数据库

访问数据库，首先要与数据库建立连接。连接数据库的方式有多种，本节首先介绍最基础也是最简单的数据库连接方式，即基于 JDBC 驱动直接连接数据库系统。从编程的角度出发，JDBC 驱动有两个类负责与数据库建立连接。第一个类是 DriverManager，它是在 JDBC API 中提供的为数不多的实际类之一。DriverManager 负责管理已注册驱动程序的集合，实质上就是提取使用驱动程序的细节，这样程序员就不必直接处理它们。第二个类是实际的 JDBC Driver 类，它是由独立厂商提供的。JDBC Driver 类负责建立数据库连接和处理所有与数据库的通信。

在 JDBC 4.0 版本以前，开发人员必须使用 Class.forName 方法明确加载 JDBC 驱动，然后根据具体的 JDBC URL 地址，调用 DriverManager 对象的 getConnection 获取一个代表数据库连接的 java.sql.connection 对象。

在 JDBC 4.0 版本以后，这一步骤已经省略。当调用 getConnection 方法时，DriverManager 会尝试从初始化时已经加载的 JDBC 驱动程序库中选择合适的驱动，或者它在当前应用的同一个类加载器中明确加载使用过的驱动。这一功能特性被称为服务提供商机制（SPM）。根据 SPM 机制的要求，服务提供商的配置文件必须存放于 META-INF/services 目录下。对于 JDBC 4.0 版本及以上的驱动程序库，必须包含在 META-INF/services/下一个名为 java.sql.Driver 文件。该文件包含对 java.sql.Driver 实现的 JDBC 驱动文件名。例如，在 MySQL 的 JDBC 驱动 jar 包中的 META-INF/services/java.sql.Driver 的内容如下所示：

```
com.mysql.jdbc.Driver
```

但是，服务器上很多不同的驱动程序都可能被实际注册过，DriverManager 怎样选择正确的驱动程序呢？方法非常简单：每个 JDBC 驱动程序使用一个专门的 JDBC URL 作为自我标识的一种方法。DriverManager 通过 JDBC URL 选择正确的驱动程序。JDBC URL 的格式如下：

```
jdbc:子协议:数据库定位器
```

子协议与 JDBC 驱动程序有关，可以是 ODBC、Oracle、DB2 等，根据实际的 JDBC 驱动程序厂商而不同。数据库定位器是与驱动程序有关的指示器，用于唯一指定应用程序要和哪个数据库进行交互。根据驱动程序的类型，该定位器可能包括主机名、端口和数据库系统名，它与具体使用哪种数据库系统密切相关。

例如，如果使用的是 MySQL 数据库，那么 JDBC URL 是：

```
jdbc:mysql://机器名/数据库名
```

如果使用的是 GlassFish 内置的 Java DB 数据库，那么 JDBC URL 是：

```
jdbc:derby://机器名/数据库名
```

如果使用的是 Oracle 数据库，那么 JDBC URL 是：

```
jdbc:oracle:thin@机器名：端口名：数据库名
```

给定具体的 JDBC URL，获取数据库连接的方法是在 DriverManager 对象上调用 getConnection。这种方法有两种形式：

```
DriverManager.getConnection(url)
DriverManager.getConnection(url,user,password)
```

其中第二种方式需要输入用户名和密码信息进行身份认证。

首先创建 Web 应用 DataWeb 包含本章中的所有示例代码。

下面通过向 Web 应用 DataWeb 下添加一个 JSP 页面 test.jsp 测试 MySQL 数据库的 JDBC 连接是否成功，完整代码如程序 7-1 所示。

程序 7-1：test.jsp

```
<%@ page contentType="text/html;charset=gb2312" %>
```

```
<%
java.sql.Connection conn=null;
java.lang.String strConn;
try{
conn= java.sql.DriverManager.getConnection("jdbc:mysql://localhost/test",
"root","javaee");
%>
连接MySQL数据库成功!
<%
} catch (java.sql.SQLException e){
out.println(e.toString());
}finally{
    if(conn!=null) conn.close();
}
%>
```

程序说明：首先调用 DriverManager 对象的 getConnection 方法获取数据库连接，getConnection 方法的第一个参数为 JDBC URL，jdbc:mysql://localhost/test 代表访问的数据库类型为 MySQL，数据库位于主机 localhost 上，数据库名为 test（注：test 是 MySQL 默认创建的一个数据库），getConnection 方法的后两个参数代表访问数据库使用的用户名和密码。

代码中还利用 catch 语句对可能抛出的 java.sql.SQLException 进行捕捉，并在 finally 语句中将连接关闭。

说明：需要特别注意的是，在数据库使用完毕后，必须确保将数据库连接关闭。

保存程序代码，重新发布 Web 应用并启动浏览器，在地址栏中输入 http://localhost:8080/DataWeb/test.jsp，得到如图 7-7 所示的程序运行结果，可以看到连接数据库成功的提示信息。

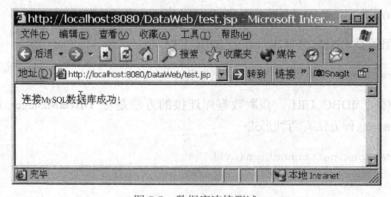

图 7-7 数据库连接测试

7.3 执行 SQL 语句

与数据库建立了连接之后，就可通过执行 SQL 语句对数据库进行操作了。java.sql.Statement 对象代表一条发送到数据库执行的 SQL 语句。JDBC 支持三种类型的

Statement 对象：Statement 对象用于执行不带参数的简单 SQL 语句；PreparedStatement 对象用于执行带或不带参数的预编译 SQL 语句；CallableStatement 对象用于执行对数据库存储过程的调用。本节主要讲述 Statement 对象的使用。

可以通过调用 Connection 对象的方法 createStatement 来创建 Statement 对象，代码如下所示：

```
Connection con = DriverManager.getConnection(url, "username", "password");
Statement stmt = con.createStatement();
```

Statement 对象提供了三种执行 SQL 语句的方法：executeQuery、executeUpdate 和 execute。具体使用哪一种方法由 SQL 语句所产生的内容决定。方法 executeQuery 用于产生单个结果集的语句，例如 SELECT 语句；方法 executeUpdate 用于执行 INSERT、UPDATE 或 DELETE 语句及 SQL DDL（数据定义语言）语句，例如 CREATE TABLE 和 DROP TABLE。INSERT、UPDATE 或 DELETE 语句的效果是修改表中零行或多行中的一列或多列，executeUpdate 的返回值是一个整数，指示受影响的行数（即更新计数）。对于 CREATE TABLE 或 DROP TABLE 等不操作行的语句，executeUpdate 的返回值总为零；方法 execute 用于执行返回多个结果集、多个更新计数或二者组合的语句。

注意：继承了 Statement 接口中所有方法的 PreparedStatement 接口也有自己的 executeQuery、executeUpdate 和 execute 方法。Statement 对象本身不包含 SQL 语句，因而必须给 Statement 的 execute 方法提供 SQL 语句作为参数。但是，PreparedStatement 对象并不将 SQL 语句作为参数提供给这些方法，因为它们已经包含预编译 SQL 语句。CallableStatement 对象继承这些方法的 PreparedStatement 形式。对于这些方法的 PreparedStatement 或 CallableStatement 版本，使用查询参数将抛出 SQLException。

ResultSet 对象代表 SQL 语句执行的结果集，它包含符合 SQL 语句中条件的所有行。对 SQL 语句执行结果的操作，实质上是对 ResultSet 对象的操作。

ResultSet 维护指向其当前数据行的光标。每调用一次 next 方法，光标向下移动一行。最初它位于第一行之前，因此第一次调用 next 将把光标置于第一行上，使它成为当前行。每次调用 next 导致光标向下移动一行，按照从上至下的次序获取 ResultSet 行。在 ResultSet 对象或其父辈 Statement 对象关闭之前，光标一直保持有效。

方法 getXXX 提供了获取当前行中某列值的途径。在每一行内，可按任何次序获取列值。但为了保证可移植性，应该从左至右获取列值，并且一次性地读取列值。列名或列号可用于标识要从中获取数据的列。假设 ResultSet 对象 rs 的第二列名为 title，并将值存储为字符串，则下列任一代码将获取存储在该列中的值：

```
String s = rs.getString("title");
String s = rs.getString(2);
```

注意列是从左至右编号的，并且从列 1 开始。同时，用作 getXXX 方法的输入的列名不区分大小写。提供使用列名这个选项的目的是让在查询中指定列名的用户可使用相同的名字作为 getXXX 方法的参数。另一方面，如果 select 语句未指定列名（例如在"select * from table1"中或者列是导出的时），则应该使用列号。这些情况下，用户将无法确切知道列名。有些情况下，SQL 查询返回的结果集中可能有多个列具有相同的名字。如果列名用作 getXXX 方法的参数，则 getXXX 将返回第一个匹配列名的值。因而，如果多个列具有相同的名字，则需要使用列索引确保检索了正确的列值。这时，使用列号效率要稍微高一些。

Statement 对象执行完毕，将由 Java 垃圾收集程序自动关闭，而作为一种好的编程风格，应在不需要 Statement 对象时显式地关闭它们。这将立即释放数据库资源，从而有助于避免潜在的内存泄漏问题。

在演示执行 SQL 语句前，首先要准备好测试数据。新建一个数据库 Sample。注意数据库采用的字符集为 UTF-8。数据库 Sample 的表 customer 中包含顾客的相关信息。表格的详细信息如表 7-1 所示。

表 7-1 顾客信息表 customer 的结构信息

字 段 名	字 段 类 型	备 注	字 段 说 明
customerid	Varchar(6)	主键，系统自增字段	顾客 ID
address	Varchar(30)		顾客地址
phone	Varchar(20)		顾客电话
FirstName	Varchar(20)		顾客姓
LastName	Varchar(20)		顾客名
Photo	Blob		顾客照片

提示：可以根据以上信息在数据库中建立相应的表格，也可通过脚本文件 sample.sql 还原数据库。MySQL 有很多客户端软件（如 MySQL WorkBench）可以帮助开发人员还原数据库。

7.3.1 Statement

下面通过顾客信息查询这一简单的示例说明如何创建一个代表 SQL 语句的 Statement 对象，以及如何根据 SQL 语句的执行结果 ResultSet 对象获取查询结果信息。向 Web 应用 DataWeb 下添加 JSP 页面 customer.jsp，完整代码如程序 7-2 所示。

程序 7-2：customer.jsp

```
<%@page contentType="text/html"%>
<%@page pageEncoding="UTF-8"%>
<%
java.sql.Connection conn=null;
java.lang.String strConn;
java.sql.Statement sqlStmt=null; //语句对象
java.sql.ResultSet sqlRst=null; //结果集对象
try{
conn=java.sql.DriverManager.getConnection("jdbc:mysql://localhost:3306/
sample","root","mysql123");
sqlStmt=conn.createStatement(java.sql.ResultSet.TYPE_SCROLL_INSENSITIVE,
java.sql.ResultSet.CONCUR_READ_ONLY);
```

```
//执行SQL语句
String sqlQuery="select customerid,address,phone from customer";
sqlRst=sqlStmt.executeQuery (sqlQuery);
%>
<center>顾客信息表</center>
<table border="1" width="100%" bordercolorlight="#CC99FF" cellpadding="2" bordercolordark="#FFFFFF" cellspacing="0">
<tr>
  <td align="center">ID</td>
  <td align="center">地址</td>
  <td align="center">电话</td>
</tr>
<% while (sqlRst.next()) { //取得下一条记录 %>
<tr><!--显示记录-->
  <td><%=sqlRst.getString("customerid")%></td>
  <td><%=new String(sqlRst.getString("address"))%></td>
  <td><%=sqlRst.getString("phone")%></td>
</tr>
<% } %>
</table>
<%
 } catch (java.sql.SQLException e){
out.println(e.toString());
}finally{
    //关闭结果集对象
 if(sqlRst!=null)sqlRst.close();
 //关闭语句对象
 if(sqlStmt!=null)sqlStmt.close ();
 //关闭数据库连接
 if(conn!=null)conn.close();
 }
%>
```

程序说明：首先获取到数据库的连接对象 conn，然后调用 Connection 对象的方法 createStatement 创建 Statement 对象 sqlStmt。createStatement 方法的第一个参数 java.sql.ResultSet.TYPE_SCROLL_INSENSITIVE 代表 sqlStmt 的执行结果集对象支持双向滚动，第二个参数 java.sql.ResultSet.CONCUR_READ_ONLY 代表 sqlStmt 的执行结果集对象是只读的，关于 createStatement 方法参数的详细说明，可参见 JDK 相关文档。最终调用 sqlStmt 的 executeQuery 方法获取执行结果集对象 sqlRst。sqlRst 代表符合条件的所有数据库记录的集合，它可能包含许多列。通过调用 getString 方法获取列的值，通过调用 next 方法转换到符合条件的下一条记录。

保存程序代码，重新发布 Web 应用并启动浏览器，在地址栏中输入 http://localhost:8080/DataWeb/customer.jsp，将得到如图 7-8 所示的程序运行结果页面。

图 7-8　数据库查询结果

虽然上面的代码顺利通过了编译并成功执行，但是仍然潜伏着安全隐患。前面曾经说过，在代码执行完毕后，一定要将数据库连接对象关闭，以免浪费服务器资源。但是在程序 7-2 中，如果在执行代码 sqlRst.close 或 sqlStmt.close 的过程中发生意外，则代码 conn.close 将没有机会执行，程序运行过程中创建的连接对象 conn 将一直存在，这就导致了内存泄漏的产生。修改程序 7-2 为程序 7-3，将上述几个关闭操作的意外处理进行嵌套，则可根本避免上述安全隐患，确保应用的安全性。

程序 7-3：customer2.jsp

```
<%@page contentType="text/html"%>
<%@page pageEncoding="UTF-8"%>
<%
java.sql.Connection conn=null;
java.lang.String strConn;
java.sql.Statement sqlStmt=null; //语句对象
java.sql.ResultSet sqlRst=null; //结果集对象
try{
conn=java.sql.DriverManager.getConnection("jdbc:mysql://localhost:3306/
sample","root","mysql123");
sqlStmt=conn.createStatement(java.sql.ResultSet.TYPE_SCROLL_INSENSITIVE,
java.sql.ResultSet.CONCUR_READ_ONLY);
//执行 SQL 语句
String sqlQuery="select customerid,address,phone from customer";
sqlRst=sqlStmt.executeQuery (sqlQuery);
%>
<center>顾客信息表</center>
<table border="1" width="100%" bordercolorlight="#CC99FF" cellpadding="2"
bordercolordark="#FFFFFF" cellspacing="0">
<tr>
  <td align="center">ID</td>
  <td align="center">地址</td>
  <td align="center">电话</td>
</tr>
```

```jsp
<% while (sqlRst.next()) { //取得下一条记录 %>
<tr><!--显示记录-->
  <td><%=sqlRst.getString("customerid")%></td>
    <td><%=new String(sqlRst.getString("address"))%></td>
  <td><%=sqlRst.getString("phone")%></td>
 </tr>
<% } %>
</table>
<%
} catch (java.sql.SQLException e){
    out.println(e.toString());
}finally{
//关闭结果集对象
    if(sqlRst!=null)try{sqlRst.close(); } catch(java.sql.SQLException e1){
      out.println(e1.toString());
    }finally{
      try{
//关闭语句对象
        if(sqlStmt!=null)sqlStmt.close();
      }catch(java.sql.SQLException e2){
        out.println(e2.toString());
      }finally{
        try{
//关闭数据库连接
          if(conn!=null)conn.close();
        }catch(java.sql.SQLException e3){
          out.println(e3.toString());
        }
      }
    }
  }
%>
```

7.3.2 PreparedStatement

在数据库的实际操作中，经常要多次执行一些仅仅是条件参数不同的 SQL 语句。为提高 SQL 语句执行效率，JDBC 专门提供了一个特殊的 SQL 执行语句对象 PreparedStatement 支持带参数的数据库查询。

PreparedStatement 实例包含已编译的 SQL 语句，这也是将其命名冠以 Prepared 的原因。包含于 PreparedStatement 对象中的 SQL 语句可具有一个或多个 IN 参数。IN 参数的值在 SQL 语句创建时未被指定。相反，该语句为每个 IN 参数保留一个问号（?）作为占位符。每个问号的值必须在该语句执行之前通过适当的 setXXX 方法提供。

由于 PreparedStatement 对象已预编译过，所以其执行速度要快于 Statement 对象。因此多次执行的 SQL 语句经常创建为 PreparedStatement 对象，以提高效率。

作为 Statement 的子类，PreparedStatement 继承了 Statement 的所有功能。另外，它还添加了一整套方法，用于设置发送给数据库以取代 IN 参数占位符的值。同时，execute、executeQuery 和 executeUpdate 三种方法已被更改为不再需要参数。

以下的代码段从 Connection 对象 con 创建包含带两个 IN 参数占位符的 SQL 语句的 PreparedStatement 对象：

```
PreparedStatement pstmt = con.prepareStatement("UPDATE table1 SET m = ? WHERE x = ?");
```

pstmt 对象包含语句 "UPDATE table1 SET m = ? WHERE x = ?"，它已发送给数据库系统，并为执行做好了准备。下面需要做的是向数据库传递 IN 参数。

在执行 PreparedStatement 对象之前，必须设置每个"?"参数的值。这可通过调用 setXXX 方法完成，其中 XXX 是与该参数相应的类型。例如，如果参数具有 Java 类型 long，则使用的方法是 setLong。setXXX 方法的第一个参数是设置参数的序数位置，第二个参数是设置给该参数的值。

注意：参数的序数是从 1 开始计数。

一旦设置了给定语句的参数值，就可用它多次执行该语句，直到调用 clearParameters 方法清除它为止。

下面通过执行带参数的顾客信息查询这一示例演示如何利用 PreparedStatement 对象进行带参数的数据库查询。首先向 Web 应用 DataWeb 添加一个获取查询参数的页面 input.jsp，完整代码如程序 7-4 所示。

程序 7-4：input.jsp

```
<%@ page contentType="text/html;charset=gb2312" %>
<%@ page language="java" %>
<!DOCTYPE HTML PUBLIC "-//w3c//dtd html 4.0 transitional//en">
<html>
<head>
<title>查询条件</title>
</head>
<body bgcolor="#FFFFFF">
<form action="searchResult.jsp" method ="post">
<label>顾客姓氏：</label>
<input name ="parm" value=""> </input>
<input type="submit" name="Submit2" value="提交">
<input type="reset" name="Submit" value="清空">
</form>
</body>
</html>
```

下面生成执行数据库查询的 JSP 页面 searchResult.jsp。完整代码如程序 7-5 所示。

程序 7-5：searchResult.jsp

```jsp
<%@ page contentType="text/html;charset=UTF-8" %>
<%
java.sql.Connection conn=null;
java.lang.String strConn;
java.sql.PreparedStatement preparedStmt=null;   //语句对象
java.sql.ResultSet sqlRst=null;                 //结果集对象
try{
conn= java.sql.DriverManager.getConnection("jdbc:mysql://localhost:3306/
sample","root"," mysql123");
preparedStmt =conn.prepareStatement("select customerid,firstname,lastname,
address from customer where firstname like ? ");
//设置参数
String parm= request.getParameter("parm");
preparedStmt.setString(1,"%"+parm+"%");
//执行 SQL 语句
sqlRst=preparedStmt.executeQuery ();
%>
<center>顾客信息表</center>
<table border="1" width="100%" bordercolorlight="#CC99FF" cellpadding="2"
bordercolordark="#FFFFFF" cellspacing="0">
<tr>
  <td align="center"> ID</td>
   <td align="center">地址</td>
   <td align="center">姓名</td>
  </tr>
<% while (sqlRst.next()) { //取得下一条记录
String name=new String(sqlRst.getString("firstname"));
name+=new String(sqlRst.getString("lastname"));
 %>
<tr><!--显示记录-->
  <td><%=sqlRst.getString("customerid")%></td>
  <td><%=new String(sqlRst.getString("address"))%></td>
  <td><%=name%></td>
  </tr>
<% } %>
</table>
<%
 } catch (java.sql.SQLException e){
    out.println(e.toString());
}finally{
//关闭结果集对象
    if(sqlRst!=null)try{sqlRst.close(); } catch(java.sql.SQLException e1){
        out.println(e1.toString());
    }finally{
        try{
//关闭语句对象
         if(preparedStmt!=null)preparedStmt.close();
        }catch(java.sql.SQLException e2){
         out.println(e2.toString());
```

```
            }finally{
               try{
//关闭数据库连接
                   if(conn!=null)conn.close();
               }catch(java.sql.SQLException e3){
                   out.println(e3.toString());
               }
           }
       }
    %>
```

程序说明：在获取连接对象之后，调用 prepareStatement 方法得到一个 PreparedStatement 对象，prepareStatement 方法的参数为要执行的 SQL 语句，其中"?"为参数的占位符号，在执行 PreparedStatement 对象之前，首先调用 request 对象的 getParameter 方法获取查询参数，然后调用 PreparedStatement 对象的 setXXX 方法对 PreparedStatement 对象的参数进行赋值，最后执行 executeQuery 获取 PreparedStatement 对象的操作结果集。对于操作结果集的处理与程序 7-3 完全一致。

保存程序代码，重新发布 Web 应用并启动浏览器，在地址栏中输入 http://localhost:8080/DataWeb/input.jsp，得到如图 7-9 所示的页面。

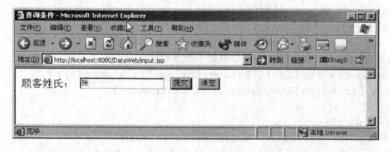

图 7-9　查询条件页面

在"顾客姓氏"文本框中输入"张"，单击"提交"按钮，得到如图 7-10 所示的运行结果页面，可以看到所列出的记录中的顾客姓氏都是"张"。

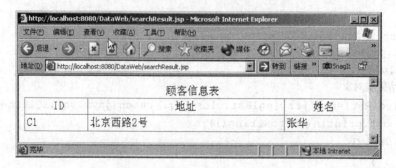

图 7-10　参数查询运行结果页面

开发者可使用 setObject 方法显式地将输入参数转换为特定的 JDBC 类型。该方法可以接收第三个参数，用来指定目标 JDBC 类型。将 Java Object 发送给数据库之前，驱动程序将把它转换为指定的 JDBC 类型。

如果没有指定 JDBC 类型，驱动程序就会将 Java Object 映射到其默认的 JDBC 类型，然后将它发送到数据库。这与常规的 setXXX 方法类似；在这两种情况下，驱动程序在将值发送到数据库之前，会将该值的 Java 类型映射为适当的 JDBC 类型。二者的差别在于 setXXX 方法使用从 Java 类型到 JDBC 类型的标准映射，而 setObject 方法使用从 Java Object 类型到 JDBC 类型的映射。

方法 setObject 允许接受所有 Java 对象的能力使应用程序更为通用，并可在运行时接收参数的输入。在这种情况下，应用程序在编译时并不清楚输入类型。通过使用 setObject，应用程序可接受所有 Java 对象类型作为输入，并将其转换为数据库所需的 JDBC 类型。

7.3.3 CallStatement

CallStatement 对象为所有数据库系统提供了一种以标准形式调用存储过程的方法。

存储过程（Stored Procedure）是数据库系统中一组为了完成特定功能的 SQL 语句集，经编译后存储在数据库中，用户通过指定存储过程的名字并给出参数（如果该存储过程带有参数）执行它。存储过程支持三种类型的参数：输入参数、输出参数和输入输出参数。

存储过程只在创建时进行编译，以后每次执行存储过程都不需再重新编译，而一般 SQL 语句每执行一次就编译一次，所以使用存储过程可提高数据库执行速度。而且存储过程的执行还可指定特定的用户权限，能在一定程度上提高数据库操作的安全性。

注意：不是所有数据库都支持存储过程。关于存储过程的详细信息，可查阅相关数据库系统的资料，此处不再赘述。

下面创建一个名为 getCustomerName 的存储过程，完整代码如程序 7-6 所示。

程序 7-6：getCustomerName.sql

```sql
CREATE DEFINER = 'root'@'localhost' PROCEDURE `getCustomerName`(
    IN `ID` VARCHAR(6),
    OUT `Name` VARCHAR(20)
)
NOT DETERMINISTIC
NO SQL
SQL SECURITY DEFINER
COMMENT ''
BEGIN
  SELECT lastname INTO NAME
  FROM Customer
  WHERE customerID =ID;
END;
```

程序说明：在上面的代码中，声明了一个名为 getCustomerName 的存储过程，它包含一个名为ID的输入类型参数和一个名为Name的输出类型参数。下面演示CallableStatement如何调用存储过程，代码如程序7-7所示。

程序7-7：CallStatementDemo.java

```java
package com.data;
...
@WebServlet(name = "CallStatementDemo", urlPatterns = {"/CallStatementDemo"})
public class CallStatementDemo extends HttpServlet {
 protected void processRequest(HttpServletRequest request, HttpServletResponse response)
        throws ServletException, IOException {
        Connection conn = null;
        CallableStatement stmt = null;
        try {
         conn = DriverManager.getConnection("jdbc:mysql://localhost:3306/sample", "root","mysql123");
            System.out.println("Creating statement...");
            String sql = "{call getCustomerName (?, ?)}";
            stmt = conn.prepareCall(sql);
            //绑定 IN 参数
            String ID = "1";
            stmt.setString(1, ID); // This would set ID as 1
            // 注册 OUT 参数
            stmt.registerOutParameter(2, java.sql.Types.VARCHAR);
            //执行存储过程
            System.out.println("Executing stored procedure...");
            stmt.execute();
            //读取结果
            String custName = stmt.getString(2);
            System.out.println("Customer Name with ID:"
                    + ID + " is " + custName);
            stmt.close();
            conn.close();
        } catch (Exception e) {
            System.out.println(e.toString());
        } finally {
        }
    }
    ...
}
```

运行程序7-7，在NetBeans右下角的"输出"窗口将得到如图7-11所示的输出信息。

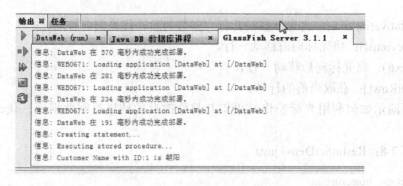

图 7-11 调用存储过程运行结果

7.4 ResultSet

在 7.3 节简单介绍了 ResultSet 的基本用法。本节对 ResultSet 使用中的一些重要问题进行探讨。

7.4.1 光标

ResultSet 对象代表 SQL 语句执行的结果集，它负责维护指向结果集中当前记录的光标。通常将此光标称为游标，它决定了 ResultSet 支持的操作种类。在创建 Statement 的过程中，通常需要指定此游标的类型。根据游标属性，ResultSet 有以下几种类型属性：

- ResultSet.TYPE_FORWORD_ONLY——包含只进游标的结果集，只能调用 next 方法向前遍历，不能回头查询。
- ResultSet.TYPE_SCROLL_INSENSITIVE——结果集包含的游标可前后滚动。可以调用 first、next、absolute 等方法对数据进行操作。当前结果集是数据库中特定数据的快照，之后其他用户对数据库更改将不会影响到此结果集。
- ResultSet.TYPE_SCROLL_SENSITIVE——结果集包含的游标可前后滚动。可以调用 first、next、absolute 等方法对数据进行操作。当前结果集是数据库中特定数据的引用，之后其他用户对数据库更改同样会影响此结果集。
- ResultSet.CONCUR_READ_ONLY——结果集中包含的数据为只读数据。
- ResultSet.CONCUR_UPDATABLE——结果集中的数据可更新到数据库中。

在实际应用过程中，要根据需要决定选择结果集的属性。如果只是对数据进行简单的遍历，则选择 ResultSet.TYPE_FORWORD_ONLY 即可；如果需要对数据进行复杂的查询检索，如分页操作等，就必须选择 ResultSet.TYPE_SCROLL_SENSITIVE。

对 Resultset 中包含数据的操作其实就是针对游标的操作，常见的操作方法如下。

- beforeFirst()：将光标移到第一行结果之前。
- afterLast()：将光标移到最后一行结果之后。
- first()：将光标移到第一行结果。
- last()：将光标移到最后一行结果。
- absolute(int row)：将光标移到指定第几行。

- relative(int row)：将光标移动几行。参数为负，代表向前移动。
- previous()：将光标向前移动一行。
- next()：将光标向后移动一行。
- getRow()：获取当前的行号。

下面演示如何利用光标操作结果集并将修改后的结果返回数据库。代码如程序 7-8 所示。

程序 7-8：ResultSetDemo.java

```java
package com.data;
...
@WebServlet(name = "ResultSetDemo", urlPatterns = {"/ResultSetDemo"})
public class ResultSetDemo extends HttpServlet {
    protected void processRequest(HttpServletRequest request, HttpServletResponse response)
        throws ServletException, IOException {
        java.sql.Connection conn = null;
        java.lang.String strConn;
        java.sql.Statement sqlStmt = null;   //语句对象
        java.sql.ResultSet sqlRst = null;    //结果集对象
        try {
            conn = java.sql.DriverManager.getConnection("jdbc:mysql://localhost:3306/sample", "root", "mysql123");
            sqlStmt = conn.createStatement(java.sql.ResultSet.TYPE_SCROLL_INSENSITIVE, java.sql.ResultSet.CONCUR_UPDATABLE);
            //执行SQL语句
            String sqlQuery = "select customerid,address,phone from customer";
            sqlRst = sqlStmt.executeQuery(sqlQuery);
            sqlRst.last();
            sqlRst.updateString("address", "中关村1号");
            sqlRst.updateRow();
        } catch (Exception e) {
            System.out.println(e.toString());
        }
    }
}
```

程序说明：在调用 Connection 对象的 createStatement 方法时，使用 java.sql.ResultSet.CONCUR_UPDATABLE 作为参数设置结果集可被更改。调用 ResultSet 的 last 方法将光标移到结果集的最后一行，调用 updateString 修改对应的字段，最后调用 updateRow 方法将修改后的信息更新到数据库中。

7.4.2 BLOB 字段处理

在前面的示例中，已经知道对于 ResultSet 中的字段信息，调用方法 getXXX 可以转换为对应的 Java 对象。但是在操作过程中，经常遇到对于一些 BLOB（Binary Large Object，二进制大数据对象）字段，如图像字段等。ResultSet 可以获取任意大的 LONGVARBINARY 或 LONGVARCHAR 数据。调用方法 getBytes 和 getString 可将数据返回为大的块（最大值为 Statement.getMaxFieldSize 的返回值）。但是，以较小的固定块获取大数据可能会更方便，而这可通过让 ResultSet 类返回 java.io.Input 流完成。从该流中可分块读取数据。

注意：必须立即访问这些流，因为在下一次对 ResultSet 调用 getXXX 时它们将自动关闭。

ResultSet 具有三个获取流的方法，分别具有不同的返回值：
- getBinaryStream 返回只提供数据库原字节而不进行任何转换的流。
- getAsciiStream 返回提供单字节 ASCII 字符的流。
- getUnicodeStream 返回提供双字节 Unicode 字符的流。

下面以读取表 Customer 中 BLOB 字段 photo 为例演示如何处理 BLOB 字段。如程序 7-9 所示。

程序 7-9：blob.jsp

```
<%@page import="java.io.InputStream"%>
<%@page import="java.io.FileOutputStream"%>
<%@page import="java.io.File"%>
<%@page import="java.sql.ResultSet"%>
<%@page import="java.sql.PreparedStatement"%>
<%@page import="java.sql.DriverManager"%>
<%@page contentType="text/html" pageEncoding="UTF-8"%>
<%
   java.sql.Connection conn = DriverManager.getConnection("jdbc:mysql:
//localhost/sample", "root","mysql123");
   String sql = "SELECT photo FROM customer where customerid='7'";
   PreparedStatement stmt = conn.prepareStatement(sql);
   ResultSet resultSet = stmt.executeQuery();
   while (resultSet.next()) {
    File image = new File("D:\\ggg.jpg");
    FileOutputStream fos = new FileOutputStream(image);
    byte[] buffer = new byte[1];
    InputStream is = resultSet.getBinaryStream(1);
    while (is.read(buffer) > 0) {
      fos.write(buffer);
    }
    fos.close();
   }
   conn.close();
%>
```

程序说明：在上面的代码中，首先在本地创建一个文件，得到本地文件的输出流，然后，调用 ResultSet 的 getBinaryStream 获取数据库中 BLOB 字段的输入流，最后将输入流中的数据写入文件输出流即可。

7.5 RowSet

代表数据库查询结果的 ResultSet 是一个在线的数据集，在读取数据的过程中不能断开与数据库连接，只有读取数据完成后才能关掉相关对象。因此，如果并发访问的客户端比较多的话，大量的连接会对数据库造成很大的负担。为了解决这一问题，新的 JDBC 规范中引入了离线数据集 Rowset。

与 ResultSet 相比，RowSet 的离线操作能够有效地利用计算机的内存，减轻数据库服务器的负担。由于数据操作都是在内存中进行，然后批量提交到数据源，所以灵活性和性能都有了很大的提高。RowSet 默认是一个可滚动、可更新、可序列化的结果集，而且它作为 JavaBean，可以方便地在网络间传输。

RowSet 包括 CachedRowSet、WebRowSet、FilteredRowSet、JoinRowSet 和 JdbcRowSet 五个子类。其中只有 JdbcRowSet 是连接类型的，它通常用来包装那些由于数据库驱动不支持 Resultset 的滚动和更新的场景，以方便用户使用。其他几个子类都是非连接类型的，只有在读取或写入数据库时才会连接数据库，在大部分时间都是非连接的。CachedRowSet 是最常用的一种 RowSet。其他三种 RowSet（WebRowSet、FilteredRowSet、JoinRowSet）都是直接或间接继承于它并进行了扩展。

需要说明的是，RowSet 继承了 ResultSet 接口，因此，前面介绍的对 ResultSet 的操作方法都适用于 RowSet。

CachedRowSet 提供了两种获取数据的方法：一个是 execute，另一个是 populate(ResultSet)。

使用 execute()填充 CachedRowSet 时，需要设置数据库连接参数和查询命令 command，如下示例代码：

```
cachedRS.setUrl(DBCreator.DERBY_URL);
cachedRS.setCommand(DBCreator.SQL_SELECT_CUSTOMERS);
cachedRS.setUsername("APP");
cachedRS.setPassword("APP");
cachedRS.execute();
```

在上面的代码中，CachedRowSet 根据设置的 url、username、password 三个参数创建一个数据库连接，然后执行查询命令 command，用结果集填充 CachedRowSet，最后关闭数据库连接。

填充 CachedRowSet 的第二个方法是使用 populate(ResultSet)。因为 CachedRowSet 本身也是继承于 ResultSet。

利用 CachedRowSet 操作数据的方法与 ResultSet 几乎相同，也是操作光标到指定位置，根据每列的类型调用对应的 updateXXX(index, updateValue)，再调用 updateRow 方法。由于 CachedRowSet 是离线数据集，因此此时只是在内存中更新了该行。如果是调用 execute

方法获得到 CachedRowSet，则它包含了连接数据库的信息，调用方法 acceptChanges()同步到数据库；如果是以 populate(ResultSet) 方法获得的，则必须调用方法 acceptChanges(Connection)将结果集中的信息同步到数据库。

当使用 CachedRowSet 更新数据库时，有可能因为内存中的数据过期而产生冲突。此时更新数据库的方法 acceptChanges()会抛出 SyncProviderException，由此开发人员可以捕获产生冲突的原因并手动进行解决。因此，CachedRowSet 更适合用在查询数据库中信息的场景。

在对数据库进行查询过程中，查询的结果经常是大量记录的集合，查询结果的显示过程经常涉及数据的分页显示问题。由于 CachedRowSet 是将数据临时存储在内存中，因此对于许多 SQL 查询，会返回大量的数据。如果将整个结果集全部存储在内存中会占用大量的内存，有时甚至是不可行的。对此，CachedRowSet 提供了分批从 ResultSet 中获取数据的方式，这就是分页。应用程序可以简单地通过 setPageSize 设置一页中数据的最大行数。也就是说，如果页大小设置为 5，一次只会从数据源获取 5 条数据。程序 7-10 示范了如何利用 CachedRowSet 进行简单分页操作。

程序 7-10：page2.jsp

```jsp
<%@page import="com.sun.rowset.CachedRowSetImpl"%>
<%@page import="javax.sql.rowset.CachedRowSet"%>
<%@page contentType="text/html"%>
<%@page pageEncoding="UTF-8"%>
<%
    CachedRowSet rt = new CachedRowSetImpl();
    int intPageSize = 2;           //一页显示的记录数
    int intRowCount = 0;           //记录总数
    int intPageCount = 0;          //总页数
    int intPage = 1;               //待显示页码
    java.lang.String strOP;
    //取得待显示页码
    strOP = request.getParameter("op");
    if (strOP == null) {//表明在QueryString中没有page这一个参数，此时显示第一页数据
        intPage = 1;
        session.setAttribute("currentpage", intPage);

        rt.setUsername("root");
        rt.setPassword("mysql123");
        rt.setUrl("jdbc:mysql://localhost:3306/sample");
        rt.setCommand("SELECT customerid,phone FROM customer");
        rt.execute();
        //获取记录总数
        intRowCount = rt.size();
        //计算总页数
        intPageCount = (intRowCount + intPageSize - 1) / intPageSize;
        rt.release();
```

```jsp
            rt.setPageSize(intPageSize);
            rt.execute();
            //////////////
            session.setAttribute("data", rt);
            session.setAttribute("pagecount", intPageCount);
        } else {//将字符串转换成整型
            intPageCount = ((Integer) (session.getAttribute("pagecount"))).intValue();
            rt = (CachedRowSet) session.getAttribute("data");
            intPage = ((Integer) (session.getAttribute("currentpage"))).intValue();
            if (strOP.equals("pre")) {
                intPage = intPage - 1;
                session.setAttribute("currentpage", intPage);
                rt.previousPage();
            } else {
                intPage = intPage + 1;
                session.setAttribute("currentpage", intPage);
                rt.nextPage();
            }
        }
%>
<html>
    <head>
        <meta http-equiv="Content-Type" content="text/html; charset=gb2312">
    </head>
    <body topmargin="0" leftmargin="0" >
        <table width="100%"><tr><td >
            页次：<%=intPage%>/<%=intPageCount%>页  <%=intPageSize%>条/页
        </td></tr></table>
        <table width="100%">
            <tr>
                <td width=50%>ID</td>
                <td width=50%>电话</td>
            </tr>
            <%
                while (rt.next()) {
                    String id = rt.getString(1);
                    String phone = rt.getString(2);
            %>
            <trwidth>
                <td width=50%><%=id%></td>
                <td width=50%><%=phone%></td>
            <tr>
                <%
                    }
                %>
```

```
</table>
<%if (intPage > 1) {
%>
<a href="page2.jsp?op=pre">上一页</a>
<%}%>
<%if (intPage < intPageCount) {%>
<a href="page2.jsp?op=last">下一页</a>
<%}%>
</body>
</html>
```

程序说明：在上面的代码中，调用 CachedRowSet 的 setUsername 等方法设置与数据库的连接信息，然后调用 execute 方法获取结果集。为了获取总的记录条数信息，在第一次调用 execute 方法前，不能调用 setpagesize 方法。在获取到总的记录条数信息之后，调用 release 方法将查询的结果集释放，调用 setpagesize 方法，然后重新调用 execute 方法，这样在每次查询都将仅返回当页的数据。为了支持分页操作，CachedRowSet 还提供了 previousPage 和 nextPage 等方法。

运行程序 7-10，将得到如图 7-12 所示的运行结果页面。单击"上一页"或"下一页"链接，看看是否能正常工作。

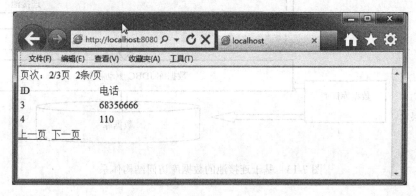

图 7-12 利用 RowSet 实现分页

7.6 连接池和数据源

在利用 JDBC 访问数据库的过程中，主要涉及三种资源：对数据库的连接对象 Connection；SQL 语句对象 Statement；访问结果集对象 ResultSet 或 RowSet。在早期的 JDBC 规范中，并没有涉及对上述资源对象的管理。资源对象的管理主要由开发人员自己编码实现。

资源的管理是一项相对复杂和精细的工作。在前面的示例中，也多次强调了如何确保安全地关闭数据库连接。但无论如何总是难以避免百密一疏，这就造成了资源管理上的浪费，影响到应用程序的性能，甚至产生内存泄漏，最终导致应用系统的崩溃。

在 JDBC 2.0 规范中引入了连接池的概念。连接池实际上是 JDBC 为第三方应用服务器提供的一个由数据库厂家实现的管理标准接口。

基于连接池的数据库访问体系结构如图 7-13 所示。将图 7-13 与图 7-6 对比可以知道，通过 JDBC 获取的资源对象 Connection、Statement 和 ResultSet 等不再是直接由 JDBC 驱动程序访问数据库产生，而是通过一个中间的连接池提供，连接池中缓存一定数量的资源对象供应用程序访问。为每个客户端请求创建新连接会非常耗时，对于连续接收大量请求的应用程序尤其如此。为了改变这种情况，JDBC 会在连接池中创建和维护大量的连接。任何需要访问应用程序数据层的传入请求将使用池中已创建的连接。同样，当请求完成时，连接不会关闭，但是会返回连接池。

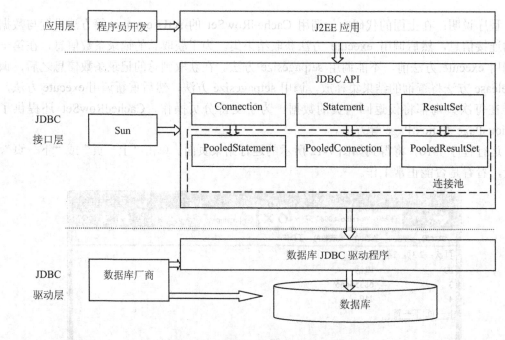

图 7-13 基于连接池的数据库访问结构体系

JDBC 为连接池提供了一个客户端和一个服务器端的接口。应用服务器通过服务器接口 javax.sql.ConnectionPoolDataSource 获取数据库系统提供的连接池，并通过 javax.sql.DataSource 向客户端请求提供数据库资源。javax.sql.ConnectionPoolDataSource 的基本属性如表 7-2 所示。

表 7-2 ConnectionPoolDataSource 配置属性

属性	类型	描述
serverName	String	数据库服务器主机名
databaseName	String	数据库名
portNumber	Int	数据库服务器监听的 TCP/IP 端口（0 为默认端口）
user	String	进行数据库连接的用户
password	String	进行数据库连接的口令
defaultAutoCommit	Boolean	Connection 是否打开 autoCommit 选项。默认值是 false，即关闭 autoCommit 选项

数据源是在 JDBC 2.0 中引入的一个概念。在 JDBC 2.0 扩展包中定义了 javax.sql.DataSource 接口描述数据源的概念。在数据源中存储了所有建立数据库连接的信息。就像通过指定文件名可以在文件系统中找到文件一样，通过提供正确的数据源名称，应用程序可以找到相应的数据库连接。javax.sql.DataSource 接口定义了如何实现数据源。在该接口中定义了 8 个常见属性。详细信息如表 7-3 所示。

表 7-3 DataSource 常见属性

属性名称	属性数据类型	描述
databaseName	String	数据库名称，即数据库的 SID
dataSourceName	String	数据源接口实现类的名称
description	String	对数据源的描述
networkProtocol	String	和服务器通信使用的网络协议名
password	String	用户登录密码
portNumber	Int	数据库服务器使用的端口
serverName	String	数据库服务器名称
user	String	用户登录名

所有连接池和数据源的实现信息都存储在 JNDI 里。在这里有必要简单介绍一下 JNDI。JNDI（Java Naming and Directory Interface，Java 命名和目录接口）是应用服务器向应用程序提供的一个查询和使用远程服务的机制。这些服务可以是任何企业服务。对于 JDBC 应用程序来说，JNDI 提供的是数据库连接服务。当然 JNDI 也可以提供其他服务，但这超出了本书范围，在此不做论述。

应用服务器通过 javax.sql.DataSource 向客户端请求提供数据库资源。因此，连接池一定以数据源的形式提供服务。但是数据源并不依赖于连接池。数据源保存的实例可以直接通过 JDBC 驱动访问数据库。

在非连接池的实现中，每次从 JNDI 中检索对象都将创建一个新的实例。对于连接池实现而言，将从连接池中返回一个已经创建但尚未被其他应用使用的实例，如果这种实例不存在，则在连接池容量允许的情况下创建一个新的实例并返回给应用。

如果用户希望建立一个数据库连接，那么通过查询在 JNDI 服务中的数据源，可以从数据源中获取相应的数据库连接。这样程序开发人员就只需要获取一个逻辑名称，而不是数据库登录的具体细节，这样代码的移植能力就更强。

7.6.1 创建 MySQL 数据库的连接池

说明：在启动应用服务器之前，必须首先将 MySQL 的数据库驱动的 jar 放到应用服务器的安装目录（在本例中为 c:\GlassFish Server 5\GlassFish）下的 lib 子目录下。

启动 NetBeans 的内置服务器 GlassFish Server 5，在 Netbeans 左上角的"服务"视图内选中"服务器"节点下的 GlassFish Server，右击，如图 7-14 所示。

在弹出的快捷菜单中选中"查看域管理控制台"命令，进入服务器管理界面，如图 7-15 所示。

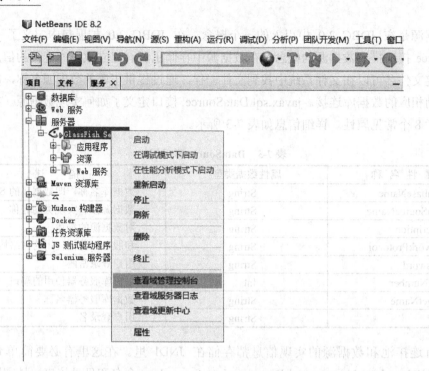

图 7-14 查看域管理控制台

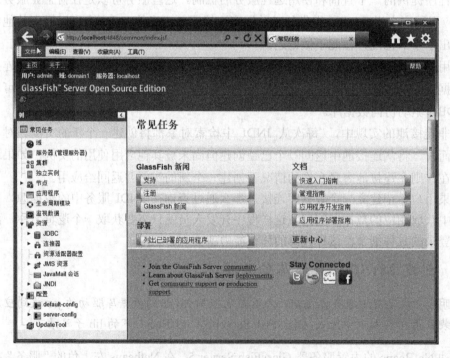

图 7-15 GlassFish Server 管理界面

在服务器管理界面左侧的树状列表中选择"资源"→JDBC,在右侧将得到如图 7-16 所示的 JDBC 资源管理界面。

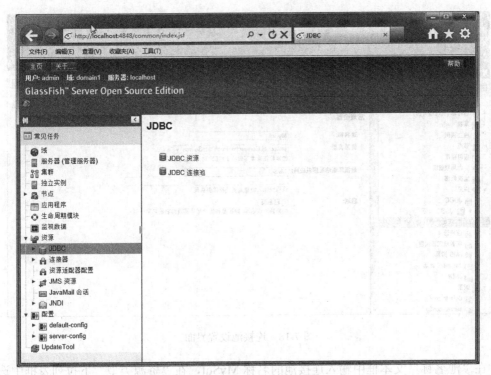

图 7-16　JDBC 资源管理

单击"JDBC 连接池"链接，为 MySQL 数据库建立连接池，得到如图 7-17 所示的运行页面。

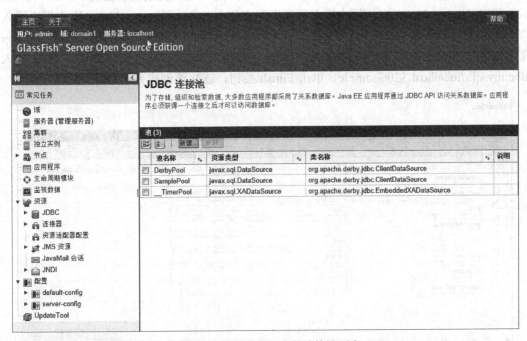

图 7-17　应用服务器上的连接池列表

单击"新建"按钮，得到连接池的基本设置界面，如图 7-18 所示。

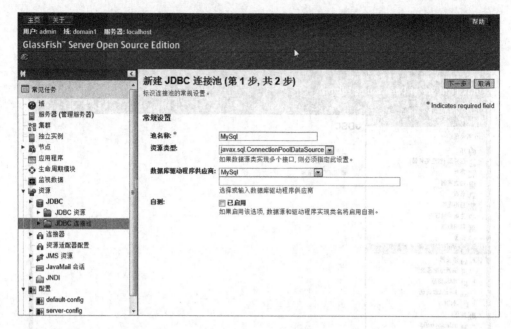

图7-18 连接池设置界面

在"池名称"文本框中输入连接池的名称 MySql,在"资源类型"下拉列表框中选择连接池的类型 javax.sql.ConnectionPoolDataSource,也就是前面提到的连接池的服务器端接口,在"数据库驱动程序供应商"下拉列表框中选择数据库厂商为 MySql,单击"下一步"按钮,进入下一步,在页面底部的 Properties 一栏中输入连接池的属性信息,如图7-19所示。其中 databaseName 文本框中输入数据库的名称 sample,在 serverName 文本框中输入数据库服务器的名称 localhost,在 port 文本框中输入数据库服务端口名称 3306,在 user 文本框中输入数据库的用户名称 root,在 password 文本框中输入用户密码,URL 输入 jdbc:mysql://localhost:3306/sample。单击 Finish 按钮,连接池创建完毕。

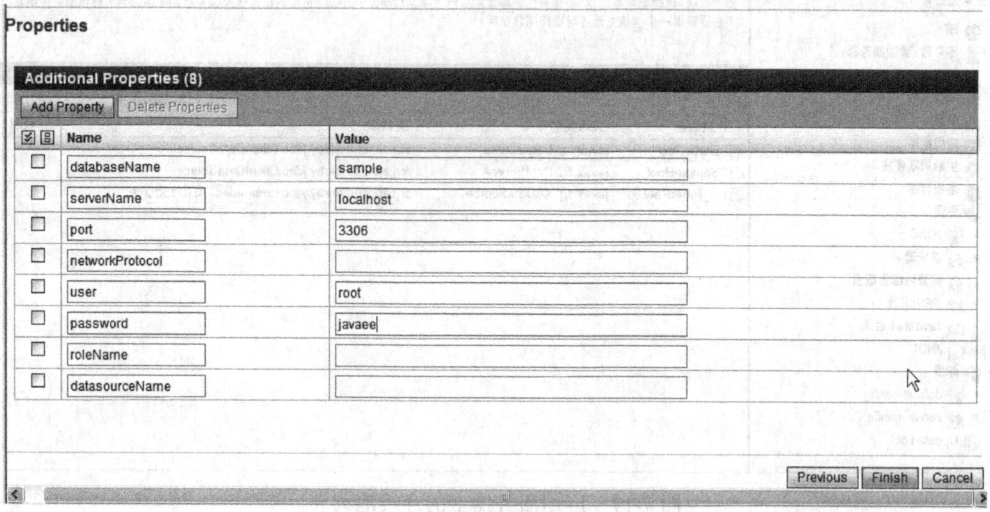

图7-19 设置连接池属性信息

下面对建立的连接池进行测试。在如图 7-17 所示的"池"列表中单击连接池的名称"MySql",进入连接池编辑界面,如图 7-20 所示。

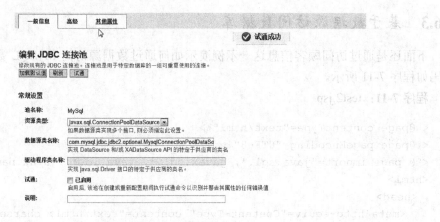

图 7-20　测试连接池

单击界面顶部的"试通"按钮对连接池进行连通测试。如果在界面顶部得到"试通成功"的提示信息,表示连接池设置正确,否则重新检查连接池设置的各个选项。

7.6.2　创建数据源

下面为连接池建立一个新的 JDBC 资源。在管理控制台左侧的树形列表中选择"资源"→JDBC→"JDBC 资源",在控制台的右侧将得到如图 7-21 所示的 JDBC 资源列表。

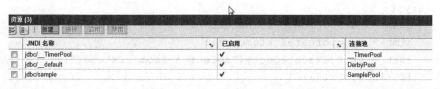

图 7-21　JDBC 资源列表

单击"新建"按钮创建一个新的 JDBC 资源,如图 7-22 所示。

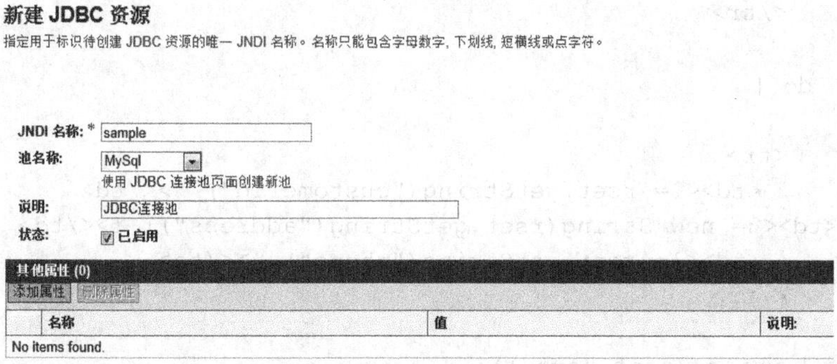

图 7-22　新建 JDBC 资源

在"JNDI 名称"文本框中输入资源的名称 sample，在"池名称"下拉列表框中选择刚才创建的连接池名称 MySql，单击 OK 按钮，JDBC 资源创建完毕。

7.6.3 基于数据源访问数据库

下面还是通过访问顾客信息这一示例演示如何通过数据源访问 MySQL 数据库。完整代码如程序 7-11 所示。

程序 7-11：test2.jsp

```jsp
<%@page contentType="text/html"%>
<%@page pageEncoding="UTF-8"%>
<%@ page import="java.sql.*, javax.sql.*, java.io.*, javax.naming.*" %>
<html>
  <head>
    <meta http-equiv="Content-Type" content="text/html; charset=UTF-8">
    <title>基于连接池和数据源访问数据库</title>
  </head>
  <body>
    <h1>顾客信息</h1>
    <%
      InitialContext context = new InitialContext();
      DataSource dataSource =
        (DataSource) context.lookup("sample");
      Connection conn = null;
      Statement stmt = null;
      ResultSet rset = null;
      try {
        conn = dataSource.getConnection();
        stmt = conn.createStatement();
        rset = stmt.executeQuery("select * from customer");
        if (rset.next()) {
    %>
        <table width="100%" border="1">
          <tr align="left">
            <th>顾客 ID</th><th>地址</th><th>电话</th>
          </tr>
    <%
          do {
    %>
          <tr>
            <td><%= rset.getString("customerid") %></td>
            <td><%= new String(rset.getString("address")) %></td>
            <td><%= rset.getString("phone") %></td>
          </tr>
    <%
          } while (rset.next());
    %>
        </table>
```

```
        <%
          } else {
        %>
          No results from query
        <%
          }
        } catch (SQLException e) {
        %>
          <%= e.getMessage() %>
        <%
          e.printStackTrace();
        } finally {
          if (rset != null) { rset.close(); }
          if (stmt != null) { stmt.close(); }
          if (conn != null) { conn.close(); }
          if (context != null) { context.close(); }
        }
        %>
    </body>
</html>
```

保存程序代码，重新发布 Web 应用并启动浏览器，在地址栏中输入 http://localhost:8080/DataWeb/test2.jsp，看看得到的运行结果页面与图 7-8 是不是一样。

说明：尽管使用连接池管理数据库资源，但是在代码中还是要显式调用 close 方法释放资源，只不过此时不是物理上真正地将资源释放掉，而是将资源返回到连接池供其他请求调用。

小 结

访问存储在关系数据库中的信息几乎是任何 Web 应用都需要的功能，JDBC 提供了一个标准接口进行数据库访问操作。通过 Statement 对象可以对数据库执行 SQL 语句，并通过操作 ResultSet 对象处理操作结果记录集。为减轻数据库服务器的负担，新的 JDBC 规范中引入了离线数据集 Rowset。JDBC 还支持通过定义数据源的方式访问数据库，大大提高 Web 应用的可移植性。

习 题 7

1. 简述 JDBC 工作原理。
2. 什么是数据源？什么是连接池？二者之间的关系又是怎样的？
3. 上机实现本章所有示例。
4. 利用 JDBC 技术和 MySQL 数据库实现一个简单的留言本程序。

第 8 章　JPA

本章要点：
- ☑ JPA 的定义
- ☑ ORM 语言
- ☑ EntityManager 接口
- ☑ JPQL
- ☑ Entity 生命周期回调方法

本章首先介绍 JPA 产生的背景，然后通过一个简单的示例演示基于 JPA 框架实现持久化信息操作的基本流程。随后深入讲解 JPA 的对象关系映射语言、Entity 操作接口方法以及 JPQL 查询等核心内容，最后对本地查询、基于 Criteria API 的安全查询、Entity 生命周期回调方法、缓存等高级特性进行了介绍。

8.1　概　　述

面向对象的开发方法是当今企业级应用的主流开发方法，而关系数据库是企业级应用主流数据存储方式，因此，在企业应用中便存在对象和关系数据两种业务信息表现形式。内存中的对象之间存在关联和继承关系，而在数据库中的关系数据则通过表的外键和连接表表示。

利用 JDBC 虽然可以方便地访问存储在关系数据库中的信息，但是代码比较烦琐，开发人员不得不在 Java 对象与关系数据之间进行转换。因此，随着企业应用开发技术的进步，逐渐产生了用来实现 Java 对象与关系数据之间自动映射的持久化框架，称为对象-关系映射（Object/Relation Mapping，ORM）。这些持久化框架包括 Hibernate、iBatis、EclipseLink、TopLink 和 Apache OJB 等，其中最著名的是 Hibernate。

为了促进 Java EE 企业应用开发，进一步规范 ORM 实现，Java EE 5.0 规范中推出了 JPA（Java Persistence API）。在 Java EE 8.0 规范中包含的 JPA 版本为 2.2。目前，实现 JPA 2.0 的 ORM 平台有 Hibernate 3.5、EclipseLink 2.4 和 Open JPA 2.0 等。

需要特别声明的是，JPA 是一个 ORM 的标准规范，而不是一个具体的 ORM 框架。Java EE 的本质就是一个标准规范的集合。JPA 定义了一种 Java 对象与关系数据之间的映射语言，提供了一个操作持久化对象的标准接口，同时对数据持久化操作过程中的缓存、并发等高级特性进行了统一规范。

说明： JPA 已经成为 Java 中实现持久化的通用规范，它既可运行在 Java SE 环境中，也可运行在 Java EE 环境中，但本章的内容主要演示如何在 Java EE 环境下使用 JPA 实现数据持久化。

8.2 第一个 JPA 应用

在深入 JPA 应用开发之前，为了对 JPA 框架有一个整体的认识，首先创建一个简单的 JPA 应用。

说明：为了演示应用的需要，需要创建一个 Web 应用 MyJPADemo。示例中将使用 7.7 节创建的数据源 sample。

8.2.1 持久化单元

在 JDBC 中创建数据库时，需要首先建立与数据库的连接。利用 JPA 也是一样，只不过 JPA 将自动帮助开发人员创建与数据库的连接，但是开发人员还是要告诉 JPA 关于数据库连接的相关信息，如数据源名称、数据库 URL 等。在 JPA 中，关于数据库的连接配置信息，都保存在一个称为持久化单元的配置文件中。它其实是一个名为 persistence.xml 的文件，NetBeans 提供了向导帮助开发人员创建持久化单元。

选择"文件"→"新建文件"命令，弹出如图 8-1 所示的对话框。

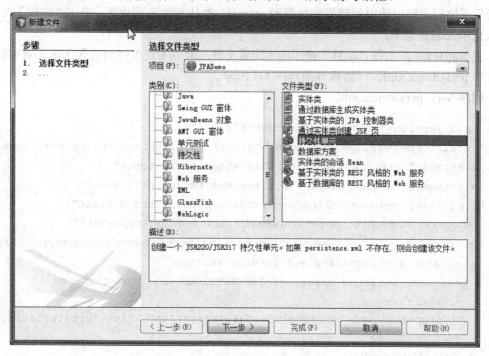

图 8-1 "新建文件"对话框

在"类别"列表框中选中"持久性"，在"文件类型"列表框中选中"持久性单元"，将弹出如图 8-2 所示的对话框。

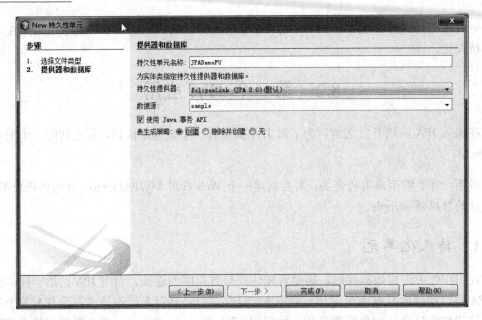

图 8-2　配置持久化信息

在"持久性单元名称"文本框输入 JPADemoPU，在"持久性提供器"下拉列表框中选择"EclipseLink（JPA 2.0）默认"，它是 GlassFish Server 内置的 JPA 2.0 的实现。在"数据源"下拉列表框中选中创建好的数据源 sample，默认其他选项设置，单击"完成"按钮，持久化单元创建完毕。

在 NetBeans 左上角"项目"视图的"配置文件"节点下，可找到持久化单元对应的配置文件 persistence.xml，详细内容如程序 8-1 所示。

程序 8-1：persistence.xml

```
<?xml version="1.0" encoding="UTF-8"?>
<persistence version="2.0" xmlns="http://java.sun.com/xml/ns/persistence"
xmlns:xsi="http://www.w3.org/2001/XMLSchema-instance"
xsi:schemaLocation="http://java.sun.com/xml/ns/persistence
http://java.sun.com/xml/ns/persistence/persistence_2_0.xsd">
  <persistence-unit name="JPADemoPU" transaction-type="JTA">
    <provider>org.eclipse.persistence.jpa.PersistenceProvider</provider>
    <jta-data-source>sample</jta-data-source>
    <exclude-unlisted-classes>false</exclude-unlisted-classes>
    <properties>
      <property name="eclipselink.ddl-generation" value="create-tables"/>
    </properties>
  </persistence-unit>
</persistence>
```

程序说明：从上面的代码可看出，持久化单元定义包含数据源、持久化实现、事务属性等内容。

8.2.2 Entity

JPA 操作的基本单元为 Entity。它其实是一个普通的 Java 对象，通常对应数据库中的一个表。一个 Entity 实例则对应表中的一行记录。

下面定义一个代表人员信息的 Entity Person，完整代码如程序 8-2 所示。

程序 8-2：Person.java

```java
package com.jpa.demo;
import javax.persistence.Entity;
import javax.persistence.GeneratedValue;
import javax.persistence.GenerationType;
import javax.persistence.Id;
@Entity
public class Person {
    @Id
    @GeneratedValue(strategy = GenerationType.IDENTITY)
    private String id;
    private String name;
    private String street;
    private String city;
    private String states;
    private String zip;
    public String getStates() {
        return states;
    }
    public void setStates(String states) {
        this.states = states;
    }
    public Person() {
    }
    public Person(String id, String name, String city, String street, String zip, String states) {
        this.id = id;
        this.name = name;
        this.states = states;
        this.city = city;
        this.street = street;
        this.zip = zip;
    }
    public String getName() {
        return name;
    }
    public void setName(String name) {
        this.name = name;
```

```
    public String getStreet() {
        return street;
    }
    public void setStreet(String street) {
        this.street = street;
    }
    public String getCity() {
        return city;
    }

    public void setCity(String city) {
        this.city = city;
    }
    public String getZip() {
        return zip;
    }
    public void setZip(String zip) {
        this.zip = zip;
    }
    public String getId() {
        return id;
    }
    public void setId(String id) {
        this.id = id;
    }
}
```

程序说明：从上面的代码中可以看出，作为一个 Entity，与普通的 JavaBean 很相似，但是必须满足以下条件：以注解@Entity 标记类，告诉 JPA 框架这不是一个普通的 POJO，而是一个映射到数据库中的可以持久化的实体；以注解@ID 标记一个属性，告诉 JPA 将其作为主键映射到数据库表中。

8.2.3 EntityManager

通过注解@Entity 和@ID 将普通 JavaBean 映射到关系数据库后，只是建立了二者之间的对应关系，但 Entity 并不会自动保存到关系数据库中。JPA 框架提供了一个接口 EntityManager 完成对 Entity 的管理，包括如何将 Entity 存储到数据库以及如何查询 Entity、如何更新 Entity 等。作为一种服务器资源，Java EE 服务器可以很方便地将 EntityManager 注入 Web 组件或 EJB 组件中。

下面创建一个 JSP 文件提交人员信息，然后创建一个 Servlet 组件根据提交的信息利用 EntityManager 构建 Entity 并存储到数据库中。

JSP 文件的内容如程序 8-3 所示。

程序 8-3：createperson.jsp

```jsp
<%@ page contentType="text/html"%>
<%@ page pageEncoding="UTF-8"%>
<%@ taglib uri="http://java.sun.com/jsp/jstl/core" prefix="c"%>
<!DOCTYPE HTML PUBLIC "-//W3C//DTD HTML 4.01 Transitional//EN"
   "http://www.w3.org/TR/html4/loose.dtd">
<html>
    <head>
        <meta http-equiv="Content-Type" content="text/html; charset=UTF-8">
        <title>新增人员</title>
    </head>
    <body>
    <h1>新增人员信息 </h1>
    <form id="createPersonForm" action="CreatePerson" method="post">
    <table>
      <tr><td>身份证号</td><td><input type="text" id = "id" name="id" />
      </td></tr>
      <tr><td>姓名</td><td><input type="text" id = "name"  name="name" />
      </td></tr>
      <tr><td>省份</td><td><input type="text" id= "states" name="states" />
      </td></tr>
      <tr><td>城市</td><td><input type="text" id = "city"  name="city"/>
      </td></tr>
      <tr><td>详细地址</td><td><input type="text" id="street" name="street"/>
      </td></tr>
      <tr><td>邮编</td><td><input type="text" id = "zip" name="zip" />
      </td></tr>
    </table>
    <input type="submit" id="CreateRecord" value="新建" />
    </form>
    </body>
</html>
```

程序说明：用来提交人员相关信息的页面。

程序 8-4：CreatePersonServlet

```java
package com.jpa.demo;
...
@WebServlet(name="CreatePersonServlet", urlPatterns={"/CreatePerson"})
public class CreatePersonServlet extends HttpServlet {
    @PersistenceContext(unitName = "MyJPADemoPU")
    private EntityManager em;
    @Resource
    private UserTransaction utx;
    protected void processRequest(HttpServletRequest request, HttpServletResponse response)
    throws ServletException {
```

```java
        try {
            String id = (String) request.getParameter("id");
            String name = (String) request.getParameter("name");
            String states = (String) request.getParameter("states");
            String city = (String) request.getParameter("city");
            String street = (String) request.getParameter("street");
            String zip = (String) request.getParameter("zip");
            Person person = new Person(name, states, city, street, zip);
            utx.begin();
            em.persist(person);
            utx.commit();
        } catch (Exception ex) {
            throw new ServletException(ex);
        } finally {
            if (em != null) {
                em.close();
            }
        }
    }
    ...
}
```

程序说明：Java EE 服务器利用注解@PersistenceContext 向 Servlet 中直接注入 EntityManager 实例。根据提交的参数信息创建完 Entity Person 后，调用 EntityManager 的 persist 方法将 Entity 保存到数据库中。

8.2.4 运行演示

部署程序，在 NetBeans 右下角的"输出"视图，可以看到应用服务器根据持久化单元创建数据库的提示信息。切换到左上角的"服务"视图，查看数据库，可以看到，服务器已经根据 Person 类在数据库中创建了一个表 Person。但此时表中是空的，不包含任何数据。

运行程序 createPerson.jsp，将得到如图 8-3 所示的运行结果。

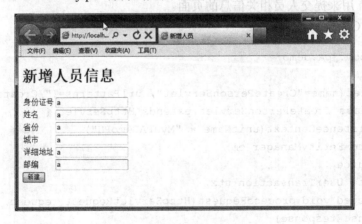

图 8-3 提交人员信息页面

输入数据并单击"新建"按钮，然后回到数据库中表 Person 的内容，看看提交的信息是否已经成功入库。

在这个示例中，开发人员没有编写一行 JDBC 操作的代码就轻松完成了数据库操作，这就是 JPA 的强大之处。

至此，已经通过一个简单的程序演示了如何利用 JPA 框架实现数据的持久化。现在回顾一下需要利用 JPA 访问数据库做哪些工作。首先是要创建一个持久化单元，它来定义连接数据库的相关配置信息，这样 JPA 才知道如何与数据库建立连接。然后是创建 Entity 对象，对一个普通的 JavaBean 来说，利用注解@entity 和@ID 可以轻松声明一个 Entity。最后是获取 EntityManager 实例，在 Java EE 环境中应用服务器可以直接将 EntityManager 实例注入 Web 组件或 EJB 组件中，最后调用 EntityManager 的方法完成对 Entity 的保存、更新和删除等操作。

8.3 ORM

JPA 是一个 ORM 框架的标准规范，它的核心任务是实现 Java 对象与关系数据之间的映射，以便 Java 应用可以在 Java 对象与关系数据之间进行无缝操作。

将 Java 对象与关系数据映射是件复杂的事情，因为它们毕竟是两个不同的领域。幸好 JPA 提供了一组强大的 ORM 语言，它们是一组注解，可以帮助开发人员灵活地实现 Java 对象与关系数据之间的映射。

注意：要深入理解 ORM，最好对数据库系统相关知识有些初步了解。

8.3.1 Entity

为了将 Java 对象映射到关系数据，JPA 提出了 Entity 的概念。Entity 本质上还是一个 Java 类，但是它利用一组特定的注解通知 JPA 如何将自己映射到关系数据库中。Java 应用中还是像操作普通 Java 对象一样操作 Entity，至于如何将 Entity 的状态持久化到关系数据库，则由 JPA 完成。借助于 JPA 的支持，Java 应用完全从数据库 JDBC 操作中解脱出来，大大提高了应用的开发效率和质量。

通过前面的示例可知，将 Java 对象映射到关系数据至少要为它添加两个注解：一个是@Entity，它用来告诉 JPA 实现这是一个 Entity；另外一个是@ID，它用来指定 Java 对象中的一个属性作为 Entity 映射到数据库中表的主键。因为数据库中的表必须包含一个主键。

虽然仅仅是给 Java 对象增加两个注解，但带来的变化却是一次质的飞跃。Java 对象与 Entity 之间有着本质的区别。Java 对象只能运行在虚拟机中，而 Entity 就像水陆两栖坦克一样，既可以像一个普通的 Java 对象那样运行在 Java 虚拟机中，又可以作为关系数据持久化保存到数据库中。正是依靠 Entity 的这种跨越 Java 和关系数据库两大空间的生命周期特性，才帮助开发人员实现了 Java 应用与关系数据库两个世界的无缝连接。

JPA 默认将 Entity 类名的作为数据库中对应的表名，如果开发人员希望将 Entity 类对应的表定制为其他名称，只需要增加另外一个注解@Table 即可，如下面的代码片段所示：

```
@Entity
@Table (name="customer")
public class Person {
…
}
```

在应用部署时，JPA 实现将根据 Entity 注解创建名为 customer 的表。

在创建表时，根据持久化单元配置信息的不同，有两种执行策略：一种是如果相同名称的表已经存在，则忽略此操作；另外一种策略是如果相同名称的表已经存在，将删除它，然后创建一个新的表作为实体类的映射。

注意：在实际应用开发中，Entity 经常被作为 EJB 商业方法的参数进行远程传递，此时要求 Entity 必须实现 Serializable 接口。

8.3.2 主键

被@ID 标记为主键的属性，其值必须保证唯一性。如果依靠开发人员手工设置主键属性的值，将是一件困难的事情。因此，JPA 提供了注解@GenerateValue 自动生成主键，省去了开发人员手工设置主键的值的麻烦。注解@GenerateValue 支持 Table、Sequence、Identity 和 Auto 四种主键自动生成策略。

1. Table 策略

在这种策略下，JPA 实现使用关系型数据库中的一个表（Table）生成主键。这种策略的可移植性比较好，所有关系型数据库都支持这种策略。

2. Sequence 策略

一些数据库，例如 Oracle，提供一种内置的叫作"序列"（sequence）的机制生成主键，但不是所有数据库都支持序列机制。

3. Identity 策略

一些数据库，用一个 Identity 列（即自动增长列）生成主键。由于采用自动增长列，Entity 中作为主键映射的属性的有效类型只能是 BIGINT、INT 和 SMALLINT。

4. Auto 策略

它是 JPA 实现的默认主键生成策略。使用 AUTO 策略就是将主键生成的策略交给 JPA 实现决定，由它从 Table、Sequence 和 Identity 三种策略中选择合适的主键生成策略。不同的 JPA 实现使用不同的策略，例如，在 GlassFish Server 中的 JPA，默认实现 EclipseLink 使用的是 Table 策略。

8.3.3 复合主键

在对象关系映射模型中，使用单独的一个字段作为主键是一种常见的方法，但是在实际应用中，有时单独一个字段无法唯一地确定一个实例。这就必须使用两个或两个以上的字段作为主键，称为复合主键。那么如何声明复合主键呢？JPA 2.0 提出了一个新的注解@EmbeddedId。它需要将用作主键的字段单独放在一个主键类里。由于主键必须承担起比较和索引的功能，因此该主键类必须重写 equals 和 hashCode 方法。另外，主键经常作为方法调用的参数，还必须实现 Serializable 接口。

假设在一个电子商务应用中，一个订单需要日期和流水号两个字段唯一地确定，下面首先创建代表订单信息的复合主键的类 OrderID，代码如程序 8-5 所示。

程序 8-5：OrderID.java

```java
package com.jpa.demo;
import java.io.Serializable;
import java.util.Date;
import javax.persistence.Embeddable;
@Embeddable
public class OrderID implements Serializable {
    private Date CreateDate;
    public Date getCreateDate() {
        return CreateDate;
    }
    public void setCreateDate(Date CreateDate) {
        this.CreateDate = CreateDate;
    }
    public long getSN() {
        return SN;
    }
    public void setSN(long SN) {
        this.SN = SN;
    }
    private long SN;
@Override
    public boolean equals(Object obj) {
        if (obj == null) {
            return false;
        }
        if (getClass() != obj.getClass()) {
            return false;
        }
        final OrderID other = (OrderID) obj;
        if (this.CreateDate != other.CreateDate) {
            return false;
        }
        if (this.SN != other.SN) {
            return false;
        }
        return true;
    }
    @Override
    public int hashCode() {
        int hash = 1;
```

```
        return hash;
    }
}
```

程序说明：由于仅仅是作为 Entity 的主键类，因此采用注解@Embeddable 而不是 @Entity 进行了标记，这样在 JPA 进行持久化时，将不会映射到单独的一个表中。此外，类中还重写了 hashCode 和 equals (Object obj) 方法，因为该类被用作主键，所以必须有一种判定它们是否相等并且唯一的途径。

下面看如何使用主键类，完整代码如程序 8-6 所示。

程序 8-6：MyOrder.java

```
package com.jpa.demo;
import java.io.Serializable;
import javax.persistence.EmbeddedId;
import javax.persistence.Entity;
@Entity
public class MyOrder implements Serializable {
    private static final long serialVersionUID = 1L;
    @EmbeddedId
    OrderID oid;
    private int quantity;
    private double price;
    @Override
    public int hashCode() {
        int hash = 0;
        hash += (oid != null ? oid.hashCode() : 0);
        return hash;
    }
    ...
    @Override
    public boolean equals(Object object) {
        if (!(object instanceof Student)) {
            return false;
        }
        MyOrder other = (MyOrder) object;
        if ((this.oid == null && other.oid != null) || (this.oid != null && !this.oid.equals(other.oid))) {
            return false;
        }
        return true;
    }
    @Override
    public String toString() {
        return "com.jpa.demo.Oder[ id=" + oid + " ]";
    }
}
```

程序说明：在 Entity 中，利用注解@EmbeddedId 在 OrderID 类型的属性前进行标记，即可声明 Entity 的主键为类 OrderID 的实例。还有两点值得说明：由于 Entity 经常需要作为传输传递，通常需要 Entity 实现 Serializable 接口；另外，由于经常需要对 Entity 进行查找等工作，因此还要实现 equals 方法和 hashCode 方法。

在应用部署过程中，Java EE 应用服务器将为实体 MyOrder 自动创建一个表 myorder，切换到"服务"视图，查看数据库信息，如图 8-4 所示。

图 8-4 JPA 根据 Entity 自动创建的表

可以看到，程序 8-5 的主键类 OrderID 中的属性 CreateDate 和 SN 以及程序 8-6 的 Entity MyOrder 中的属性 price 和 quantity 统一被映射到表 MyOrder 中，并不存在一个单独的表 OrderID。

对于复合主键，就不能够像简单对象类型一样利用 JPA 的@GenerateValue 自动生成了。下面创建一个 Servlet 演示如何创建复合主键，代码如程序 8-7 所示。

程序 8-7：CreateOrderServlet.java

```
package com.jpa.demo;
...
@WebServlet(name = "CreateOrderServlet", urlPatterns = {"/Create OrderServlet"})
public class CreateOrderServlet extends HttpServlet {
    @PersistenceContext(unitName = "MyJPADemoPU")
    private EntityManager em;
    @Resource
    private javax.transaction.UserTransaction utx;
    protected void processRequest(HttpServletRequest request, HttpServlet
    Response response)
         throws ServletException, IOException {
        response.setContentType("text/html;charset=UTF-8");
        PrintWriter out = response.getWriter();
        try {
```

```
        OrderID oid = new OrderID();
        oid.setCreateDate(new java.util.Date());
        oid.setSN(1);
        MyOrder s = new MyOrder();
        s.setOid(oid);
        s.setPrice(55.8);
        s.setQuantity(10);
        //begin a transaction
        utx.begin();
        MyOrder temp = em.find(MyOrder.class, oid);
        if (temp == null) {
            em.persist(s);
        }
        utx.commit();
    } catch (Exception ex) {
        throw new ServletException(ex);
    }
    ...
}
```

程序说明：可以看到，对于复合主键，只能由开发人员手工设置。首先创建一个主键类，然后以此为参数，创建一个 Entity 类。也可以此主键类作为参数，调用 EntityManager 的 find 方法进行查找，此时在底层将会调用主键类的 hashcode 方法和 equals 方法。

注意：@EmbeddedId 在 Entity 中声明复合主键，而@Embeddable 声明代表复合主键的 Entity，二者不要混淆。

8.3.4 属性

为将 Java 对象的属性映射到数据库，经常要用到以下几个注解。

1. @Column

JPA 默认将 Entity 中的简单类型的属性映射到表中的字段，开发人员可以利用 @Column 对这一映射过程进行定制。@Column 的常用属性如下所示：

- name——可选，列名（默认值为属性名）。
- unique——可选，是否在该列上设置唯一约束（默认为 false）。
- nullable——可选，是否设置该列的值可以为空（默认为 true）。
- insertable——可选，该列是否作为生成的 insert 语句中的一列（默认为 true）。
- updateable——可选，该列是否作为生成的 update 语句中的一列（默认为 true）。
- length——可选，列长度（默认为 255）。
- precision——可选，列十进制精度（默认为 0）。
- scale——可选，如果列十进制数值范围可用，在此设置（默认为 0）。

例如，如果需要限制实体 MyOrder 中的属性 price 不为空，可以采用以下的代码：

```
@Column (nullable=false)
private double price;
```

此时,如果将 price 属性为 null 的 Entity 状态同步到数据库中,将会抛出异常。

2. @Temporal

在 Java 中,有关时间日期类型可以是 java.sql 包下的 java.sql.Date、java.sql.Time 和 java.sql.Timestamp,或者是 java.util 包下的 java.util.Date 和 java.util.Calendar 类型。对于 java.sql 包,可按照简单类型进行转换,无须特别处理。但如果使用 java.util 包中的时间日期类型,则必须额外标注@Temporal 注解说明转化成 java.sql 包中的哪种类型。在 8.3.3 节的实体 OrderID 中的属性 createDate 便是如此。

java.sql.Date、java.sql.Time 和 java.sql.Timestamp 这三种类型不同,它们表示时间的精确度不同。三者的区别如表 8-1 所示。

表 8-1　关于时间类型的说明

类　型	说　明
java.sql.Date	日期型,精确到年月日,例如,2018-08-08
java.sql.Time	时间型,精确到时分秒,例如,20:00:00
java.sql.Timestamp	时间戳,精确到纳秒,例如,2008-08-08 20:00:00.000000001

3. @Transient

假设 Entity MyOrder 中包含一个属性 sum,代表订单的总价,因为已经有了代表单价的 price 属性和代表数量的 quantity 属性,因此,sum 属性不需要持久化,仅仅是用来方便用户访问,此时只需要通过注解@Transient 标记 sum 属性即可,则 JPA 不会在关系数据库表中创建一个与属性 sum 对应的映射字段。示例代码片段如下:

```
@Transient
private double sum;
```

4. @Lob

通常对于图片、长文本等大数据对象,数据库将采用特殊的处理方式(如数据流等)进行操作,并在数据库中保存为 CLob 或 Blob 类型的字段。对于 Entity 中的大数据对象,为了 JPA 能够正确处理,可以通过@Lob 注解标注。例如,Person 实体增加了一个属性 portrait,用于保存人员的头像图片,增加了一个属性 meno,用于保存一些长文本的备注信息。相应的代码如下所示:

```
...
private byte[] portrait;
   @Lob
   @Basic(fetch = FetchType.LAZY)
   public byte[] getPortrait() {
       return portrait;
   }
   public void setPortrait(byte[] portrait) {
```

```
        this.portrait = portrait;
    }
    private String meno;
    @Lob
    @Basic(fetch = FetchType.LAZY)
    public String getMeno() {
        return meno;
    }
    public void setMeno(String meno) {
        this.meno = meno;
    }
```

说明：因为这两种类型的数据一般占用的内存空间比较大，通常使用惰性加载的方式，所以一般都要与@Basic注解同时使用，设置加载方式为FetchType.LAZY。

Entity 中 char[]、Character[]或者 String 类型的属性通常映射为 Clob（Character Large Objects）类型的字段。

Entity 中 byte[]、Byte[]或者实现了 Serializable 接口的对象类通常映射为 Blob（Binary Large Objects）类型的字段。

5. @ElementCollection

Entity 中往往还包含一类多值属性，称为集合属性，例如，一个学生可能有几个联系人信息，学生信息中可能还包含多门功课的成绩等。但是对于数据库中的一条记录来说，一个字段只能包含一个值。那么如何实现二者之间的映射呢？

JPA 提供了一组注解，它可将集合属性映射到一个单独的子表中，并且在子表与 Entity 表之间建立起关联关系。相关的注解如下所示：

- @ElementCollection(fetch = FetchType.LAZY)——标识它是一个集合属性，注解的 fetch 定义属性初始化方式，必选。
- @CollectionTable(name = "Tag")——定义集合属性映射的子表，可选，系统默认将 Entity 对应的表名和属性名通过下画线连接作为表名。
- @Column(name = "Value")——指定简单类型在表中对应的字段名称。

对于 List 集合，可使用注解@OrderColumn 设置保存集合中元素顺序信息的属性的字段；对于 Map 集合，注解@MapKeyColumn 用来保存 Map 的 key 值。

下面在 Entity student 中增加一个代表学生联系人的 List 属性，增加一个代表成绩信息的 Map 属性，相应的代码如下所示：

```
@ElementCollection
@OrderColumn(name="con_ORDER")
private List<String> Contactor;
@ElementCollection
@CollectionTable(name = "Scores")
@MapKeyColumn(name = "subject")
@Column(name = "score")
private Map<String, String> scores;
```

部署应用,然后去数据库中查看对应的映射表中的字段信息是如何变化的。

6. @Enumerated

Entity 中可能还包含一些枚举类型,因为枚举类型有名称和值两个属性,所以在持久化时可以选择持久化名称或是持久化值。JPA 默认将枚举类型保存为 int 类型。为了增加可读性,可以通过注解@Enumerated 设置枚举类型属性保存类型。

假设存在枚举类型 StudentType 如下所示。

```
public enum StudentType {
    common, special
}
```

若想在持久化时保存枚举类型的名称,示例代码如下:

```
@Enumerated(EnumType.STRING)
public StudentType getType() {
    return type;
}
```

注意:如果将枚举属性保存为 STRING,虽然从数据库中查询数据时非常直观,能够清楚地看出该类型代表的意义,但是如果枚举类型的名称发生改变,则已经保存在数据库中的名称将不会随之改变。

8.3.5 关联映射

现实世界中,对象之间总是存在着复杂的关系,反映到 Java 应用中,表现为 Entity 之间的关联,具体表现为一个 Entity 中可以包含另外一个 Entity 或 Entity 集合。例如,一个 Customer 实体中包含一个 Address 实体作为它的地址属性。JPA 提供了一系列注解定义 Entity 之间的关联映射。下面详细讲解如何实现 Entity 间的关联映射。

1. 一对一

首先看最简单的映射关系,即一对一的关联映射。定义两个 Entity Customer 和 Address,代码分别如程序 8-8 和程序 8-9 所示。

程序 8-8:Customer.java

```
@Entity
public class Customer {
@Id @GeneratedValue
private Long id;
private String Name;
private String email;
private String phoneNumber;
Private Address address;
...
}
```

程序 8-9：Address.java

```
@Entity
public class Address {
@Id @GeneratedValue
private Long id;
private String street;
private String city;
private String state;
private String zipcode;
...
}
```

部署应用，切换到数据库查看。可以看到，在部署的过程中，JPA 已经自动创建了映射表 customer 和表 address，并且在两个表之间通过外键建立关联，如图 8-5 所示。

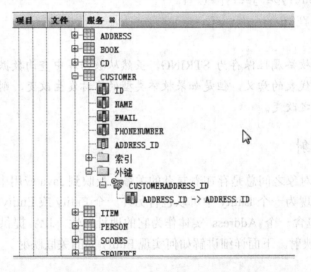

图 8-5　JPA 为 Entity 一对一关联自动建立外键映射

有时开发人员需要对这种默认的映射操作进行定制，因此 JPA 提供了一个注解 @OneToOne，它用标记 Entity 间一对一的关系。其常用的属性有：

- cascade 属性表示与此实体一对一关联的实体的级联操作类型。级联操作类型是当对实体进行操作时的策略，以及对相关联的实体的处理方式。它分为 CascadeType.PERSIST、CascadeType.MERGE、CascadeType.Remove 和 cascadeType.refresh 等几种类型。
- fetch 属性是该实体的加载方式，默认为及时加载 EAGER。即 entity customer 被初始化时，它的实体属性 address 也同样被初始化。为了提高效率，也可以使用惰性加载。
- optional 属性表示关联的该实体是否能够存在 null 值。默认为 true，表示可以存在 null 值。

使用注解@OneToOne 标记的 Customer 代码如程序 8-10 所示。

程序 8-10：Customer.java

```
@Entity
public class Customer {
@Id @GeneratedValue
private Long id;
private String Name;
private String email;
private String phoneNumber;
@OneToOne(fetch= FetchType.LAZY, optional=true)
Private Address address;
…
}
```

在上面的代码中，利用注解@OneToOne 设置了 Entity Customer 与 Entity Address 之间关联为可选，加载方式为情况加载。

之前假设 Entity Customer 与 Address 是单向的一对一的关联，即 Entity Customer 包含 Address 属性，但 Entity Address 中并不包含 Customer 属性，即 Address 并不知道它属于哪个客户的地址。这种关联称为单向关联，其中 Entity Customer 称为关联的主端，Entity Address 称为关联的从端。

下面看一下一对一的双向关联。假设存在一个保存折扣信息的 Entity Discount，用户既可以在 Entity Customer 中查询到对应的折扣信息，也可以在 Entity Discount 中查询到对应的客户信息。

修改 Entity Customer，增加如下的代码片段：

```
@OneToOne
private Discount discount;
```

代表折扣信息的 Entity Discount 的代码如程序 8-11 所示。

程序 8-11：Discount.java

```
@Entity
public class Discount {
    @Id
    @GeneratedValue
    private Long id;
    double discountvalue;
    @Temporal(TemporalType.DATE)
    private Date validateperoid;
    @OneToOne(mappedBy = "discount")
    Customer cid;
    …
}
```

程序说明：在代码中，同样利用注解@OneToOne 在要映射的 Entity 属性前进行标记，但是由于关联关系保存在Customer中，因此，只需要利用属性mappedby指向Entity Discount对应的属性名称。

切换到"服务"视图查看数据库，可以看到discount表中并不包含customer表的主键，而在customer表中增加了表discount的主键作为外键。因为同一个信息只需要保存在一个位置。但是JPA在初始化Entity时，会根据表之间的外键关联，填充Entity discount的相应属性建立Entity间的关联关系。

2．一对多

下面再看一对多关联的情况。例如，一个顾客可能有多个订单信息。

下面首先创建Entity Order，代码如程序8-12所示。

程序8-12：Order.java

```
@Entity
public class Order {
@Id @GeneratedValue
private Long id;
 public Order() {
    }
@Temporal(TemporalType.DATE)
private Date orderdate;
private int totalsum;
private String status;
…
}
```

下面修改Entity customer添加订单属性，增加如下代码：

```
private List<CustomerOrder> orders;
```

重新部署，切换到"服务"视图，查看数据库信息。可以看到，除了新增一个表customerorder作为Entity customerorder的映射外，还增加了一个表customer_customerorder，它作为一个关联表，只包含两个Entity的主键作为其字段。可以看出，针对一对多映射，eclipselink的默认方式是使用连接表。

同样，针对一对多映射，JPA也提供了注解@OneToMany允许开发人员进行定制，修改Customer的代码，采用外键关联的方式实现它与CustomerOrder之间的一对多映射。

修改后的代码片段如下：

```
@OneToMany
@JoinColumn(name = "customer_id")
private List<CustomerOrder> orders;
```

部署程序，重新查看数据库。由于改变了映射方式，JPA将删除掉二者之间的关联表，在CustomerOrder中增加一个名为customer_id的字段作为外键。

3．多对一

下面调整思路，将订单作为关系的拥有方，多个订单关联一个顾客，那么需要在

EntityOrder 中增加如下代码片段：

```
@ManyToOne
private Customer customerid;
```

同时在 Customer 中删掉如下所示的代码：

```
private List<CustomerOrder> orders;
```

部署应用，重新查看数据库结构。可以看到，连接表消失，在 CustomerOrder 中新增加一个 customer_id 作为外键。

进一步思考：如果希望建立 Customer 与 CustomerOrder 之间的双向关联，那么在 Customer 中应该怎么办呢？

其实，一对多和多对一是一种互逆的关系，在 Entity Customer 中修改代码如下：

```
@OneToMany( mappedBy="customerid")
private List<CustomerOrder> orders;
```

可以看到，与一对一的双向关联映射一样，在不保存关系的一段，利用注解的 mappedBy 属性指向对端保存关联的字段名称即可。

4．多对多

Entity 之间还有一种更复杂的情况，即多对多的关联。假设一个学生可以选修多门功课，一门课程又可被多个学生选修，那么学生与课程之间就是典型的多对多的关系。

首先创建 Entity Subject，代码如程序 8-13 所示。

程序 8-13：Subject.java

```
@Entity
public class Subject {
    @Id @GeneratedValue
private Long id;
  private String name;
    public Subject() {
    }
private List<Student> students;
}
```

下面修改 Entity Student 的代码，增加如下内容：

```
private List<Subject> subjects;
```

部署应用，查看数据库的内容。可以看到 Entity Student 对应的表的内容并没有增加新的字段，而是多了一个连接表 student_subject。对于多对多映射，只能采用连接表的方式实现。当然，JPA 也提供注解@ManyToMany 允许开发人员定制多对多的映射关系。例如，定制连接表的名称、连接表中字段的名称等，此处不再赘述。

8.3.6 加载方式

通过上面的学习,已经知道 JPA 能够将 Entity 之间的关联通过外键、连接表等多种方式持久化到数据库中。反过来,JPA 也会根据数据库中的持久化信息初始化 Entity。由于 Entity 之间存在关联,那么对于 Entity 关联的其他 Entity 属性,在初始化时是否也要一起加载呢?

这涉及一个系统性能的平衡问题。JPA 支持两种类型的加载方式。

- EAGER:主动加载。在这种方式下,关联的 Entity 属性也将一起被初始化。这样就能快速响应客户的请求,因为数据是已经准备好的,无须根据客户请求临时访问数据库信息并加载。但这种方式也会带来严重的性能问题。假设 Entity 之间的关联关系比较复杂,一个 Entity 的初始化很可能导致一系列相关的 Entity 都要实现初始化操作,形成所谓的"牵一发而动全身"的效应。
- LAZY:被动加载。在这种方式下,只有 Entity 的关联的属性被访问时,才去加载相应的 Entity 对象。这样能够确保 Entity 初始化的效率。但是面对频繁的访问,每次都要临时去访问数据库加载信息,对客户的响应可能不够及时。

针对不同的关联,JPA 默认的加载方式如表 8-2 所示。

表 8-2 JPA 默认加载方式

关联类型	加载方式
@OneToOne	EAGER
@ManyToOne	EAGER
@OneToMany	LAZY
@ManyToMany	LAZY

开发人员可以通过属性定制关联映射的加载方式。下面以 Student 与 Subject 的关联为例,示例代码片段如下:

```
@ManyToMany( fetch = FetchType.EAGER)
private List<Subject> subjects;
```

那么在初始化 Entity Student 时,将会同时初始化它的 Entity 属性 subjects。

8.3.7 顺序

在一对多和多对多的映射中,对于加载的多个 Entity,可以按照指定地顺序加载,增加注解@OrderBy 即可。还是以 Entity Student 和 Subject 之间的多对多的关联为例,示例代码片段如下:

```
@ManyToMany( fetch = FetchType.EAGER)
@OrderBy("name DESC")
private List<Subject> subjects;
```

8.3.8 继承映射

对象的一大特性就是继承性，而关系型数据库中表与表之间的关系，并没有这种继承关系，不能说一张表继承另一张表，它们之间只是关联关系。现在 JPA 要将 Entity 映射到关系数据中，那么 Entity 的继承关系是如何映射到数据库中的呢。JPA 规范中提供了三种不同的策略实现继承映射。

- Single-table 策略：这是继承映射中的默认策略，在不特别指明的情况下，系统默认采用这种映射策略进行映射的。这个策略的映射原则就是将父类及子类中新添加的属性全部映射到一张数据库表中，另外又在表中增加一个字段保存对象的类型信息。
- Joined-subclass 策略：在这种映射策略中，继承关系中的每一个 Entity 类，无论是具体类或者抽象类，数据库中都有一个单独的表与它对应。子 Entity 对应的表中不含有从根 Entity 继承来的属性，它们之间通过共享主键的方式进行关联。
- Table-per-concrete-class 策略：这个策略就是将继承关系中的每一个 Entity 映射到数据库中的一个单独的表中，与 Joined-subclass 策略不同的是，子 Entity 对应的表中含有从根 Entity 继承而来的属性。

当 Entity 之间有继承关系的时候，JPA 2.0 中只需要在这个根 Entity 上添加注解 @Inheritance 并且指明想要采用的映射策略。如果不标记任何注解，则继承映射默认采用单表策略（Single-table strategy）。

假设在一个商店应用中，有一个代表商品的基类，它包含商品的基本属性，如价格、名称和描述信息等。对应的代码如程序 8-14 所示。

程序 8-14：Goods.java

```
@Entity
@Inheritance(strategy = InheritanceType.TABLE_PER_CLASS)
public class Goods {
@Id @GeneratedValue
protected Long id;
@Column(nullable = false)
protected String title;
@Column(nullable = false)
protected Float price;
protected String description;
// Constructors, getters, setters
…
}
```

下面定义两个 Entity book 和 cd，代码分别如程序 8-15 和程序 8-16 所示。

程序 8-15：Book.java

```
@Entity
public class Book extends Goods {
```

```
private String isbn;
private String publisher;
private Integer nbOfPage;
private Boolean illustrations;
// Constructors, getters, setters
}
```

程序 8-16：CD.java

```
@Entity
public class CD extends Goods {
private String musicCompany;
private Integer numberOfCDs;
private Float totalDuration;
private String gender;
// Constructors, getters, setters
}
```

部署应用，查看数据库，看看表 goods 都包含哪些字段。可以看到，除了 goods、book 和 CD Entity 中对应的属性外，还增加了一个 DType 字段保存 Entity 的类型信息。可在程序 8-14 中修改注解@Inheritance 的 strategy 属性，重新部署，看看 JPA 创建的映射表会有什么不同。

8.4 Entity 管理

尽管通过 ORM 语言可以在 Entity 对象与关系数据之间建立映射关系，但是并不意味着它们之间可以自动进行同步操作。为此，JPA 提供了一个 EntityManager 管理和维护 Entity 状态以及实现 Entity 与关系数据之间的同步操作。

8.4.1 获取 EntityManager

管理 Entity，第一步是获取 EntityManager。在 Java EE 应用中，EntityManager 通常由容器注入 Web 组件或 EJB 组件中。在 8.2 节已经演示了在 Servlet 组件中如何获取 EntityManager，其实在 EJB 组件中也是如此。

8.4.2 持久化上下文

获取到 EntityManager 后，就可以调用其 API 对 Entity 进行操作。为了更好地理解 EntityManager 对 Entity 的管理，有必要引入一个重要的概念——持久化上下文。它可以看作是 EntityManager 工作的一个空间，也可以看作是数据库中数据的一个缓存。EntityManager 管理的 Entity 都保存在这个上下文中，对于数据库中的数据，在同一个持久化上下文中只能包含一个对应的 Entity。EntityManager 对 Entity 的任何操作都是首先保存到持久化上下文，最后才更新到数据库中的；对于 Entity 信息的查找，也是首先在持久化上下文中检索，然后再去数据库中查找。

那么持久化上下文是何时创建，又是何时销毁的呢？持久化上下文分为两种类型。一种是事务范围的，它与一个事务绑定在一起，如图8-6所示。EntityManager在对Entity进行操作之前，首先查看是否存在一个事务，如果没有，则要求开发人员必须创建一个，否则将抛出异常信息。然后查看在当前事务中是否存在持久化上下文，如果没有，则创建一个，并将它与当前的事务绑定在一起，之后对Entity的任何操作都只是保存在持久化上下文中，当事务被提交时，持久化上下文中的Entity被同步到数据库中，同时持久化上下文被销毁。

另外一种类型为扩展范围的持久化上下文，它是专门应用在有状态会话Bean中的，当有状态会话Bean移除时，持久化上下文中的Entity才同步到数据库中，持久化上下文才被销毁。

注：关于有状态会话Bean将在9.3节详细介绍。

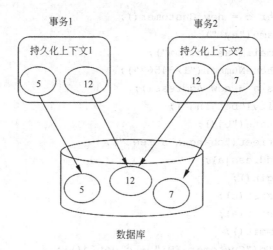

图8-6　基于事务的持久化上下文

8.4.3　Entity操作

作为关系数据在Java虚拟机中的映像，Entity具有多种状态和复杂的生命周期过程，EntityManager提供了对Entity的一系列操作方法，这些操作方法将导致Entity状态的变化，并影响关系数据库中的存储。

1. 新增

如果希望通过JPA在关系数据库中新增信息，则首先在Java应用中新建一个Entity，此时Entity的状态为New， Entity并没有被保存到持久化上下文中，在关系数据库中也不存在Entity对应的记录信息。

调用EntityManager的persist方法，将Entity保存到持久化上下文，此时Entity的状态变为Managed。注意，此时仅仅是将Entity保存到持久化上下文中，并不是立即插入数据库中。只有当事务提交时，才在数据库中创建对应的持久化信息，同时持久化上下文中的内容被清空。

为了演示Entity操作，创建Servlet组件EntityOPServlet。以Entity Customer 和 Address

为例，相应的代码片段如程序 8-17 所示。

程序 8-17：EntityOPServlet.java

```java
@WebServlet(name = "EntityOPServlet", urlPatterns = {"/EntityOPServlet"})
public class EntityOPServlet extends HttpServlet {
    @PersistenceContext(unitName = "MyJPADemoPU")
    private EntityManager em;
    @Resource
    private javax.transaction.UserTransaction utx;
  protected void processRequest(HttpServletRequest request, HttpServletResponse response)
            throws ServletException, IOException {
        response.setContentType("text/html;charset=UTF-8");
        try {
            Customer c = new Customer();
            c.setName("hyl");
            c.setEmail("a@163.com");
            c.setPhoneNumber("1234567");
            Address a = new Address();
            a.setCity("beijing");
            a.setState("bj");
            a.setStreet("changan street");
            c.setAddress(a);
            utx.begin();
            em.persist(c);
            em.persist(a);
            utx.commit();
            LOG.info("Customer ID:" + c.getId());
            LOG.info("Address ID:" + a.getId());
        } catch (Exception ex) {
        Logger.getLogger(EntityOPServlet.class.getName()).log(Level.SEVERE, null, ex);
        } finally {
        }
    }
    private static final Logger LOG = Logger.getLogger(EntityOPServlet.class.getName());
}
```

程序说明：在上面的代码中，以资源注入方式获得 EntityManager 实例 em 和 UserTransaction 实例 utx。在方法 processRequest 中分别创建两个 Entity Customer 和 Address，由于 Entity 的 id 采用自动创建策略，因此不需要手动赋值。创建完毕后开始事务 utx，调用 em 的方法 persist。当 utx 提交后，Entity 状态便持久化到关系数据库中。在 NetBeans 的"输出"窗口的"GlassFish Server"视图中，可以看到运行日志输出的 Entity 的 ID 信息。

注意：在上面的代码中，先持久化保存 customer，然后才持久化保存 address。直观的感觉是，customer 中应该保存 address 的 id 作为外键。但在 address 保存到数据库中之前，是无法获取它的 id 的。可是上面的代码并没有产生异常？为什么呢？

原因还是在于持久化上下文。EntityManager 的 persist 方法并不是直接在数据库系统中执行插入数据的 SQL 语句，而是首先缓存到持久化上下文中，当事务提交时，JPA 会根据 Entity 之间的依赖关系，首先持久化 address，然后再持久化 customer。

2. 查询

find 方法用查询 Entity。方法的第一个参数为 Entity 类型，第二个参数为 Entity 的 id。示例代码片段如下：

```
Address ad = em.find(Address.class, 2L);
```

另外，还有一个方法 getReference 与 find 方法具有类似的功能，如下面的代码片段所示：

```
Address ad = em.getReference(Address.class, 2L);
```

当在数据库中没有找到记录时，getReference 和 find 是有区别的，find 方法会返回 null，而 getReference 方法会抛出 javax.persistence.EntityNotFoundException。另外 getReference 方法不保证 Entity 已被初始化。

getReference 在下面这种情况下是有意义的，它能够优化应用性能。

```
Address ad = em.getReference(Address.class, 2L);
Customer c2 = new Customer();
c2.setName("Peter");
c2.setAddress(ad);
utx.begin();
em.persist(c2);
em.persist(ad);
utx.commit();
```

在上面的代码中，不需要 Entity Address 的完整信息，只需要引用它作为 Customer 的属性。

还有一点需要特别声明，在同一个持久化上下文中，同一关系数据只能存在一个对应的 Entity。因此，不管调用多少次 find 方法查询 Entity，持久化上下文中只能存在一个对应的 Entity 实例。

3. 修改

当 Entity 处于 Managed 状态（此时 Entity 一定处在持久化上下文中）时，可以调用 Entity 的 set 方法对 Entity 进行修改。尽管此时 Entity 的状态已经改变，但是 Entity 对应的数据库中的记录内容仍没有改变。只有当事务提交时，持久化上下文中的 Entity 的状态才被同步到数据库中，对 Entity 所做的修改才被持久化保存。

修改程序 8-17 代码如程序 8-18 所示。

程序 8-18：EntityOPServlet.java

...
```
protected void processRequest(HttpServletRequest request, HttpServletResponse response)
        throws ServletException, IOException {
    response.setContentType("text/html;charset=UTF-8");
    try {
        Customer c = em.find(Customer.class, 1L);
        LOG.info("Customer c Name:" + c.getName());
        c.setName("hy1");
        Customer c2 = em.find(Customer.class, 1L);
        LOG.info("Customer c2 Name:" + c2.getName());
        LOG.info("Customer c Name:" + c.getName());
    } catch (Exception ex) {
        Logger.getLogger(EntityOPServlet.class.getName()).log(Level.SEVERE, null, ex);
    } finally {
    }
}
...
```

运行程序 8-18，将得到如图 8-7 所示的运行结果。

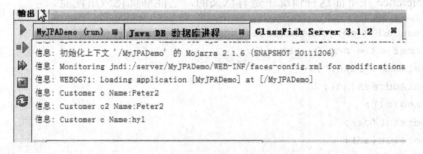

图 8-7　程序 8-18 运行日志

可以看到，尽管调用 setName 方法修改了 Entity c。但是第二次调用 find 方法显示数据库中的信息仍旧没有改变。另外，之前获得的 Entity c 在内存中仍旧存在，它的状态信息也没有因为第二次调用 find 方法而受到影响。

下面进一步修改程序 8-18 的代码如程序 8-19 所示。

程序 8-19：EntityOPServlet.java

```
...
protected void processRequest(HttpServletRequest request, HttpServletResponse response)
        throws ServletException, IOException {
    response.setContentType("text/html;charset=UTF-8");
    try {
        utx.begin();
```

```
            Customer c = em.find(Customer.class, 1L);
            LOG.info("Customer c Name:" + c.getName());
            c.setName("hyl");
            Customer c2 = em.find(Customer.class, 1L);
            LOG.info("Customer c2 Name:" + c2.getName());
            LOG.info("Customer c Name:" + c.getName());
            utx.commit();
        } catch (Exception ex) {
Logger.getLogger(EntityOPServlet.class.getName()).log(Level.SEVERE, null, ex);
        } finally {
        }
    }
...
```

程序说明：与程序 8-18 相比，两者唯一的区别在于将 Entity 操作放在同一个事务中。运行程序 8-19，将得到如图 8-8 所示的运行结果。

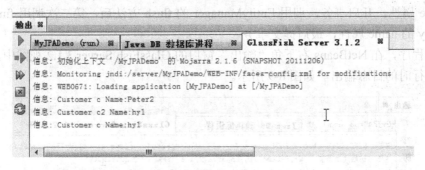

图 8-8　程序 8-19 的运行日志

从图 8-8 可以看出，第二次调用 find 方法显示的竟然是修改后的属性。此时还没有提交持久化上下文，为什么会这样呢？前面已经说过，在一个持久化上下文中，同一 id 的 Entity 只能存在一个实例。在调用 find 方法时，它将首先在持久化上下文中查找 id 为 1L 的 entity。由于上面代码中在同一个事务中两次调用 find，因此，第二次调用 find 方法时，它将指向持久化上下文中的 Entity c，而不会去数据库中检索，因此，Entity c2 相当于 c 的引用，显示的属性信息当然与 Entity c 一致。

如果希望修改后的数据马上同步到数据库，可以调用 EntityManager 的 flush 方法，下面修改程序 8-19 的代码如程序 8-20 所示。

程序 8-20： EntityOPServlet.java

```
...
protected void processRequest(HttpServletRequest request, HttpServletResponse response)
        throws ServletException, IOException {
    try {
        Customer c = em.find(Customer.class, 1L);
```

```
            LOG.info("Customer c Name:" + c.getName());
             c.setName("Peter");
             utx.begin();
             em.flush();
             Customer c2 = em.find(Customer.class, 1L);
             LOG.info("Customer c2 Name:" + c2.getName());
             utx.commit();
        } catch (Exception ex) {
         Logger.getLogger(EntityOPServlet.class.getName()).log(Level.SEVERE,
         null, ex);
          } finally {
          }
      }
...
```

程序说明：在上面的代码中，首先调用 EntityManager 的 find 方法查找之前创建的 id 为 1L 的 Entity，然后调用 Logger 的 info 方法显示 Entity 的 name 属性，之后调用 set 方法修改 name 属性。开启事务，调用 EntityManager 的 flush 方法后，第二次调用 find 方法并打印 entity 的 name 属性，最后提交事务。

运行程序，在 NetBeans 右下角 "输出" 窗口的 GlassFish Server 3.1.2 视图中，可以看到程序运行时的日志输出，如图 8-9 所示。

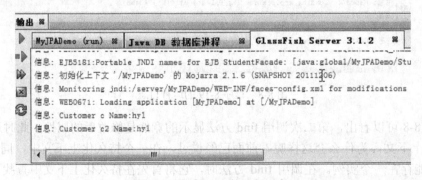

图 8-9　程序 8-20 的运行日志

出乎预料，即使在调用了 flush 之后，再一次查询 Entity 获得的属性竟然没变。去数据库中查看，修改的 name 属性也没有被更新。这是怎么回事呢？

仔细一想，就会明白，EntityManager 是与事务相关的，在调用 flush 方法之前调用了事务对象的 begin 方法，相当于新开启了一个事务，则之前的持久化上下文被清空，包括调用 find 方法获取的 Entity c。这样，数据库中的数据自然不会更新了。解决方法也很简单，只需要将上述操作放在一个事务中。

修改程序 8-20 的代码如程序 8-21 所示。

程序 8-21：EntityOPServlet.java

```
...
protected void processRequest(HttpServletRequest request, HttpServlet
```

```
Response response)
        throws ServletException, IOException {
    try {
       utx.begin();
       Customer c = em.find(Customer.class, 1L);
       LOG.info("Customer c Name:" + c.getName());
       c.setName("Peter");
       em.flush();
       Customer c2 = em.find(Customer.class, 1L);
       LOG.info("Customer c2 Name:" + c2.getName());
       utx.commit();
    } catch (Exception ex) {
      Logger.getLogger(EntityOPServlet.class.getName()).log(Level.SEVERE,
      null, ex);
    } finally {
    }
}
...
```

重新运行程序，可以看到日志中显示的 Entity 属性已经修改，数据库中持久化保存的属性也已经修改。

除了上面的方法，还有一种修改方案。在程序 8-20 中，最初调用 find 方法获取的 Entity c 已经脱离了持久化上下文，此时它的状态变为 detached，只需要调用 merge 方法可将其重新加入到新的持久化上下文中，这样，对 Entity 的修改就能够更新到数据库中。代码如程序 8-22 所示。

程序 8-22：EntityOPServlet.java

```
...
protected void processRequest(HttpServletRequest request, HttpServlet
Response response)
        throws ServletException, IOException {
    try {
      Customer c = em.find(Customer.class, 1L);
      LOG.info("Customer c Name:" + c.getName());
      c.setName("Peter");
      utx.begin();
      em.merge(c);
      em.flush();
      Customer c2 = em.find(Customer.class, 1L);
      LOG.info("Customer c2 Name:" + c2.getName());
      utx.commit();
    } catch (Exception ex) {
      Logger.getLogger(EntityOPServlet.class.getName()).log(Level.SEVERE,
      null, ex);
    } finally {
```

            }
        }
        ...

运行程序 8-22，看看能否得到期望的结果。

4. 删除

remove 方法将 Entity 从数据库中删除。与 persist 方法一样，也是只有等待事务提交时，对应的关系数据才能够从数据库中删除。此时 Entity 的状态将变为 Removed，但它作为一个普通的 Java 对象，仍然运行在 Java 虚拟机中，直到被垃圾回收。程序 8-23 演示了如何删除 Entity 对象。

程序 8-23：EntityOPServlet.java

```
...
protected void processRequest(HttpServletRequest request, HttpServletResponse response)
        throws ServletException, IOException {
    try {
    utx.begin();
    Customer c = em.find(Customer.class, 1L);
      em.remove(c);
      utx.commit();
      LOG.info("Customer c Name:" + c.getName());
} catch (Exception ex) {
 Logger.getLogger(EntityOPServlet.class.getName()).log(Level.SEVERE, null, ex);
    } finally {
    }
}
...
```

运行程序 8-23，由于 Entity 删除后仍然作为普通 Java 对象存在，因此仍然可看到正常输出的运行日志。但是查看数据库，对应的关系数据已经被删除。

说明：除了以上基本操作外，EntityManager 还提供了一些有用的方法，如调用 refresh 方法刷新 Entity，调用 clear 方法可以清空持久化上下文，调用 contains 方法可以判断持久化上下文中是否存在指定的 Entity，调用 detach 方法可以将 Entity 强行剥离出持久化上下文等。

现在总结一下 Entity 的状态以及对应的操作之间的关系。EntityManager 管理下的 Entity 共有以下 4 个状态。

- **New**：已经创建了 Entity 的实例，但尚未与持久化上下文进行关联，更未实现与数据库中的信息的映射。
- **Managed**：Entity 已经与持久化上下文进行关联，且实现与数据库中的信息映射。当调用 EntityManager 的 persist 方法并将 new 状态下的 Entity 作为参数时，Entity

转换为 Managed 状态。此时对 Entity 的操作在事务提交或调用 EntityManager 的 flush 方法时将同步化到数据库中。
- Detached：Entity 实现数据库中的信息映射，但不再与持久化上下文进行关联。此时对 Entity 的操作将不会影响到数据库中持久化数据。
- Removed：Entity 对应的数据库中的数据已被删除。但在被当作垃圾回收之前，作为一个普通 Java 对象仍然可被访问。

Entity 的 4 种状态及它们在 EntityManager 的操作下的转换关系如图 8-10 所示。

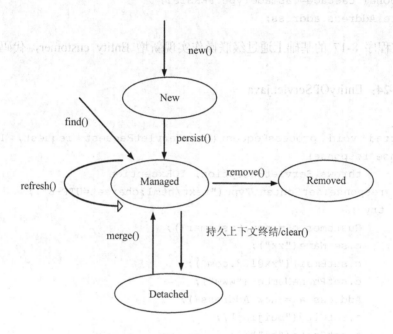

图 8-10　Entity 的生命状态及其转换

8.4.4　级联操作

在 8.3 节已经知道，Entity 之间存在复杂的关联。因此在对 Entity 进行操作时，也必须对相关的 Entity 进行恰当的操作，才能保持数据的完整性。例如，Entity address 作为 Entity Customer 的属性，在 Entity Customer 保存时，为了确保数据完整性，也应该将 Entity address 一起保存。

默认情况下，Entity 管理操作只对作为参数的实体有效。为了解决这一难题，JPA 提供了级联操作机制。关联注解@OneToOne、@OneToMany、@ManyToOne 和@ManyToMany 都支持一个属性 cascade，它用来定义关联主体进行操作时，关联的另一端如何进行相关的响应。

级联操作的类型如下：
- CascadeType.PERSIST——当关联的主端保存时，关联的从端也一起保存。
- CascadeType.MERGE——当关联的主端修改时，关联的从端也一起修改。
- CascadeType.REMOVE——当关联的主端删除时，关联的从端也一起删除。

- CascadeType.REFRESH——当关联的主端刷新时，关联的从端也一起刷新。
- CascadeType.DETACH——当关联的主端被剥离，关联的从端也一起被剥离。
- CascadeType.RALL——当关联的主端执行任何Entity管理操作,关联的从端也一起执行相应的Entity管理操作。

下面以Entity Customer和Entity Address为例，演示Entity管理时如何实现级联操作。
首先在Entity中修改注解@OneToOne，增加级联操作属性，如下所示：

```
@OneToOne( cascade=CascadeType.PERSIST)
private Address address;
```

下面在程序8-17的基础上通过级联操作实现新增Entity customer，代码如程序8-24所示。

程序8-24：EntityOPServlet.java

```
...
protected void processRequest(HttpServletRequest request, HttpServletResponse response)
    throws ServletException, IOException {
    response.setContentType("text/html;charset=UTF-8");
    try {
        Customer c = new Customer();
        c.setName("zx");
        c.setEmail("zx@163.com");
        c.setPhoneNumber("www");
        Address a = new Address();
        a.setCity("beijing");
        a.setState("bj");
        a.setStreet("changan street 2");
        c.setAddress(a);
        utx.begin();
        em.persist(c);
        utx.commit();
    } catch (Exception ex) {
        Logger.getLogger(EntityOPServlet.class.getName()).log(Level.SEVERE,
            null, ex);
    } finally {
    }
}
...
```

程序说明：与程序8-17相比,缺少了调用Entitymanager的persist方法保存Entity address这一行。

运行程序8-24,然后查看数据库,可以看到,Entity customer和address都已经被成功地保存到关系数据库中。这是由于通过设置关联注解的级联操作属性 cascade,使得 JTA

在保存 Entity customer 时也自动保存了关联的 Entity address。

使用级联操作时要特别注意，级联操作只能从主端到从端的方向进行。以下面的场景为例，假设要删除 id 为 2 的 address，代码如下：

```
Address a = em.find(Address.class, 2L);
em.remove(2);
```

如果存在以 id 为 2 的 address 实例关联的 Entity customer，则上述代码执行时将会因为违反完整性而抛出异常。此时必须手工删除与此 Entity 之间的关联，如下面的代码片段所示：

```
Customer c = em.find(Customer.class, 2L);
Address a = c.getAddress();
c.setAddress(null);
em.remove(a);
```

8.5 JPQL

在 8.4 节，EntityManager 提供的操作都是针对单个 Entity 的，在实际应用中往往需要对大量 Entity 进行查询、更新、删除等操作。主流的关系数据库都支持 SQL 语言操作数据库中的信息，同样，为了方便操作多个 Entity，JPA 也提供了一套与数据库无关的基于 Entity 的查询语言，称为 JPQL。

为了使开发人员更容易接受，JPQL 采用与 SQL 相同的语法，但两者之间有一个重要的区别。SQL 语言操作的是关系数据库模型，包括表、字段、约束等，而 JPQL 操作的是抽象持久化模型，包括 Entity、属性、关联等。

下面是一个简单的 JPQL 语句：

```
Select b from Customer b
```

可以看出，它与 SQL 语句很相似，只不过关键词 select 后面跟的是 Entity 的别名，关键词 from 后面跟的也是 Entity 的名称。

值得一提的是，虽然被称为查询语言，JPQL 同样也支持更新和删除操作。下面使用 UPDATE 语法来更新信息：

```
UPDATE Customer u SET u.name='jerry' WHERE u.name='tom'
```

也可以利用 DELETE 来删除 Entity，例如：

```
DELETE Customer  u WHERE u.name='tom'
```

注意：JPQL 语句中除了 Java 类和属性名称外，其余都是大小写不敏感的。

8.5.1 动态查询

使用 JPQL 最简单、最基本的方法便是在代码中调用 EntityManager 的 createquery 方法

动态创建一个 Query 对象。如下面的代码片段所示:

```
Query query = em.createQuery("SELECT c FROM Customer c")
```

说明:如果是 update 或 delete 查询,则调用 EntityManager 的 executeUpdate 方法。

要想获得查询结果,调用 Query 的 getResultList 获得全部 Entity 集合,或者调用 getSingleResult 获得符合条件的第一个 Entity。

注意:在使用 getSingleResult 方法时要确保能够返回一个且仅能返回一个 Entity,否则将会抛出异常。

下面以查询 Entity Customer 为例,代码如程序 8-25 所示。

程序 8-25:QueryServlet.java

```
package com.jpa.demo;
...
@WebServlet(name = "QueryServlet", urlPatterns = {"/QueryServlet"})
public class QueryServlet extends HttpServlet {
    @PersistenceContext(unitName = "MyJPADemoPU")
    private EntityManager em;
    @Resource
    private javax.transaction.UserTransaction utx;
    protected void processRequest(HttpServletRequest request, HttpServletResponse response)
            throws ServletException, IOException {
      try {
            Query query = em.createQuery("SELECT c FROM Customer c");
            List<Customer> cc= query.getResultList();
            for(int i=0;i<cc.size();i++){
                Customer temp=cc.get(i);
              System.out.print(temp.toString());
            }
      } finally {
        }
...
    }
```

程序说明:在上面的代码中,首先调用 EntityManager 的 createQuery 获得一个 Query,然后调用 Query 的 getResultList()获得全部 Entity 集合。为了将获取的 Entity 对象转换为 Customer,代码中使用了泛型。

其实,还有更好的解决办法。如果希望返回的数据类型是安全的,以本程序为例,将创建 Query 一行的代码改为如下形式:

```
TypedQuery<Customer> query = em.createQuery("SELECT c FROM Customer c", Customer.class);
```

作为返回结果的 Query 对象，如果查询结果的数据量非常大，为支持分页，可调用 setFirstResult 设置返回结果的起点位置，调用 setMaxResults 设置每次返回 Entity 的最大数量。

8.5.2 参数设置

JPQL 语句支持两种方式的参数定义：命名参数和位置参数。但是在同一个查询语句中只允许使用一种参数定义方式。

命名参数的格式为"：+参数名"。如下面的代码所示：

```
Query query = em.createQuery("select c from Customer c where c. id=:Id");
query.setParameter("Id",new Integer(1));
```

位置参数的格式为"?+位置编号"。如下面的代码所示：

```
Query query = em.createQuery("select c from Customer c where c. id=?1");
query.setParameter(1,new Integer(1));
```

注意：位置编号是从 1 开始计数。

如果需要传递 java.util.Date 或 java.util.Calendar 参数进行查询，则需要使用一个特殊的 setParameter 方法，如下面的代码片段所示：

```
Query query = em.createQuery(
"SELECT c from Customer  c WHERE c.birthday BETWEEN ?1 AND ?2")
DateFormat dateFormat2 = new SimpleDateFormat("yyyy-MM-dd ");
Date myDate1 = dateFormat2.parse("2000-09-1 ");
Date myDate2 = dateFormat2.parse("2001-09-1 ");
query.setParameter(1, myDate1, TemporalType.DATE);
query.setParameter(2, myDate2, TemporalType.DATE)
```

JPA 最终将 JPQL 转换成本地的 SQL 语句。因为一个 Date 或 Calendar 对象能够描述一个真实的日期、时间或时间戳，所以开发人员需要告诉 Query 对象如何使用这些参数。将 javax.persistence.TemporalType 作为参数传递给 setParameter 方法，就是告诉查询接口在转换 java.util.Date 或 java.util.Calendar 参数到本地 SQL 时使用什么数据库类型。

8.5.3 命名查询

可以在 Entity 上通过@NamedQuery 或@NamedQueries 预先定义一个或多个查询语句，减少每次因书写错误而引起的错误，称为命名查询。开发人员可以把它看作数据库系统中的存储过程。

定义单个命名查询的代码示例如下：

```
...
@Entity
@NamedQuery(name="getCustomer", query="select c FROM Customer c  WHERE c.id=?1")
```

```
public class Customer {
@Id @GeneratedValue
...
```

如果要定义多个命名查询，示例代码如下：

```
...
@Entity
@NamedQueries({
@NamedQuery(name="getCustomer", query=" FROM Customer WHERE id=?1"),
@NamedQuery(name="getCustomerList", query="FROM Person WHERE age>?1")
})
public class Customer {
@Id @GeneratedValue
...
```

当命名查询定义好之后，就可以通过名称执行其查询。代码片段如下：

```
Query query2 =em.createNamedQuery("getCustomer");
query2.setParameter(1, 51L);
Customer temp=(Customer)query2.getSingleResult();
System.out.print(temp.toString());
```

8.5.4 属性查询

查询通常都是针对 Entity，返回的也是被查询的 Entity 集合。JPQL 也允许查询返回 Entity 的部分属性，而不是整个 Entity。对于那些包含大量属性的 Entity，这种查询可以显著提高性能。但需要注意的是，此时 Query 返回的不再是 Entity 对象，而是一个对象数组。对于返回结果的操作就变得相对复杂一些。下面创建一个只返回 Entity Customer 的 id 和 name 属性的查询。

示例代码片段如下：

```
Query query3 = em.createQuery("select  c.id,c.Name from Customer c order by c.id desc ");
           List result = query3.getResultList();
           if (result != null) {
               Iterator iterator = result.iterator();
               while (iterator.hasNext()) {
                   Object[] row = (Object[]) iterator.next();
                   int id = Integer.parseInt(row[0].toString());
                   System.out.print(id);
                   String name = row[1].toString();
                   System.out.print(name);
               }
           }
```

8.5.5 使用构造器

为了方便对属性查询结果的操作,JPQL 支持以查询的属性结果作为 Entity 的构造器参数创建 Entity,并将创建的 Entity 作为查询结果返回。例如,上面的例子只获取 Entity Customer 的 name 和 id 属性,假设不希望返回的集合的元素是 object[],而希望用一个类包装它,首先要创建对应的类 SimpleCustomer,代码如程序 8-26 所示。

程序 8-26:SimpleCustomer.java

```
package com.jpa.demo;
public class SimpleCustomer {
    private long id;
    private String Name;
    public SimpleCustomer() {
    }
    public SimpleCustomer(Long id, String Name) {
        this.id = id;
        this.Name = Name;
    }
    ...
}
```

程序说明:由于不需要此类在关系数据库中映射,因此这个类不需要声明为 Entity。另外要特别注意的是,JPQL 查询返回的是强类型的数据,因此,对于构造方法的参数应该采用基本类型的封装类 Long,而不应该是基本类型 long。

下面使用 SimpleCustomer 封装查询返回的属性信息,示例代码如下所示:

```
Query query3 = em.createQuery("select new com.jpa.demo.SimpleCustomer
( c.id,c.Name) from Customer c order by c.id desc ");
        List result = query3.getResultList();
        if (result != null) {
            Iterator iterator = result.iterator();
            while (iterator.hasNext()) {
                SimpleCustomer sc = (SimpleCustomer) iterator.next();

    System.out.print(sc);
            }
        }
```

注意:在 JPQL 中对于 Entity 的类型应采用完整的类名。

8.6 本地查询

一些关系数据库如 Oracle 等提供了一些特有的函数,可以提高数据库操作的性能。JPQL 提供了一种称为本地查询的方式,支持使用数据库本地支持的 SQL 语句。尽管输入的是本地的 SQL 语句，但是返回的还是 Entity 的集合。

与 JPQL 查询一样，本地查询也分为动态查询和命名查询两种类型。以查询 Entity Customer 为例：

```
Query query = em.createNativeQuery("SELECT * FROM t_customer", Customer.class);
List<Customer> customers = query.getResultList();
```

命名查询对应的 Entity 代码片段如下：

```
@Entity
@NamedNativeQuery(name = "findAll", query="select * from t_customer")
@Table(name = "t_customer")
public class Customer {
// Attributes, constructors, getters, setters
...
}
```

注意：使用本地查询时，一定要确保 SQL 语句中的数据库对象如表名、字段名等与 Entity 实际映射的数据库对象的名称完全一致。

8.7 基于 Criteria API 的安全查询

不管是 JPQL 还是 SQL，它们都基于字符串的查询方式。这种方式的优点是简洁，但存在一个很大的缺点，即如果查询字符串中存在语法错误，在应用编译时无法发现错误，只有到运行时才抛出异常。例如，下面的代码：

```
Query query3 = em.createQuery("select c.id,c.name from Customer c order by c.id desc ");
```

仅仅因为 name 属性的第一个字母大小写的问题，就将导致数据库查询时抛出异常。而这种错误也是程序员最容易犯的。那么如何构建安全的查询呢？

于是，JPA 2.0 提出了 Criteria API。基于 Criteria API，Entity 查询对象不再是 Query 类，而是变为 CriteriaQuery，JPQL 中的每个关键字都变成了 CriteriaQuery 的方法，开发人员将全部采用方法调用的方式一步步构建出 CriteriaQuery 对象。以下面的 JPQL 为例。

```
SELECT c FROM Customer c WHERE c.Name = 'zx'
```

采用 Criteria API 的查询如程序 8-27 所示。

程序 8-27：QueryServlet.java

```
...
protected void processRequest(HttpServletRequest request, HttpServletResponse response)
        throws ServletException, IOException {
    try {
```

```
            CriteriaBuilder builder = em.getCriteriaBuilder();
            CriteriaQuery<Customer> query = builder.createQuery(Customer.
            class);
            Root<Customer> c = query.from(Customer.class);
            query.select(c).where(builder.equal(c.get("Name"), "zx"));
            TypedQuery<Customer> typedQuery = em.createQuery(query);
            Customer temp = (Customer) typedQuery.getSingleResult();
            System.out.print(temp.toString());
        } finally {
        }
...
```

程序说明：在上面的代码中，首先调用 EntityManager 的 getCriteriaBuilder()创建了 CriteriaBuilder，它是用来创建 CriteriaQuery 的工具。然后调用 CriteriaBuilder 的 createQuery 方法创建一个 CriteriaQuery，之后，分别调用 CriteriaQuery 的 from、select、where 等方法完善 CriteriaQuery 实例，最终将 CriteriaQuery 实例作为参数传递到 EntityManager 的 createQuery 创建 TypedQuery。之后的操作方式就跟 8.5 节的内容完全一致了。还要注意的是，CriteriaQuery 的 where 方法的参数，也是调用 CriteriaBuilder 构建的一个表达式。

运行程序 8-27，看看是否能获得期望的结果。

可以看出，CriteriaQuery 的核心是创建一条 JPQL 语句，它将语句抽象化为对象 CriteriaQuery，JPQL 的关键词作为对象的方法，通过设置 CriteriaQuery 属性的方式一步步构建出 CriteriaQuery。CriteriaBuilder 在这一构建过程中起着重要的支撑作用。

上面的代码是否完美地解决了 SQL 语句拼写错误的问题了呢？其实只是仅仅解决了一部分问题。在上面的代码中，对于 Entity 属性的调用仍然是 String 类型的参数，如果此参数值存在拼写错误，仍然会在运行阶段抛出运行异常。

那么到底该怎么办呢？Criteria API 要求每个 Entity 生成一个元模型类，元模型类描述 Entity 中每个属性的类型，描述属性类型的元模型中的属性都是字符型，且名称与 Entity 的属性名称完全一致，这样在构建 CriteriaQuery 时可通过元模型类的属性，免去了输入 String 类型 Entity 属性时拼写错误带来的风险，而且 CriteriaBuilder 还能够知道属性的类型，这样也确保了在构建条件表达式时操作的正确性。

那么如何生成 Entity 的元模型类呢？Entity 的元模型类一般由开发工具自动生成。

Netbeans 已经帮开发人员实现了这一点。每次项目自动编译时，都会在项目的"生成的源文件"目录下生成 Entity 的元文件类。

开发人员可以查看 Customer 的元文件类，如程序 8-28 所示。

程序 8-28：Customer_.java

```
package com.jpa.demo;
import com.jpa.demo.Address;
import com.jpa.demo.CustomerOrder;
import com.jpa.demo.Discount;
import javax.annotation.Generated;
```

```java
import javax.persistence.metamodel.ListAttribute;
import javax.persistence.metamodel.SingularAttribute;
import javax.persistence.metamodel.StaticMetamodel;
@Generated(value="EclipseLink-2.3.2.v20111125-r10461",
date="2012-09-07T17:34:03")
@StaticMetamodel(Customer.class)
public class Customer_ {
    public static volatile SingularAttribute<Customer, Long> id;
    public static volatile SingularAttribute<Customer, String> Name;
    public static volatile SingularAttribute<Customer, String> phoneNumber;
    public static volatile SingularAttribute<Customer, String> email;
    public static volatile SingularAttribute<Customer, Address> address;
    public static volatile ListAttribute<Customer, CustomerOrder> orders;
    public static volatile SingularAttribute<Customer, Discount> discount;
}
```

注意：元模型类中的属性都是静态类型的，防止在运行时被修改。

下面查找 Customer 的 id 大于 100，示例代码如程序 8-29 所示。

程序 8-29：QueryServlet.java

```java
...
protected void processRequest(HttpServletRequest request, HttpServletResponse response)
        throws ServletException, IOException {
    try {
        CriteriaBuilder builder = em.getCriteriaBuilder();
        CriteriaQuery<Customer> query = builder.createQuery(Customer.class);
        Root<Customer> c = query.from(Customer.class);
        query.select(c).where(builder.greaterThan(c.get(Customer_.id), 100L));
        TypedQuery<Customer> typedQuery = em.createQuery(query);
        List<Customer> cc = typedQuery.getResultList();
        for (int i = 0; i < cc.size(); i++) {
        Customer temp = cc.get(i);
        System.out.print(temp.toString());
        }
    } finally {
    }
}
...
```

程序说明：在上面的代码中，最大的不同在于，它也是调用 CriteriaBuilder 构建 CriteriaQuery 的 where 方法的参数。它以元数据类 customer_ 的属性为参数获取对应的 Entity

属性，而不是以 String 类型的参数，这样避免了拼写错误带来的风险，而且由于元数据类中记录了 Entity 属性的类型信息，因此 CriteriaBuilder 知道如何判断针对属性的操作是否合法。假设将上面代码中的 customer_.id 更换为 customer_.Name，则代码在程序编译阶段就通不过，这样就彻底避免了由于查询语句错误而导致运行时抛出异常的潜在风险了。

8.8 生命周期回调方法

在 8.4 节知道 Entity 具有复杂的生命周期，它包含 New、Managed、Detached、Moved 4 个生命状态。JPA 提供了一系列的生命周期方法（如 persist、remove 等）操作管理 Entity，使 Entity 在这 4 个状态之间转换。Entity 的生命周期事件包含以下四类：persist、remove、update、load。为了更好地维护 Entity 的状态，JPA 提供了一系列的注解声明 Entity 生命周期事件的回调方法，这样，企业应用就能够对 Entity 的生命周期活动进行精确的控制，例如，在对 Entity 持久化之前对其属性进行校验等。表 8-3 简单给出了 Entity 生命周期事件注解的说明。

表 8-3 Entity 生命周期事件注解

注 解	说 明
@PrePersist	在调用 persist 前执行
@PostPersist	在调用 persist 后执行。如果 Entity 采用@GeneratedValue 自动获取 id，则在回调方法中能够使用此 id 值
@PreUpdate	在 Entity 状态更新到数据库前执行（调用 entity 的 setters 方法或 entityManager.merge 方法）
@PostUpdate	在 Entity 状态更新到数据库后执行
@PreRemove	在 entityManager.remove 前执行
@PostRemove	在 Entity 从数据库移除后执行
@PostLoad	在 Entity 从数据库加载后执行（执行 JPQL 查询或 entityManager.find 或 entityManager.refresh）

假设给 Entity Customer 增加一个属性 lastvisited 记录它最近一次的访问时间，那么通过@PostLoad 回调方法维护这一属性就非常方便。示例代码如下：

首先在 Entity Customer 中增加如下的代码片段：

```
...
@Temporal(TemporalType.DATE)
 private Date lastvisted;
    public Date getLastvisted() {
        return lastvisted;
    }
    public void setLastvisted(Date lastvisted) {
        this.lastvisted = lastvisted;
    }
@PostLoad
    public void setLastvisted() {
        this.lastvisted =new Date();
```

...
}
...

程序说明：在上面的代码片段中，增加了一个方法 public void setLastvisted，并利用注解@PostLoad 将其声明为 Entity 的生命周期事件回调方法。当 Entity 从数据库中加载后，JPA 将自动调用此回调方法，从而实现属性 lastvisted 的更新。

注意：回调方法的参数必须为空。

修改程序 8-29 的代码，在获取到 Entity 后，将其更新到数据库中，代码如程序 8-30 所示。

程序 8-30：QueryServlet.java

```java
protected void processRequest(HttpServletRequest request, HttpServletResponse response)
        throws ServletException, IOException {
    try {
        CriteriaBuilder builder = em.getCriteriaBuilder();
        CriteriaQuery<Customer> query = builder.createQuery(Customer.class);
        Root<Customer> c = query.from(Customer.class);
        query.select(c).where(builder.greaterThan(c.get(Customer_.id), 100L));
        TypedQuery<Customer> typedQuery = em.createQuery(query);
        List<Customer> cc = typedQuery.getResultList();
        utx.begin();
        for (int i = 0; i < cc.size(); i++) {
            Customer temp = cc.get(i);
            System.out.print(temp.toString());
            em.merge(temp);
        }
        utx.commit();
    } catch (Exception e){
        System.out.println(e.toString());
    }
    finally {
    }
}
```

程序说明：与程序 8-29 相比，通过调用 Entitymanager 的方法 merge 将 Entity Customer 保存到持久化上下文中，实现 Entity 状态同步到数据库中的目的。

运行程序 8-30，到数据库中查看，看看加载 Entity 的时间是否保存到字段 LastVisited 中。

8.9 缓　　存

在大数据量的企业应用中，缓存（Cache）对应用程序性能和数据库访问的优化变得越来越重要。将所需服务请求的数据存储到缓存中，可以提高应用程序访问数据的速度，减少用户的等待时间，从而让用户获得更好的用户体验。

JPA 目前支持两种缓存：一级缓存和二级缓存。持久化上下文其实就是 JPA 的一级缓存，通过在持久化上下文中存储持久化状态实体的快照，既可以进行脏检测，还可以当作持久化实体的缓存。一级缓存属于请求范围级别的缓存。JPA 2.0 开始增加了对二级缓存的支持。二级高速缓存通常是用来提高性能的，它可以避免访问已经从数据库加载的数据对象，提高访问未被修改的数据对象的速度。如下面的代码片段所示：

```
@Stateless public Student implements Person {
 @PersistenceContext EntityManager entityManager;
 public OrderLine createStudent(String id, String name) {
   Student student1 = new Student ("0001", "Tom");
   entityManager.persist(student1);   //Managed
    Student student2 =entityManager.find(Student, student1.getId()));
   (student1 == student2) // TRUE
   return (student);
  }
}
```

在上面的代码中，对于 student2，由于持久化上下文中存在对应的实体，因此就不需要访问数据库重新获取，将大大提高应用性能。

JPA 二级缓存是跨持久化上下文共享实体状态的，是真正意义上的全局应用缓存。如果二级缓存激活，JPA 会先从一级缓存寻找实体，如果未找到，则再从二级缓存中寻找，如图 8-11 和图 8-12 所示。

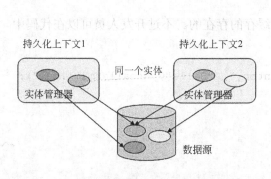

图 8-11　未实现缓存下的数据访问模式

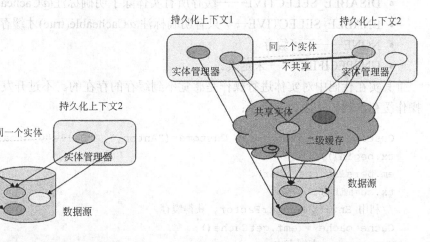

图 8-12　二级缓存下的数据访问模式

还是以上面的示例为例,假设调用 entityManager.find 操作的是在另外一个请求中,由于两个请求不在同一个持久化上下文中,所以还需要访问数据库初始化实体。如果存在二级缓存,就不存在这个问题了。

JPA 的二级缓存的优点在于避免了对已加载对象的数据库访问,对于频繁访问的未修改的对象读取更快,但是内存消耗较大,会出现"陈旧"数据,会出现并发写的情况。

由于二级缓存其实是一个临时存储 Entity 的 Map 对象,因此关于二级缓存提供了如下常用的操作方法:

- public Boolean contains(Class class, Object pk)——检查对象是否在 Map 中。
- public void evict(Class class, Object pk) ——失效 Map 中的对象。
- public void evict(Class class) ——失效 Map 中的类。
- public void evictAll()——失效所有在 Map 中的类。

如果希望 Entity 保存在二级缓存中,则需要在实体前增加注解@Cacheable(true),代码片段如下所示:

```
@Entity
@Cacheable(true)
public class Customer {
@Id @GeneratedValue
private Long id;
private String firstName;
private String lastName;
private String email;
//Constructors, getters, setters
}
```

注:如果注解@Cacheable(false),则表示此实体不允许缓存。

在持久化单元中可配置缓存策略,可选值如下:

- ALL——缓存所有实体。
- DISABLE_SELECTIVE——缓存所有实体除了明确标注@Cacheable(false)的实体。
- ENABLE_SELECTIVE——只有明确标注@Cacheable(true)才缓存。
- NONE——不可缓存。
- UNSPECIFIED——未定义。

其实在代码中对实体进行操作是感觉不到缓存的存在的。不过开发人员可以在代码中操作缓存,代码片段如下所示:

```
Customer customer = new Customer("Antony", "Balla", "tballa@mail.com");
tx.begin();
em.persist(customer);
tx.commit();
//利用 EntityManagerFactory 获得缓存
Cache cache = emf.getCache();
//Customer 在缓存中
```

```
assertTrue(cache.contains(Customer.class, customer.getId()));
// 从缓存中移除对象
cache.evict(Customer.class);
// Customer 将在缓存中不存在
assertFalse(cache.contains(Customer.class, customer.getId()));
```

小　　结

相比 JDBC，JPA 在更高的层次上对数据库操作进行了封装，它提供了实体这一跨越 Java 虚拟机和关系数据库两大领域的基本信息单元，以一组注解的形式提供了一套完备的对象关系数据映射语言，在实体与关系数据间建立起一道桥梁，并提供了 EntityManager 接口对实体状态的生命周期进行管理，实现 Java 对象的状态与数据库持久化数据之间的同步，更重要的是，它提供了与标准 SQL 语法类似的 JPQL 查询语言，允许开发人员以面向对象的方式操作和管理关系数据。

由于实体的生命周期是由框架托管，因此，开发人员可以对实体的生命周期方法定义回调方法。JPA 2.0 还提供了缓存特性，将对应用性能有很大帮助。

习　题　8

1. 论述 JPA 与 JDBC 相比在数据库信息访问上的优缺点。
2. 论述实体的状态和生命周期变化。
3. 利用 JSF 和 JPA 实现一个大学生选课系统。

第 9 章　EJB

本章要点：
- ☑ EJB 的工作原理
- ☑ 无状态会话 EJB
- ☑ 有状态会话 EJB
- ☑ 单例 EJB
- ☑ 消息驱动 EJB
- ☑ 拦截器

本章首先讲解 EJB 的基本概念和工作原理，随后对会话 EJB、消息驱动 EJB 以及 EJB 容器提供的 Time、拦截、异步方法支持等高级功能特性进行详细讲解，并在讲解过程中结合具体示例演示如何进行 EJB 组件开发。

9.1　EJB 基础

EJB（Enterprise JavaBean）是 Java EE 的核心组件技术之一，它是创建基于 Java 的服务器端分布式组件的标准。EJB 规范定义了如何编写 Java EE 服务器端分布式组件，提供了组件与管理组件的容器之间的标准约定，使得开发人员能够快速开发出具有伸缩性的企业级应用。

EJB 技术使得 Java 程序开发人员可以专注于实现业务逻辑，而不再需要辛苦编写那些与事务、安全等通用特性相关的代码，因为 EJB 规范将这些任务委托容器，由负责容器实现的应用服务器厂商完成。这也正是 EJB 体系结构设计思想的精髓。在 Java EE 8 标准规范中包含的 EJB 版本为 3.2。

注意： Enterprise Bean 与 JavaBean 是两个完全不同的概念。JavaBean 是一台机器上同一个地址空间中运行的组件，因此 JavaBean 是进程内组件。JavaBean 使用 java.beans 包开发，它是 Java 标准版的一部分。EJB 是在多台机器上跨几个地址空间运行的组件，因此 EJB 是进程间组件。EJB 是使用 javax.ejb 包开发的，它是标准 JDK 的扩展，是 Java EE 的重要组件类型。

9.1.1　为什么需要 EJB

尽管 EJB 作为 Java EE 核心组件之一，在 Java EE 体系中有着重要的位置，但是关于它的争论一直没有停止，特别是随着 Struts、Spring 和 Hibernate 等轻量级框架的流行，人们对于 EJB 组件的地位和应用场景更是提出了许多疑问。

这里有两方面的原因：一是在 EJB 2.X 规范之前，EJB 组件的开发比较烦琐，要实现许多接口，而且性能上也不够优化；二是对于大部分的企业应用来说，基于轻量级的框架能够很好地满足需求，没必要投资开发复杂的 EJB 组件以及购买昂贵的应用服务器。

EJB 为解决分布式企业应用信息系统开发提供了一种标准解决方案。它重点解决信息系统开发中的以下难题：

- 高级功能特性需求。在实现复杂的业务逻辑时，要求并发、安全、事务处理等高级功能，若是基于 JavaBean 实现，编程人员必须自己编写这些功能代码，而对于 EJB 来说，EJB 容器将为组件提供上述功能服务，开发人员只需要专注于业务逻辑的实现即可，大大降低了编码难度。
- 大规模分布式系统。系统物理上部署在分散的多个节点，这些节点上的组件之间需要进行交互来共同完成复杂的业务逻辑，如银行转账系统、铁路售票系统等。EJB 实现了分布式网络计算，它可以运行在不同服务器上，实现服务器之间的交互，而 JavaBean 只能运行在一个节点上。
- 支持多种类型的客户端。企业信息系统的客户端，除了最常见的 Web 浏览器外，往往还需要支持 Applet、桌面应用等。EJB 组件可以很方便地支持不同类型的客户端访问，这将大大降低编码工作量，并提高系统可维护性。

综上所述，如果开发的应用系统是一个规模较小的，不需要事务支持、并发控制和安全等高级特性需求，那么使用 Servlet 组件和 JavaBean 等所谓的"轻量级组件"完全可以胜任，但是如果开发运行在多个节点上的分布式的复杂信息系统，那么就需要考虑使用 EJB 了。

更值得一提的是，随着新的 EJB 3.1 规范的推出，开发 EJB 组件变得越来越简单。相信 EJB 在未来的 Java EE 企业应用开发中将发挥更大的作用。

9.1.2 EJB 容器

EJB 组件在称作 EJB 容器的环境中运行。EJB 容器由 Java EE 服务器厂商来提供实现。EJB 容器容纳和管理 EJB 的方式与 Java Web 服务器容纳 Servlet 的方式相同。EJB 组件不能在 EJB 容器外部运行。EJB 容器在运行时管理 EJB 的各个方面，包括远程访问、资源和生命周期管理、安全性、持久化、事务、并发处理、集群和负载平衡等，如图 9-1 所示。

容器不允许客户端应用程序直接访问 EJB 组件。当客户端应用程序调用 EJB 组件上的远程方法时，容器首先拦截调用，以确保持久化、事务和安全性等机制都正确应用于客户端对 EJB 组件执行的每一个操作。容器自动为 EJB 组件管理安全性、事务和持久化等，因此 EJB 组件开发人员不必将上述类型的逻辑写入 EJB 代码。EJB 组件开发人员可以将精力集中于封装业务逻辑，而容器负责处理其他一切。

说明：无论 EJB 组件本身还是组件客户都不能够直接调用 EJB 容器提供的服务，只能通过 EJB 组件的部署描述文件 ejb-jar.xml 或组件实现代码中的注解来通知 EJB 容器。

如同 Java Web 服务器管理许多 Servlet 一样，容器同时管理许多 EJB。为减少内存消耗，当不使用某个 EJB 时，容器将它放在池中以便另一个客户端重用，或者将它迁移出内存，仅当需要时再将它调回内存。由于客户端应用程序不能直接访问 EJB（容器位于客户端和 EJB 之间），因此客户端应用程序完全不知道容器的资源管理活动。例如，未使用的

EJB 组件可能被迁移出服务器内存,而它在客户端上的远程引用却丝毫不受影响。客户端在远程引用上调用方法时,容器只需重新实例化 EJB 组件就可以处理请求。客户端应用程序并不知道整个过程。

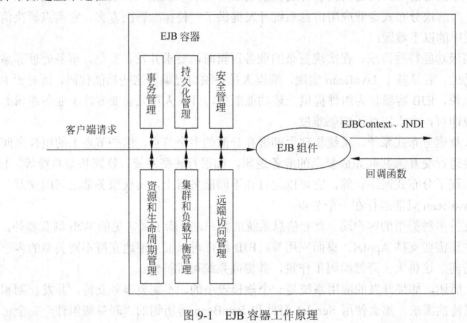

图 9-1 EJB 容器工作原理

EJB 依赖容器来获取它的资源需求。如果 EJB 需要访问数据库或另一个 EJB 组件,那么它需要利用容器来完成此类操作;如果 EJB 需要访问调用者的身份、获取它自身的引用或访问特性,同样也需要利用容器来完成这些操作。EJB 通过以下四种机制与容器交互:

(1)回调方法。回调方法是 EJB 组件实现的,通过注解或在部署文件中声明的特定方法,当容器要执行创建 EJB 实例、将其状态存储到数据库、结束事务、从内存中除去 EJB 等操作时,它将调用这些方法来通知该 EJB 组件。回调方法可以让 EJB 在事件之前或之后立即执行内部调整。例如,注解 @ PostConstruct 的方法为在 EJB 实例创建后调用的回调方法。关于回调方法的使用,在后面的编程实例中还会详细讲解。

(2)EJBContext。每个 EJB 都会得到一个 EJBContext 对象,它是对容器的直接引用。EJBContext 接口提供了用于与容器交互的接口方法,因此 EJB 通过 EJBContext 可以请求关于环境的信息,如客户端的身份或事务的状态,或者 EJB 可以获取它自身的远程引用。

(3)Java 命名和目录接口(Java Naming and Directory Interface,JNDI)。JNDI 是 Java 平台的标准扩展,用于访问命名系统,如 LDAP、NetWare、文件系统等。每个 EJB 自动拥有对一个特定命名系统 ENC(Environment Naming Context,环境命名上下文)的访问权。ENC 由容器管理,EJB 使用 JNDI 来访问 ENC。JNDI ENC 允许 EJB 访问各种资源,如 JDBC 连接、其他 EJB 组件及特定于该 EJB 的属性。

(4)上下文和依赖注入。Java EE 规范提供了一种称为上下文和依赖注入的服务,EJB 通过注解声明需要的组件和服务器资源,则 EJB 容器提供的上下文和依赖注入服务将自动创建或获取对应的组件和资源,并将其添加到 EJB 组件中。它既降低了 EJB 代码编写的难度,又实现了组件之间的松散耦合。

EJB 规范定义了 Bean-容器契约，它包括了以上描述的机制（回调、EJBContext、JNDI ENC、上下文和依赖注射）及一组严谨的规则，这些规则描述了 EJB 及其容器在运行时的行为、如何检查安全性访问、如何管理事务、如何应用持久化等等。Bean-容器契约旨在使 EJB 组件可以在 EJB 容器之间移植，从而实现只开发一次 EJB 组件，然后在任何 EJB 容器内运行该 EJB 组件。供应商，如 Oracle 和 IBM 都销售包含 EJB 容器的应用程序服务器。理想情况下，任何符合规范的 EJB 组件都应该可以在任何符合规范的 EJB 容器中运行。

在这里还要介绍一个新的概念 EJB Lite。由于 EJB 提供了包括安全、事务、并发、远程访问等一系列的高级功能服务，但是在许多场景下并不是所有企业应用都需要这些服务。为了扩大 EJB 的使用范围，Java EE 6 开始提供了一个精简的 EJB 规范，称为 EJB Lite。EJB Lite 支持以下功能特性：

- 无状态、有状态和单例（Singleton）会话 Bean。
- 本地接口和无接口视图。
- 拦截器。
- 容器管理和 Bean 管理的事务。
- 安全。
- Embeddable API。

9.1.3　EJB 组件

EJB 组件是一种分布式对象，指的是 EJB 被实例化后，其他地址空间中的应用程序也可访问它。不同地址空间的应用程序之间的交互是一个复杂的过程。作为分布式对象，EJB 组件与外部的交互过程如图 9-2 所示。

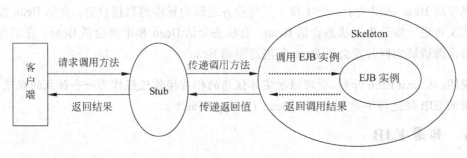

图 9-2　EJB 组件通信

EJB 组件实例封装在一个称作"框架（Skeleton）"的特殊对象中，该对象拥有到另一个叫作"存根（Stub）"的特殊对象的网络连接。存根实现商业接口，但不包含商业逻辑；它拥有到框架的网络套接字连接。每次在存根的商业接口上调用商业方法时，存根将网络消息发送到框架，告诉它调用了哪个方法。框架从存根接收到网络消息时，它标识所调用的方法及其参数，然后调用真正的实例上的相应方法。实例执行商业方法，并将结果返回给框架，然后框架将结果发送给存根，最后存根将结果返回给调用其商业接口方法的应用程序。从使用存根的应用程序的角度来看，存根就像在本地运行。实际上，存根只是个哑网络对象，它将请求通过网络发送给框架，然后框架调用真正 EJB 组件实例上的方法。EJB

组件实例完成所有工作,存根和框架只是通过网络来回传递方法和参数。

通过存根和框架这两个中间对象,屏蔽了分布式对象之间的复杂通信过程,简化了分布式组件的开发。幸运的是,这两个复杂的对象都不需要程序员来编写。在 EJB 规范中,由容器实现框架。这可以确保客户端对 EJB 调用的每一个方法都先由容器处理,然后再委托给 EJB 实例。容器必须拦截这些针对 EJB 的请求,这样它可以自动应用持久化、事务和访问控制等机制。存根一般由开发工具自动生成。

9.1.4 EJB 接口

EJB 组件中的方法并不是全部提供给客户端调用。针对本地和远程等不同的客户端请求,EJB 提供了 Local 接口和 Remote 接口。Local 接口中声明了供本地客户(即与 EJB 组件运行在同一个 JVM)使用的方法,Remote 接口中声明了供远程客户(即与 EJB 组件不在同一个 JVM 运行)使用的方法。EJB 组件的实现类需要继承并实现 Local 和 Remote 接口中声明的方法。

特别值得一提的是,在 EJB 3.1 规范中,EJB 组件的实现可以仅仅是一个 POJO(Plain Ordinary Java Object,简单的 Java 对象),它不继承任何类,也不需要实现任何接口,则此时 EJB 容器默认将 EJB 实现类中的所有的 public 类型的方法声明为本地接口方法,供本地客户请求使用,称为"无接口视图"。但如果希望远程组件访问 EJB 组件,则组件仍旧必须声明 Remote 接口。

9.1.5 EJB 分类

EJB 组件可以分为两种类型:会话 Bean(Session Bean)和消息驱动 Bean(Message Driven Bean)。简单说来,会话 Bean 代表一个动作,它用来处理客户端的业务逻辑请求;而消息驱动 Bean 则相当于一个实现了某些业务逻辑的异步消息接收者。会话 Bean 按照工作模式又可进一步分为无状态会话 Bean、有状态会话 Bean 和单例会话 Bean。在后面的章节还将详细讲解如何开发会话 Bean 和消息驱动 Bean。

说明:从 Java EE 6 开始,管理维护实体信息的相关操作已经作为一个独立的规范 JPA,因此新的 EJB 规范将不再包含实体 Bean(Entity Bean)。

9.1.6 部署 EJB

9.1.1 节提到过,容器自动为 EJB 处理持久化、事务、并发处理等。EJB 规范描述了一个声明机制,用于通过使用标记或 XML 部署描述信息来处理容器与 EJB 组件间的交互。将 EJB 部署到容器中时,容器将读取部署描述信息以了解应如何处理事务、持久化和访问控制。部署 EJB 的人员将使用此信息,并指定附加信息,以便在运行时将 EJB 与容器提供的服务联系起来。

部署描述信息有一个预先定义的格式,所有符合 Java EE 规范的 EJB 组件都可以使用此格式来描述自身信息,而所有符合 Java EE 规范的服务器必须知道如何读取此格式。这种格式在 XML 文档类型定义(DTD)中指定。部署描述信息描述了 EJB 的类型(会话或消息)及接口方法和 EJB 实现类的名称。它还指定了 EJB 中每个方法的事务性属性以及哪些安全性角色可以访问每个方法（访问控制）。

要部署一个 EJB 组件，必须将它的接口文件、实现类文件以及 XML 部署描述文件封装到一个 jar 文件中。如果在 EJB Bean 类文件中使用到其他辅助工具类文件，则也必须将它们一起打包。

部署描述信息在 jar 中必须以特定名称 META-INF/ejb-jar.xml 保存。这个 jar 文件称作 EJB 组件包，是独立于供应商的；可以将它部署到支持完整 EJB 规范的任何 EJB 容器中。将 EJB 部署到 EJB 容器中时，会从 ejb-jar.xml（或部署标记）中读取部署描述信息以确定如何在运行时管理 EJB。部署 EJB 的人员会将部署描述信息的属性映射到容器的环境中，包括将访问安全性映射到环境的安全性系统、将 EJB 添加到 EJB 容器的命名系统，等等。EJB 开发人员部署完 EJB 之后，客户端应用程序和其他 EJB 组件就可以使用这个 EJB 组件了。

在 Java EE 5 以后的规范中，除了利用部署描述文件，还可以通过 EJB 实现类中的注解来声明 EJB 部署信息。当 EJB 组件实现中，既存在部署标记，又存在部署描述符时，应优先使用部署描述文件中的配置信息。

说明：如果在 EJB 类使用注解，则 XML 部署描述文件也可以默认。

9.1.7 EJB 的优点

可移植性是 EJB 的最大优点。可移植性确保了为一个容器开发的 Bean 可以很方便地迁移到另一个容器。EJB 标准规范是可移植性的前提，它从根本上规范了容器和组件的行为和交互方式。

除了可移植性，EJB 编程模型的简易性也使 EJB 变得更有价值。由于容器负责管理复杂任务，如安全性、事务、持续、并行性和资源管理，因此 EJB 开发人员可以将精力集中在业务规则的编程处理上。

9.2 无状态会话 Bean

在了解了 EJB 的基础知识后，下面开始讲解如何开发 EJB 组件。先从最简单的会话 Bean 讲起。会话 Bean 可以分为有状态会话 Bean(Stateful Bean)、无状态会话 Bean(Stateless Bean) 和单例会话 Bean（Singleton Session Bean）。有状态会话 Bean 可以在客户请求之间保存会话信息，而无状态会话 Bean 不会在客户访问之间保存会话数据。两者都实现了 javax.ejb.SessionBean 接口，单例会话 Bean 与无状态会话 Bean 的工作模式相似，不过一个应用中只允许存在一个单例会话 Bean 的实例。

EJB 容器将通过部署文件 ejb-jar.xml 或 Bean 实现类中的注解来判断会话 Bean 是有状态的还是无状态的。本节讲述无状态会话 Bean 的开发，9.3 节将讲述有状态会话 Bean 的开发。

9.2.1 什么是无状态会话 Bean

无状态会话 Bean 每次调用只对客户提供业务逻辑，但不保存客户端的任何数据状态。这并不意味着无状态类型的会话 Bean 没有状态，而是这些状态被保持在客户端，容器不负责管理。无状态会话 Bean 在 EJB 中是最简单的一种 Bean。无状态会话 Bean 在使用时要注意两个问题：

（1）数据传输负载。本该存储在服务器端（Java EE 服务器）的数据被存储在客户中，每次调用这些数据都要以参数的方式传递给 Bean，如果是一个比较复杂的数据集合，则网络需要传递大量数据，造成更多的负载。

（2）安全性问题。在客户端维护状态还要注意安全性问题，如果数据状态非常敏感，则不要使用无状态会话 Bean，这些情况可以使用有状态会话 Bean，将用户状态保存到服务器中。

无状态会话 Bean 的生命周期由容器控制，Bean 的客户并不实际拥有 Bean 的直接引用，当部署一个 EJB 时，容器会为这个 Bean 分配几个实例到组件池（component pooling）中，当客户请求一个 Bean 时，Java EE 服务器将一个预先被实例化的 Bean 分配出去，在客户的一次会话里，只引用一次 Bean，就可以执行这个 Bean 的多个方法。如果又有客户请求同样一个 Bean，那么容器检查池中空闲的 Bean（不在方法调用中或事务中）实例；如果全部的实例都已用完，则会自动生成一个新的实例放到池中，并分配给请求者。负载减少时，组件池会自动管理 Bean 实例的数量，将多余的实例从池中释放。

无状态会话 Bean 只有两种状态：存在或不存在。当 EJB 容器接到客户端对一个无状态会话 Bean 请求时，如果 EJB 组件不存在，则 EJB 容器创建一个会话 Bean，并调用 Class.newInstance 方法将 Bean 实例化，随后 EJB 容器将 Bean 需要的资源注入 EJB 组件，会话 Bean 所需要的资源信息是通过注解或部署描述文件 ejb-jar.xml 来通知 EJB 容器的，之后 EJB 容器将发出一个 post-construction 事件消息表示 EJB 组件创建完毕。与 Entity 一样，Bean 类可以通过注解@PostConstruct 来注册一个事件回调方法。当 EJB 组件接收到 post-construction 事件消息后，将自动调用此方法来进行处理。在此方法中，可以加入一些 Bean 初始化相关的一些代码如创建数据库连接等，之后组件被加入到组件池中等待客户端调用。

客户端调用结束，EJB 容器将发出一个 preDestroy 事件消息表示 EJB 组件将被销毁，Bean 类可以通过注解@ PreDestroy 来注册一个事件回调方法。当EJB组件接收到preDestroy 事件消息后，将自动调用此方法来进行处理。在此方法中，通常可以加入一些如数据库连接资源释放清理之类的操作代码，在回调方法调用完毕后，EJB 组件将返回组件池。无状态会话 Bean 的完整生命周期如图 9-3 所示。

说明：关于回调事件@ PostConstruct 和@ PreDestroy 的处理是可选的。

从无状态会话 Bean 的工作流程可以看出，它与 Servlet 十分相似。区别在于对于不同的请求，Servlet 将创建一个新的线程来处理，而 EJB 将分配一个新的实例来处理。因此 Servlet 中的方法必须注意线程安全，而 EJB 中可不用考虑。另外 EJB 容器为 EJB 组件提供了池缓冲，在性能上将更加优化。

9.2.2 开发一个无状态会话 EJB

在最初的 EJB 组件开发中，一直因复杂烦琐而令许多程序员望而生畏。EJB 3.0 规范后，EJB 的开发大大简化，对于 EJB 的实现类没有任何特殊要求，它可以是一个普通的 Java

对象，只要把它放在 EJB 容器中，便可成为一个 EJB 组件。这极大地提高了之前组件的重用率。

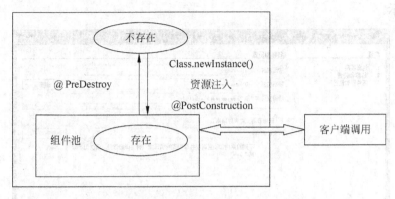

图 9-3　无状态会话 Bean 的生命周期

下面讲述如何开发一个无状态会话 EJB。这个会话 EJB 很简单，它提供将字符串全部转换为大写或小写的两个商业方法。

说明：所谓"商业方法"，是指 EJB 组件提供的，用来实现业务逻辑供客户调用的方法。

开发一个无状态的会话 Bean 通常包括两个步骤：
（1）开发 Bean 实现类。
（2）开发接口文件。接口文件包括本地接口文件和远程接口文件。本地接口文件供与 EJB 组件在同一个 JVM 的本地客户调用时使用，远程接口文件供在其他 JVM 运行的远端客户调用时使用。

说明：一个 EJB 可以仅实现上述接口中的一种，也可以两种接口都不实现。若不实现任何接口，则容器默认实现类中的所有 public 类型的方法为本地接口方法。

首先创建一个企业应用来包含本章所有的示例 EJB。打开 NetBeans，选择"文件"→"新建项目"命令，弹出"新建项目"对话框，如图 9-4 所示。

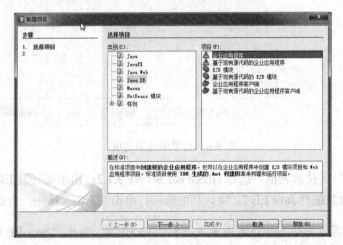

图 9-4　新建企业应用项目

在"新建项目"对话框的"类别"列表框中选择"Java EE"选项,在"项目"列表框中选择"企业应用程序"选项,单击"下一步"按钮,得到"新建企业应用程序"对话框,如图 9-5 所示。

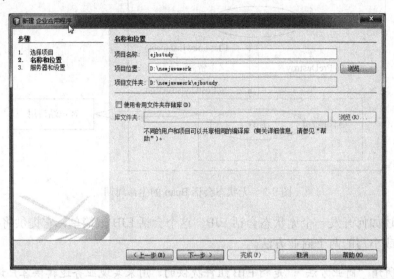

图 9-5 设置企业应用名称和位置

在"项目名称"文本框中输入企业应用的名称 ejbstudy,默认其他选项设置,单击"下一步"按钮,进入"服务器和设置"界面,如图 9-6 所示。

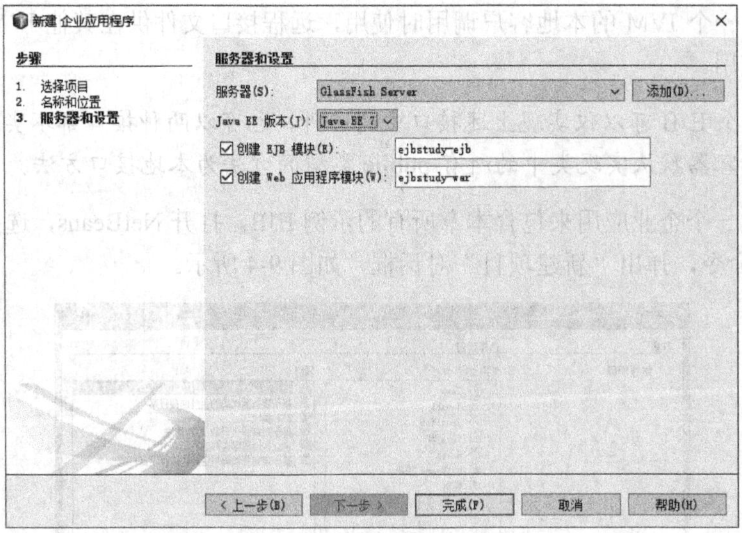

图 9-6 设置服务器选项

在"服务器"下拉列表框中选择 GlassFish Server 3.1.2,由于要开发 EJB 应用,因此,Java EE 版本选项要选择 Java EE 7,默认其他选项,单击"完成"按钮,企业应用创建完毕。

注:由于编写本书时 NetBean 尚未更新到 Java EE 8,因此"Java EE 版本"下拉列表框中仍只显示为 Java EE 7。

说明：企业应用中包含的 EJB 应用 ejbstudy-ejb 用来包含 EJB 组件实现，Web 应用模块 ejbstudy-war 用来包含 EJB 组件的测试代码。

为演示远程访问 EJB，还需要创建一个企业应用客户端。打开"新建项目"对话框，如图 9-4 所示。在"类别"列表框中选择"Java EE"选项，在"项目"列表框中选择"企业应用程序客户端"，单击"下一步"按钮，得到如图 9-7 所示的对话框。

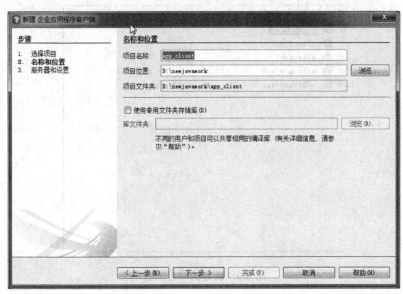

图 9-7　设置企业应用客户端名称和位置

在"项目名称"文本框中输入项目的名称 app_client，单击"下一步"按钮，得到如图 9-8 所示的对话框。

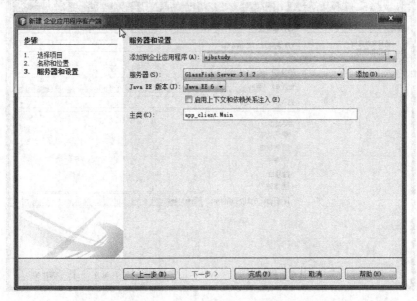

图 9-8　将企业应有客户端添加到企业应用

在"添加到企业应用程序"下拉列表框中选择前面创建的企业应用 ejbstudy,默认其他选项,单击"完成"按钮,企业应用客户端创建完毕。

由于 EJB 组件的远程接口必须放在一个单独的 jar 文件中,客户端才能访问,因此还要新建一个 Java 类库工程 client-api。

最终,NetBean 左上角的"项目"视图如图 9-9 所示。

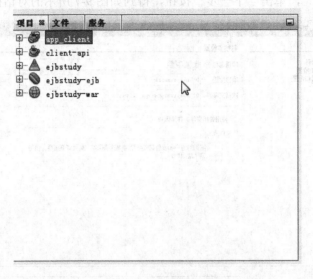

图 9-9 新建的项目列表

下面在 EJB 模块 ejbstudy-ejb 中创建一个无状态会话 Bean。在"项目"视图中选中刚刚创建的 EJB 模块 ejbstudy-ejb,右击,在弹出的快捷菜单中选择"新建"→"会话 Bean"命令,得到"New 会话 Bean"对话框,如图 9-10 所示。

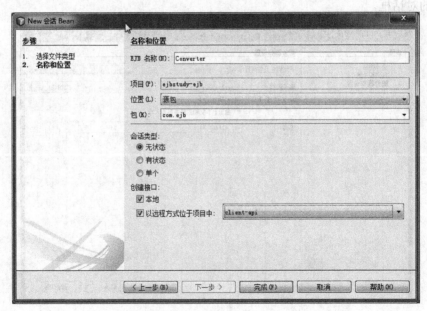

图 9-10 "New 会话 Bean"对话框

在"EJB 名称"文本框中输入 EJB 的名称 Converter，在"包"文本框中输入 EJB 实现文件所在的包的名称 com.ejb，在"会话类型"选项组中选中"无状态"选项，选中"本地"复选框和"以远程方式位于项目中"复选框。注意在选中"以远程方式位于项目中"复选框后要在右侧的下拉列表框中选择前面创建的 Java 类库 client-api 来保存远程接口。最后，单击"完成"按钮，无状态会话 Bean 创建完毕。

NetBeans 为 EJB 组件自动生成了所需的三个文件：EJB 实现文件 Converter.java、ConverterLocal.java 和 ConverterRemote.java。其中远程接口 ConverterRemote.java 被自动部署到 Java 类库 client-api 中，如图 9-11 所示。

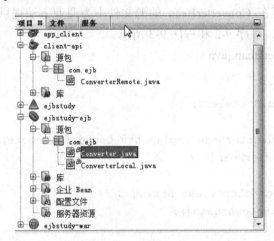

图 9-11　NetBeans 为 EJB 组件自动生成的接口文件

EJB 实现类 Converter 负责所有商业方法的具体实现。开发人员需要在实现类中添加相应的商业方法，并在远程和本地接口文件中声明商业方法。幸运的是，NetBeans 将帮助开发人员很方便地完成这一切。下面演示如何为 EJB 组件添加商业方法。

打开 Converter 类的源文件，右击，在弹出的快捷菜单中选择"添加 Business 方法"命令，弹出"添加 Business 方法"对话框，如图 9-12 所示。

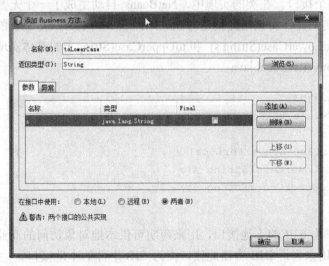

图 9-12　为会话 Bean 添加商业方法

在"名称"文本框中输入商业方法的名称 toLowerCase,在"返回类型"中选择 String,如果要使 EJB 能够被远程对象访问,则选中"远程"单选按钮,如果要使 EJB 能够被本地对象访问,则选中"本地"单选按钮。这里选中"两者",将商业方法添加到两个接口中。单击右侧的"添加"按钮可以为商业方法添加参数信息。在这里为商业方法添加一个 String 类型的参数 s。最后单击右下角的"确定"按钮,商业方法添加完毕。

在 Converter 的源文件中可以看到 NetBeans 自动添加的方法。同样,在远程接口文件和本地接口文件中,也可以发现自动添加的方法声明。

以同样的步骤为 EJB 组件添加商业方法:toUpperCase(String s)。

下面开发人员需要在 ConverterBean 的源文件中为商业方法提供具体的实现。完整程序代码分别如程序 9-1、程序 9-2 和程序 9-3 所示。

程序 9-1:ConverterBean.java

```
package com.ejb;
import javax.ejb.Stateless;
@Stateless
public class ConverterBean implements ConverterRemote, ConverterLocal {
    public ConverterBean() {
    }
    public String toLowerCase(String s) {
        return s.toLowerCase();
    }
    public String toUpperCase(String s) {
        return s.toUpperCase();
    }
}
```

程序说明:类定义前面的标记@Stateless 表示此 EJB 组件的类型为无状态会话 EJB。为了使 EJB 组件能够被远程和本地对象访问,ConverterBean 实现了 ConverterRemote 和 ConverterLocal 两个接口。在类的实现中,NetBeans 自动生成了一个无参数的构造方法,当容器创建 EJB 实例时,将调用此构造方法。因此默认构造方法是必需的。另外,还包含了两个商业方法 toLowerCase(String s) 和 toUpperCase(String s)的具体实现。

程序 9-2:ConverterLocal.java

```
package com.ejb;
import javax.ejb.Local;
@Local
public interface ConverterLocal {
    String toLowerCase(String s);
    String toUpperCase(String s);
}
```

程序说明:作为 EJB 的本地接口,用来声明可供本地对象访问的商业方法。类定义前面的标记@Local 用来告诉 EJB 容器此接口类为 EJB 组件的本地接口。

程序 9-3：ConverterRemote.java

```java
package com.ejb;
import javax.ejb.Remote;
@Remote
public interface ConverterRemote {
    String toLowerCase(String s);
    String toUpperCase(String s);
}
```

程序说明：作为 EJB 的远程接口，用来声明可供远程对象访问的商业方法。类定义前面的标记@Remote 用来告诉 EJB 容器此接口类为 EJB 组件的远程接口。

现在，EJB 组件已经开发完毕。下面需要将 EJB 组件部署到应用服务器上。在"项目"视图中选中 ejbstudy-ejb，右击，在弹出的快捷菜单中选择"部署项目"命令，则 EJB 组件被成功地部署到应用服务器上。在 NetBeans 底部的"输出"窗口中可以看到 EJB 组件发布成功的提示信息。

在 NetBeans 左上角切换到"服务"视图，选择应用服务器 GlassFish，右击，在弹出的快捷菜单中选择"查看域管理控制器"，将登录进 GlassFish Server 的管理控制台界面，在左边的列表中展开"应用程序"选项，可以看到刚刚发布的企业应用 ejbstudy-ejb，在界面的右边可以看到企业应用下包含的 EJB 组件，如图 9-13 所示。

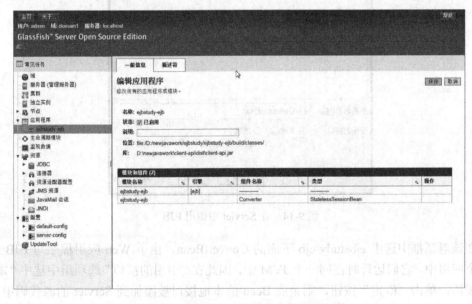

图 9-13　在服务器上查看发布的 EJB 组件

9.2.3　利用 Servlet 测试无状态会话 EJB

会话 Bean 组件是没有任何运行界面的，组件的实例被容器所管理，所以要编写程序来测试这个会话 Bean 组件。下面在企业应用中的 Web 模块 ejbstudy-war 中创建一个名为

testConverter 的 Servlet 来测试上面的 EJB 组件。

利用 Java EE 规范提供的上下文和依赖注入服务，Java EE 组件在运行过程中需要访问的企业资源信息如 EJB、JavaMail 等，可以通过注解的形式进行声明。当组件部署到应用服务器上时，应用服务器根据注解或部署描述文件自动为组件嵌入对应资源的引用。这种特性免去了开发人员编写复杂的资源访问代码的烦琐工作，大大提高了开发效率。下面就演示如何在 Servlet 中通过上下文和依赖注入访问 EJB 组件。

首先利用 NetBeans 创建 Servlet 的框架代码，然后在 Servlet 的源代码中右击，在弹出的快捷菜单中选中"企业资源"→"调用 Enterprise Bean"选项，则弹出"调用 Enterprise Beans"对话框，如图 9-14 所示。

图 9-14　在 Servlet 中调用 EJB

在该对话框中选中 ejbstudy-ejb 下面的 ConvertBean，由于 Web 应用程序与 EJB 组件在一个应用中，它们运行时在同一个 JVM 中，因此在"引用的接口"选项组中选中"本地"单选按钮，单击"确定"按钮，则企业 Bean 的本地接口被添加到 Servlet 的源代码中。利用企业 Bean 的本地接口，就可以调用 EJB 组件的商业方法了。完整代码如程序 9-4 所示。

程序 9-4：TestConverter.java

```
import com.ejb.ConverterLocal;
import java.io.*;
import java.net.*;
```

```java
import javax.ejb.EJB;
import javax.servlet.*;
import javax.servlet.http.*;
public class TestConverter extends HttpServlet {
    @EJB
     private ConverterLocal converterBean;
    protected void processRequest(HttpServletRequest request, HttpServletResponse response)
    throws ServletException, IOException {
        response.setContentType("text/html;charset=UTF-8");
        PrintWriter out = response.getWriter();
        String s=request.getParameter("param");
        String re=converterBean.toUpperCase(s);
        out.println("<html>");
        out.println("<head>");
        out.println("<title>Servlet TestConverter</title>");
        out.println("</head>");
        out.println("<body>");
        out.println("原来的字符串: "+s);
         out.println("<br>");
        out.println("调用EJB商业方法后转换后得到的字符串"+re);
        out.println("</body>");
        out.println("</html>");
        out.close();
    }
    protected void doGet(HttpServletRequest request, HttpServletResponse response)
     throws ServletException, IOException {
        processRequest(request, response);
    }
    protected void doPost(HttpServletRequest request, HttpServletResponse response)
    throws ServletException, IOException {
        processRequest(request, response);
    }
    public String getServletInfo() {
        return "Short description";
    }
}
```

程序说明：在Servlet类定义的前两行，注解@EJB声明了引入一个EJB资源，资源类型为ConverterLocal，资源引用的名称为converter。下面就可以调用converter的商业方法来进行业务运算了。

值得一提的是，在源文件中看不到任何给资源引用converter初始化的语句。这是因为当Servlet部署到服务器时，根据引用变量前面的注解，应用服务器将知道此变量为EJB

组件 ConverterLocal 的引用，将自动创建一个 EJB 组件 ConverterLocal 并将引用赋值给 converter。这样开发人员将不用编写任何代码就可以完成对 EJB 组件的引用了。

说明：从这里也可以看出，客户端对 EJB 的访问，都是通过其对应的接口来实现的。因此，如果 EJB 的接口保持稳定，即使商业方法的内部实现如何变化，也不会影响到客户端的调用。这也就大大提高了 Java EE 程序的可移植性。

部署企业应用程序 ejbstudy。部署成功后，打开 IE 浏览器，在地址栏中输入 http://localhost:8080/ejbstudy-war/TestConverter?param=hello，将得到如图 9-15 所示的运行结果页面。可以看到 EJB 组件的商业方法已经被成功调用。

注意：由于将 Web 项目加入企业应用，只能通过部署企业应用 ejbstudy 来部署 Web 项目。运行 Servlet 组件也只能通过直接在浏览器中输入请求信息。

图 9-15 调用 EJB 组件商业方法

9.2.4 利用远程客户端测试无状态会话 Bean

下面测试如何从远程客户端来访问 EJB 组件的商业方法。它是运行在应用服务器上另一个 JVM 中的 Java 应用。

要实现 EJB 组件的远程访问，需要首先将 EJB 组件的远程接口添加到客户端。远程接口必须存储在单独的 jar 中，才能在客户端中访问。EJB 的远程接口已经自动部署到 Java 类库 client-api 中，因此，只需要在企业应用客户端的库路径下增加 Java 类库项目即可。

在企业应用客户端的"项目"视图中选中"库"，右击，如图 9-16 所示。选择"添加项目"命令，将弹出如图 9-17 所示的对话框。

选择项目 client-api，单击"添加项目 JAR 文件"按钮即可。

下面只要在远程客户端的 main 方法中注入 EJB 的引用，然后就可以调用 EJB 的方法了，完整代码如程序 9-5 所示。

程序 9-5：Main.java

```
package app_client;
import com.ejb.ConverterRemote;
import javax.ejb.EJB;
public class Main {
```

```
@EJB
private static ConverterRemote converter;
public static void main(String[] args) {
    System.out.print(converter.toUpperCase("hello,everybody"));
    }
}
```

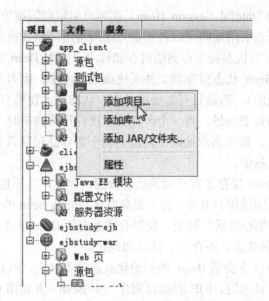

图 9-16 在"库"节点下添加关联项目

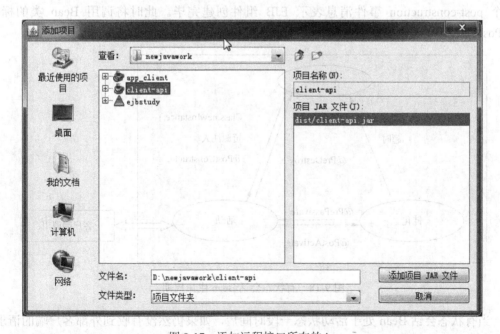

图 9-17 添加远程接口所在的 jar

运行程序，看看对 EJB 组件的远程调用是否成功。

9.3 有状态会话 Bean

9.3.1 基本原理

有状态会话 Bean（Stateful Session Bean）在客户引用期间维护 Bean 中的所有实例数据的状态值，这些数据在引用期间可以被其他方法所引用，但其他客户不会共享同一个会话 Bean 的实例。Bean 的状态被保存到临时存储体中，因为 Bean 是可以被序列化的，所以同样也可以把一个 Bean 状态保存到文件系统或数据库中。因为在调用方法时需要维护状态（这部分是有开销的），所以只有需要维护客户状态时才使用有状态会话 Bean。购物车是应用会话 Bean 的典型场景，当一个客户第一次打开购物车时，系统为它分配一个购物车的会话 Bean，此后，每当客户选购了商品购物车的商品记录就会改变，而这些记录数据将保存到用户会话数据中。

由于有状态会话 Bean 保存了客户端的状态数据，因此，它不能够像无状态会话 Bean 那样放到组件池中被不同的用户共享。为了提高有状态会话 Bean 的效率，EJB 容器对有状态会话 Bean 实现了"钝化/激活"机制，使得有状态会话 Bean 的生命周期相对更为复杂。有状态会话 Bean 有三种状态：不存在、活动和钝化。

如图 9-18 所示，有状态会话 Bean 的初始化状态为不存在，当 EJB 容器接到客户端对一个有状态会话 Bean 请求时，EJB 容器将创建一个 Bean，并调用 Class.newInstance 方法将 Bean 实例化，随后 EJB 容器将 Bean 需要的资源注入 EJB 组件，之后 EJB 容器将发出一个 post-construction 事件消息表示 EJB 组件创建完毕。此时将调用 Bean 类的标记 @PostConstruct 对应的回调方法。之后 EJB 组件就可以被客户端调用了。

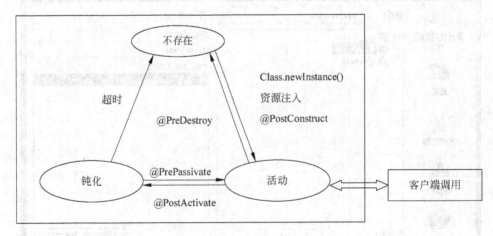

图 9-18　有状态会话 Bean 生命周期

当有状态会话 Bean 处于活动状态一段时间后，如果仍然没有收到外部客户端的请求，为了节省系统资源，此时 EJB 容器将会把有状态会话 Bean 中的状态信息序列化到临时存储空间，并将有状态会话 Bean 从内存中移除，这一过程称为"钝化"。在 EJB 容器钝化有状态会话 Bean 之前，将会发出一个 pre-passivate 事件消息，触发有状态会话 Bean 的标记为@PrePassivate 的回调方法被执行。

当 EJB 容器收到对已经钝化了的有状态会话 Bean 的请求时，将重新初始化有状态会话 Bean 的实例，并将其状态信息从临时存储中取出，此时，EJB 容器将发送一个 post-passivate 事件消息,触发有状态会话 Bean 的标记为@PostPassivate 的回调方法被执行。回调方法执行完毕，则有状态会话 Bean 回到活动状态，可以继续处理客户端的请求。

当有状态会话 Bean 处于钝化状态一段时间后，EJB 容器将彻底清除此 EJB 组件，在清除此组件前，EJB 容器将发送 preDestroy 事件消息到 EJB 组件来调用@ PreDestroy 标记对应的事件回调方法。回调方法处理完毕后，EJB 容器才会将有状态会话 Bean 从内存中清除。

注意：客户可以直接调用@ remove 标记对应的事件回调方法来通知 EJB 容器将有状态会话 Bean 清除。

由于 EJB 容器对有状态会话 Bean 采用"钝化／激活"机制来实现，这就要求有状态会话 Bean 的状态信息必须支持序列化。

说明：任何不被方法调用的 EJB 都可以钝化，除非一种情况：它处在一个事务过程中。

特别注意：有状态会话 Bean 不支持 Web 服务调用接口。关于 Web 服务将在第 12 章详细论述。

9.3.2 实现有状态会话 Bean

在本节示例中要为一家银行编写一个操作银行账户的 Bean 组件——StatefulAccount，这个组件将用来操作存储在数据库中的账户信息，为银行系统提供基本的账户管理功能。为了能够描述清楚有状态会话 Bean 的特性，本示例将银行账户功能简化成三个商业接口方法：addFunds 方法为银行账户添加资金，removeFunds 方法从银行账户中取出资金，getBalance 方法用来查询银行账户的余额。

在"项目"视图中选中 EJB 模块 ejbstudy-ejb，右击，在弹出的快捷菜单中选择"新建"→"会话 Bean"命令，得到"New 会话 Bean"对话框，如图 9-19 所示。

在"EJB 名称"文本框中输入 EJB 的名称 StatefulAccount，在"包"文本框中输入 EJB 实现文件所在的包的名称 com.ejb，在"会话类型"选项组中选中"有状态"选项，在"创建接口"选项组中选中"以远程方式位于项目中"和"本地"。最后，单击"完成"按钮，有状态会话 Bean 创建完毕。

NetBeans 为 EJB 组件自动生成了所需的三个文件：EJB 实现文件 StatefulAccountBean.java、远程接口文件 StatefulAccount Remote.java 和本地接口文件 StatefulAccount Local.java。

EJB 实现文件 StatefulAccountBean 负责所有商业方法具体实现。因为账户信息存储在数据库中，为了在 StatefulAccountBean 中获取数据库连接信息，则首先利用依赖注入为组件添加数据库连接属性。

说明：本示例需要用到 7.6 节创建的数据源 sample。

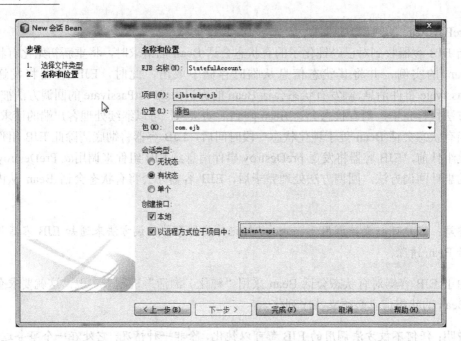

图 9-19　新建有状态会话 Bean

在 EJB 实现文件 StatefulAccountBean.java 的编辑器中右击，在弹出的快捷菜单中选中"企业资源"→"使用数据库"选项，则弹出"选择数据库"对话框，如图 9-20 所示。

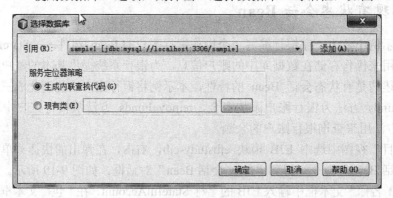

图 9-20　"选择数据库"对话框

单击"添加"按钮，弹出"添加数据源引用"对话框。选中服务器上已有的数据源 sample，在"引用名称"文本输入框中输入数据源引用的名称 sample，单击"确定"按钮，则关于数据源注入的标记插入源代码中，同时为 StatefulAccountBean 添加了一个 Datasource 类型的资源引用属性 sample。

下面为 EJB 添加一个状态变量来存储客户状态。具体操作为在 StatefulAccount Bean 添加一个 double 变量 account 代表账户的余额。

说明：有状态会话 EJB 中的状态变量必须为 Java 基本类型或者支持序列化的 Java 对象。这是因为有状态会话 EJB 在进行钝化操作时，必须将这些状态变量存储到临时存储空间。

随后依照 9.2 节介绍的操作步骤为 EJB 组件添加下述三个商业方法：

public void depoist(**double** amount) **throws** Exception
public double withdraw(**double** amount) **throws** Exception
public double getBalance(String id)

为了实现对数据库连接的操作，还要为组件添加两个辅助方法：openConnection()和cleanup()。代码如程序 9-6 所示。

程序 9-6：StatefulAccountBean.java

```
package com.ejb;
...
@Stateful
public class StatefulAccountBean implements com.ejb.StatefulAccountRemote,
com.ejb.StatefulAccountLocal {
    @Resource(name = "sample")
    private DataSource sample;
    private Connection connection;
    private double account=-1.0;
    public StatefulAccountBean() {
    }
    @PostConstruct
    @PostActivate
    public void openConnection() {
        try {
            connection = sample.getConnection();
        } catch (SQLException sqle) {
            sqle.printStackTrace();
        }
    }
    @PrePassivate
    @PreDestroy
    public void cleanup() {
        try {
            connection.close();
            connection = null;
        } catch (SQLException sqle) {
            sqle.printStackTrace();
        }
    }
    public void depoist(double amount)throws Exception {
        if(amount<0)throw new Exception("Invalid amount");
        account+=amount;
    }
    public void withdraw(double amount) throws Exception{
```

```java
            if(amount<0)throw new Exception("Invalid amount");
            if(account< amount)throw new Exception("not enough money");
            account-=amount;
        }
        public double getBalance(String id) {
            if(account<0){
                if(connection!=null){
                    String sql="Select amount from account where id= "+id;
                    try{
                        Statement s=connection.createStatement();
                        ResultSet re= s.executeQuery(sql);
                        if(re.next())account=re.getInt("amount");
                    }catch(Exception e){
                        System.out.println(e.toString());
                    }
                }
            }
            return account;
        }
        @Remove
        public void updateAccount(String id) {
            if(connection!=null){
                String sql="update account set amount =? where id= "+id;
                try{
                    PreparedStatement s=connection.prepareStatement(sql);
                    s.setDouble(1,account);
                    int re= s.executeUpdate();
                }catch(Exception e){
                    System.out.println(e.toString());
                }
            }
        }
    }
```

程序说明：作为会话 Bean 的实现类，用来实现 Bean 的三个商业方法。为了方便对数据库的操作，首先利用资源注入为 Bean 引入数据源属性 sample。在代码实现中，将直接使用此属性来获取到数据库的操作，而看不到任何对此变量初始化的代码，这是因为在 EJB 组件部署时，EJB 容器将自动获取数据源对象的引用并把它赋给此变量。

数据库连接是宝贵的系统资源，为了方便对数据库连接的管理，实现了两个辅助方法，其中方法 openConnection()利用数据源获取到数据库的连接，方法 cleanup()用来释放到数据库的连接。为了确保维护数据库连接状态，代码中利用@PostConstruct、@PostActivate 来标记方法 openConnection()为回调方法，确保 EJB 组件在创建或激活时能够获取数据库连接。利用@PrePassivate、@PreDestroy 来标记方法 cleanup()为回调方法，确保 EJB 组件在销毁或钝化时能够释放数据库连接。方法 updateAccount(String id)用来更新数据库中存储的信息，此时将不再需要 EJB 组件，因此利用注解@Remove 来标注此方法，当此方法被调用后，EJB 组件将被销毁。

下面通过在 Web 应用 ejbstudy-war 中创建一个 Servlet 组件 TestStatefulAccount 来对刚刚创建的有状态会话 EJB 组件进行测试。注意 Servlet 的实现类也在包 com.ejb.test 内。代码如程序 9-7 所示。

程序 9-7：TestStatefulAccount.java

```java
package com.ejb.test;
import com.ejb.StatefulAccountLocal;
import java.io.*;
import java.net.*;
import javax.ejb.EJB;
import javax.servlet.*;
import javax.servlet.http.*;
public class TestStatefulAccount extends HttpServlet {
    @EJB
    private StatefulAccountRemote statefulAccountBean;
    protected void processRequest(HttpServletRequest request,
    HttpServletResponse response)
    throws ServletException, IOException {
        response.setContentType("text/html;charset=UTF-8");
        PrintWriter out = response.getWriter();
        String id=request.getParameter("ID");
        out.println("<html>");
        out.println("<head>");
        out.println("<title>Servlet TestStatefulAccount</title>");
        out.println("</head>");
        out.println("<body>");
        out.println("the account balance:"+statefulAccountBean.
        getBalance(id)+"<br>");
//      向基金账户增加 5000.25
        try{
        statefulAccountBean.depoist(2389.25);
        out.println("method of depoist(2389.25) Result:"+statefulAccountBean.
        getBalance(id)+"<br>");
//      从基金账户调出 1000.02
        statefulAccountBean.withdraw(1000.02);
        out.println("method of withdraw(1000.02) Result:"+statefulAccountBean.
        getBalance(id));
        out.println("<hr>");
        out.println("current account balance:"+statefulAccountBean.
        getBalance(id));
        }catch(Exception e){
            System.out.println(e.toString());
        }
```

```
            out.println("</body>");
            out.println("</html>");
            out.close();
        }
    ...
    }
```

发布企业应用 ejbstudy。企业应用部署成功后,在浏览器地址栏内输入 http://localhost:8080/ejbstudy-war/TestStatefulAccount?ID=0,得到运行结果页面如图 9-21 所示。

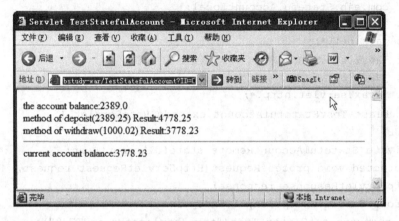

图 9-21　测试有状态会话 Bean

9.4　单例会话 Bean

9.4.1　基本原理

单例（Singleton）是一种设计模式,在这种模式下保证应用中只能存在对象的一个实例。它的优势是能够减少资源的消耗,更重要的是能够避免由于多实例并发操作带来的对象状态的不同步问题。具体到 Java 应用来说,则保证在一个 JVM 内只能存在类的一个实例。这种模式在许多场景下是非常适合的,例如,聊天室应用中记录在线人数的计数器、应用启动时的配置操作等。

EJB 规范专门提供了单例类型的会话 Bean 来实现这种设计模式。EJB 容器将为此种类型的 EJB 仅初始化一个实例,供所有客户请求使用。

如果单例会话 Bean 在初始化时产生意外,则 EJB 将销毁此 Bean 实例。但是一旦单例会话 Bean 初始化完成,若在调用其商业方法时发生意外,则单例会话 Bean 实例并不会销毁。这一点要特别注意。

9.4.2　利用 JSF 访问单例会话 Bean

Java EE 6 Web 容器支持 EJB Lite,因此,开发人员完全可以在一个 Web 应用中来使用单例会话 Bean。在本示例中,将创建一个名为 Counter 的 Web 应用,相关的示例代码将包含在此应用中。

下面创建一个单例会话 Bean 来实现页面计数，代码如程序 9-8 所示。

程序 9-8：CounterBean.java

```java
package counter.ejb;
import javax.ejb.Singleton;
@Singleton
public class CounterBean {
    private int hits = 1;
    public int getHits() {
        return hits++;
    }
}
```

程序说明：在上面的代码中，通过注解@Singleton 声明了一个单例会话 Bean。它主要包含一个商业方法 getHits 来返回一个代表访问次数的值。

下面创建 JSF 页面来访问单例会话 Bean，页面代码和 Managed Bean 代码分别如程序 9-9 和程序 9-10 所示。

程序 9-9：test.xhtml

```xml
<?xml version='1.0' encoding='UTF-8' ?>
<!DOCTYPE html PUBLIC "-//W3C//DTD XHTML 1.0 Transitional//EN"
    "http://www.w3.org/TR/xhtml1/DTD/xhtml1-transitional.dtd">
<html xmlns="http://www.w3.org/1999/xhtml"
    xmlns:h="http://java.sun.com/jsf/html">
    <h:head>
        <title>Singleton Bean</title>
    </h:head>
    <h:body>
        页面被单击 #{count.hitCount} 次.
    </h:body>
</html>
```

程序 9-10：Count.java

```java
package counter.web;
import counter.ejb.CounterBean;
import javax.ejb.EJB;
import javax.faces.bean.ManagedBean;
import javax.faces.bean.SessionScoped;
@ManagedBean
@SessionScoped
public class Count {
    @EJB
    private CounterBean counterBean;
    private int hitCount;
```

```
    public Count() {
        this.hitCount = 0;
    }
    public int getHitCount() {
        hitCount = counterBean.getHits();
        return hitCount;
    }
    public void setHitCount(int newHits) {
        this.hitCount = newHits;
    }
}
```

程序说明：由于 Java EE 服务器提供了上下文和依赖注入服务，因此，在上面的代码中，利用注解@EJB，可将创建的单例会话 Bean 很方便地引用到 Managed Bean 中。

运行程序 9-9，将得到如图 9-22 所示页面。

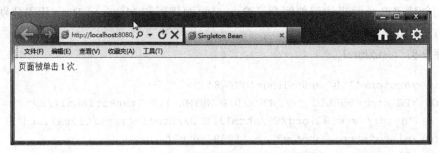

图 9-22　利用单例会话 Bean 实现网页计数

不断刷新页面，可以看到显示的单击次数不断刷新。

为了提高应用性能，可以通过注解@Startup 来通知 EJB 容器在应用启动时自动初始化此 Bean，代码如程序 9-11 所示。

程序 9-11：CounterBean.java

```
package counter.ejb;
import javax.ejb.Singleton;
@Startup
@Singleton
public class CounterBean {
    ...
}
```

9.4.3　并发控制

一切进展都很顺利。但是不要忘记，单例会话 Bean 是供多个客户同时使用的。因此必须考虑并发的问题。这也是单例会话 Bean 的特色。因为无状态会话 Bean 在同一时刻仅服务于一个客户请求，有状态会话 Bean 在一次会话中仅服务于一个客户。

单例会话 Bean 可以采用两种并发管理方式：一种是由容器托管的，一种是由 Bean 自身来实现的。

采用了容器托管的并发控制的 Bean 的代码如程序 9-12 所示。

程序 9-12：CounterBean.java

```java
package counter.ejb;
import javax.ejb.ConcurrencyManagement;
import javax.ejb.ConcurrencyManagementType;
import javax.ejb.Lock;
import javax.ejb.LockType;
import javax.ejb.Singleton;
@Singleton
@ConcurrencyManagement(ConcurrencyManagementType.CONTAINER)
public class CounterBean {
    private int hits = 1;
    @Lock(LockType.WRITE)
    public int getHits() {
        return hits++;
    }
}
```

程序说明：首先在 Bean 的定义前通过注解@ConcurrencyManagement（Concurrency-ManagementType.CONTAINER）声明采用容器托管类型的并发管理，然后在具体的方法前采用注解@Lock 来定义并发控制类型。其中，LockType.WRITE 代表不允许两个客户请求同时访问此方法，而 LockType.Read 代表允许两个客户同时读取。

当然，对于比较复杂的商业逻辑方法，如跨越多个方法的事务处理，可以采用 Bean 管理并发方式，这样更加灵活。

还是以上面的例子为例，修改后的代码如程序 9-13 所示。

程序 9-13：CounterBean.java

```java
package counter.ejb;
import javax.ejb.ConcurrencyManagement;
import javax.ejb.ConcurrencyManagementType;
import javax.ejb.Lock;
import javax.ejb.LockType;
import javax.ejb.Singleton;
@Singleton
@ConcurrencyManagement(ConcurrencyManagementType.BEAN)
public class CounterBean {
    private int hits = 1;
    synchronized public int getHits() {
        return hits++;
    }
}
```

程序说明：可以看到，在 Bean 管理同步方式下，除了在类定义前采用注解@ConcurrencyManagement(ConcurrencyManagementType.BEAN)来声明外，在 Bean 实现中，需要利用 Java 语言的 synchronized 关键字来设置方法的同步属性实现同步控制。

9.4.4 依赖管理

一个应用中可能存在多个单例会话 Bean，而这些 Bean 中又可能存在某种依赖关系。例如，假设应用中还存在一个单例会话 Bean ConfigBean，用来保存应用的配置信息，如程序 9-14 所示。

程序 9-14：ConfigBean.java

```java
package counter.ejb;
import javax.ejb.Singleton;
@Singleton
public class ConfigBean {
    private String param = "master";
    public String getParam() {
        return param;
    }
}
```

现在 Counter Bean 需要根据 ConfigBean 来决定自己的行为，二者产生依赖关系。为了正确初始化，必须利用@DependOn 来声明组件间的依赖关系，如程序 9-15 所示。

程序 9-15：CountBean.java

```java
package counter.ejb;
import javax.ejb.ConcurrencyManagement;
import javax.ejb.ConcurrencyManagementType;
import javax.ejb.Lock;
import javax.ejb.LockType;
import javax.ejb.Singleton;
@Singleton
@DependsOn({"ConfigBean"})
@ConcurrencyManagement(ConcurrencyManagementType.BEAN)
public class CounterBean {
...
}
```

另外需要说明的是，如果 CounterBean 存在多个依赖组件，可在注解@DependsOn 的属性中用"，"隔开，如下所示。

```java
@DependsOn({"PrimaryBean", "SecondaryBean"})
```

EJB 容器将首先创建 PrimaryBean 和 SecondaryBean 的实例，然后再创建 CountBean，具体是先创建 PrimaryBean 还是 SecondaryBean 的实例则是随机的，因此，如果 PrimaryBean 还要依赖 SecondaryBean，则应该通过以下的方式来声明：

```
@DependsOn({"SecondaryBean"})
@DependsOn({"PrimaryBean"})
```

9.5 消息驱动 Bean

9.5.1 基本原理

Java 消息服务（Java Message Service，JMS）是 Java EE 服务器提供的一种基于消息的异步通信机制。它有两种工作模式：一种是基于点对点的工作模式，消息发送者将消息发送到一个消息队列（Queue）中，消息消费者从队列中取走并处理消息；另外一种是发布/订阅模式，消息被分成若干主题（Topic），消息生产者将消息发布到特定主题，消息消费者订阅特定主题的消息。

消息驱动 Bean 使得 Java EE 应用程序能够异步处理 JMS 消息。消息驱动 Bean 类似于事件侦听程序，不同的是消息驱动 Bean 接收消息而不是事件。消息可以由任何 Java EE 组件（应用程序客户端、其他 Enterprise Bean 或 Web 组件）发送。

消息驱动 Bean 的最大优势是可以避免占用更多的服务器资源。通过会话 Bean 也可以接收处理 JMS 消息，但它们以同步方式运行，而不是像消息驱动 Bean 那样异步运行。因此在许多场合，开发人员可以使用消息驱动 Bean 代替会话 Bean。

在某些方面，消息驱动 Bean 类似于无状态会话 Bean：
- 消息驱动 Bean 的实例通常不保留特定客户端的数据或会话状态。
- 消息驱动 Bean 的所有实例都是等效的，从而使 EJB 容器能够向任何消息驱动 Bean 实例指派消息。容器可以将这些实例集中在一起，以便能够并行处理消息流。
- 单个消息驱动 Bean 可以处理来自多个客户端的消息。

与会话 Bean 不同，消息驱动 Bean 的客户端不通过接口对其进行访问。它们之间是通过异步消息松散耦合的。消息驱动 Bean 只有一个 Bean 类。

在部署了一个消息驱动 Bean 后，它就被指派在一个虚拟通道上监听特定主题或队列中的消息。JMS 客户端发送的任何消息（该消息必须符合 JMS 规范）都将由应用服务器转发给某个虚拟通道上的消息驱动 Bean。当 EJB 容器接收到这条消息时，它将会从某个实例池中选择该 Bean 类的一个实例来处理该消息。Bean 实例将调用 onMessage 方法来处理这条消息。

容器为创建的消息驱动 Bean 实例提供 MessageDrivenContext 接口，MessageDrivenContext 使 Bean 实例能够访问由容器为其维护的上下文。

9.5.2 实现消息驱动 Bean

下面创建一个消息驱动 Bean，它用来实现将接收到的消息内容作为 Entity 持久化存储到数据库中。

在"项目"视图中选中 EJB 模块 ejbstudy-ejb，右击，在弹出的快捷菜单中选择"新建"→"消息驱动 Bean"，得到"New 消息驱动 Bean"对话框，如图 9-23 所示。

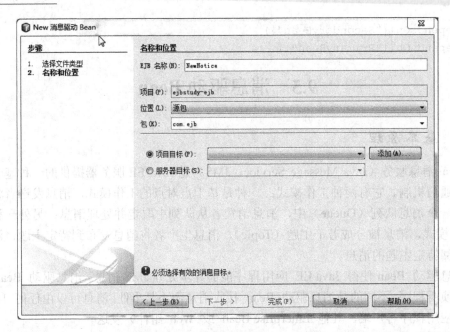

图 9-23 "New 消息驱动 Bean" 对话框

在 "EJB 名称" 文本框中输入 EJB 的名称 NewNotice, 在 "包" 文本框中输入 EJB 实现文件所在的包的名称 com.ejb。

单击 "项目目标" 下拉列表框右侧的 "添加" 按钮, 弹出如图 9-24 所示的对话框来为消息驱动 Bean 配置消息资源。在 "目标名称" 文本输入框中输入消息队列的名称 Notice, 选中 "队列" 单选按钮, 单击 "确定" 按钮, 消息资源配置完毕。

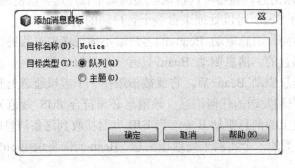

图 9-24 添加消息目标

最后, 单击图 9-23 中的 "完成" 按钮, 消息驱动 Bean 创建完毕。NetBeans 自动生成了消息驱动 Bean 的框架代码。开发人员要做的主要工作就是在方法 onMessage(Message message)中实现具体的消息处理逻辑。完整代码如程序 9-16 所示。

程序 9-16: NewNotice.java

```
package com.hyl;
...
@MessageDriven(mappedName = "jms/Notice", activationConfig = {
    @ActivationConfigProperty(propertyName = "acknowledgeMode",
```

```
            propertyValue = "Auto-acknowledge"),
        @ActivationConfigProperty(propertyName = "destinationType",
            propertyValue = "javax.jms.Queue")
})
public class NewNotice implements MessageListener {
    @PersistenceContext
    private EntityManager em;
    @Resource
    private MessageDrivenContext mdc;
    public NewNotice() {
    }
    public void onMessage(Message message) {
         ObjectMessage msg = null;
    try {
        if (message instanceof ObjectMessage) {
            msg = (ObjectMessage) message;
            Notice e = (Notice) msg.getObject();
            persist(e);
        }
    } catch (JMSException e) {
        e.printStackTrace();
        mdc.setRollbackOnly();
    } catch (Throwable te) {
        te.printStackTrace();
    }
    }
    public void persist(Object object) {
        em.persist(object);
    }
}
```

程序说明：作为一个消息驱动 EJB，它将传递来的消息实体，通过 JPA 实现持久化操作。在类定义的前面可以看到注解@MessageDriven，它表明此类为消息驱动 Bean。注解标记后面括号内的信息为此消息驱动 Bean 对应的 JMS 资源信息。当消息驱动 Bean 部署时，应用服务器将根据此信息来为消息驱动 Bean 创建 JMS 资源。

Bean 类实现了 MessageListener 接口，这样当接收到消息时便被触发。利用上下文和依赖注入在 Bean 实现内注入 EntityManager 接口实例 em 和 MessageDrivenContext 接口实例 mdc。其中 mdc 通过调用方法 setRollbackOnly()来设置消息驱动 Bean 的事务特性，em 用来调用持久化服务将 Entity 持久化。

方法 onMessage(Message message)为消息处理逻辑实现的地方，这里只是将收到的消息类型强制转换为 Entity Notice。从这里可以看出，Entity 与一个普通的 Java 对象在使用上是相同的。

说明：为了将消息驱动 Bean 操作的 Entity Notice 映射到数据库 Java DB，需要基于

7.6 节创建的数据源 sample 为 EJB 项目增加一个持久化数据单元。创建持久化单元的详细代码参见 8.2.1 节。

为了演示消息驱动 Bean NewNotice，下面需要在 Web 模块 ejbstudy-war 中创建一个 Servlet 组件 PostNotice，它将用来发送 JMS 消息。

在 Netbeans 为 PostNotice 自动生成的框架代码中右击，在弹出的快捷菜单中选择"企业资源"→"发送 JMS 消息"命令，将得到如图 9-25 所示的对话框。

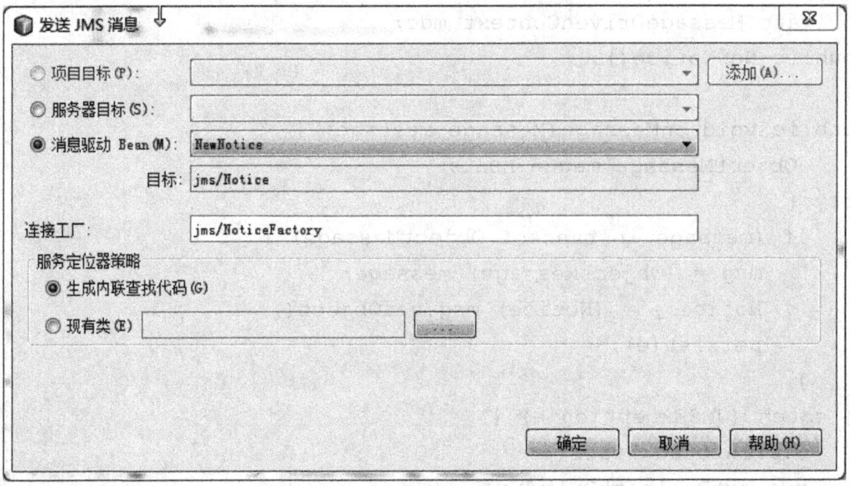

图 9-25 选择消息驱动 Bean

选中"消息驱动 Bean"单选按钮，并在右侧的下拉列表框中选中前面创建的消息驱动 Bean NewNotice，默认其他选项设置，单击"确定"按钮，则 Servlet 需要的 JMS 资源被 Netbeans 插入到源代码中。

程序 9-17：PostNotice.java

```java
package com.ejb.test;
...
public class PostNotice extends HttpServlet {
    @Resource(mappedName = "jms/NewNoticeFactory")
    private ConnectionFactory newNoticeFactory;
    @Resource(mappedName = "jms/NewNotice")
    private Queue newNotice;
    protected void processRequest(HttpServletRequest request,
    HttpServletResponse response)
    throws ServletException, IOException {
        response.setContentType("text/html;charset=UTF-8");
        request.setCharacterEncoding("UTF-8");
        String title=request.getParameter("title");
        String body=request.getParameter("body");
        String author=request.getParameter("author");
        if(author==null)author="";
```

```java
            if(author.equals(""))author="匿名";
            if ((title!=null) && (body!=null)) {
                try {
                    Connection connection = newNoticeFactory.createConnection();
        Session session = connection.createSession(false, Session.AUTO_ACKNOWLEDGE);
                    MessageProducer messageProducer = session.createProducer
            (newNotice);
                    ObjectMessage message = session.createObjectMessage();
                    Notice e = new Notice();
                    e.setTitle(title);
                    e.setBody(body);
                    e.setAuthor(author);
                    e.setPublishDate(new java.sql.Timestamp(System.
                    currentTimeMillis()));
                    message.setObject(e);
                    messageProducer.send(message);
                    messageProducer.close();
                    connection.close();
                    response.sendRedirect("NoticeList");
                } catch (JMSException ex) {
                    ex.printStackTrace();
                }
            }
            PrintWriter out = response.getWriter();
            out.println("<html>");
        out.println("<meta http-equiv='Content-Type' content='text/html'; charset='UTF-8'>");
            out.println("<head>");
            out.println("<title>公告发布栏</title>");
            out.println("</head>");
            out.println("<body>");
            out.println("<form>");
            out.println("作者: <input type='text' name='author'><br/>");
            out.println("标题: <input type='text' name='title'><br/>");
            out.println("内容: <textarea name='body'></textarea><br/>");
            out.println("<input type='submit' value='发布'><br/>");
            out.println("</form>");
            out.println("</body>");
            out.println("</html>");
            out.close();
        }
        ...
    }
```

程序说明：程序用来实现公告信息的发布。它提供一个界面用来允许用户输入公告信息，并将用户提交的信息组装成 Entity，然后发送到消息队列中。

发送消息的代码主要位于方法 processRequest 中，首先利用 ConnectionFactory 接口的 createConnection 方法获取到消息队列的连接，其中 ConnectionFactory 接口的引用是通过应用服务器的资源注入来实现的。连接获取后，调用连接对象的方法 createSession(false, Session.AUTO_ACKNOWLEDGE)创建 JMS Session 对象，后面调用 Session 对象的方法 createProducer(queue)创建 MessageProducer 对象，最后调用 MessageProducer 对象的 send 方法来将创建的消息发送到消息队列中。

为了检验消息驱动 Bean 是否成功，还需要创建一个 Servlet NoticeList 和一个会话 Bean NoticeFacade 来显示存储在数据库中的公告信息。详细代码请参考本书的源代码。

部署企业应用 ejbstudy。在部署企业应用时，应用服务器将创建消息驱动 Bean 需要的 JMS 资源，在 Netbeans 的"输出"窗口的"ejbstudy"视图中，可以看到创建服务器资源的提示信息。

企业应用部署成功后，首先调用 PostNotice 来插入一条公告信息。在浏览器地址栏内输入 http://localhost:8080/ejbstudy-war/PostNotice，得到的运行结果页面如图 9-26 所示。

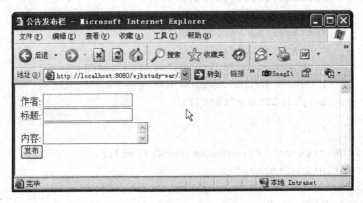

图 9-26　发布公告

在各文本框中输入对应的内容后，单击"发布"按钮，提交的内容将作为消息发送到消息驱动 Bean NewNotice 并被持久化到数据库中。打开新的 IE 窗口，在地址栏中输入 http://localhost:8080/ejbstudy-war/NoticeList，将得到如图 9-27 所示的运行结果页面。可以看到刚才提交的信息已经显示在公告列表中。

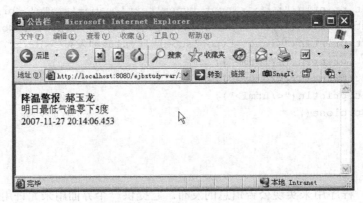

图 9-27　显示刚刚提交的公告信息

9.6 Time 服务

一些企业应用中的业务是由时间来驱动的，比如，需要每天晚上 12 点归档业务数据，每月 1 日生成上月业务数据统计报表等。

EJB 组件的强大之处就在于容器为它提供的强大服务。为了解决由时间驱动的业务执行问题，EJB 容器提供了 Time 服务，支持定时器触发的商业方法调用。

定时器分为两种：一种是在代码中调用 TimerService 接口的 CreateTimer 方法来动态创建，另外一种是通过注解@Schedule 在 Bean 类中声明，由容器在部署 EJB 组件时注入 Bean 实例中。

无论采用哪种方式，都需要用到时间表达式来定义定时器。关于时间表达式的属性如表 9-1 所示。

表 9-1 时间表达式属性说明

属 性	描 述	默认值	允许值和示例
second	秒	0	0~59，例如：second="30"
minute	分	0	0~59，例如：minute="15"
hour	小时	0	0~3，例如：hour="13"
dayOfWeek	星期几	*	0~7（0 和 7 都代表星期天）。例如：dayOfWeek="3"；Sun、Mon、Tue、Wed、Thu、Fri、Sat，例如：dayOfWeek="Mon"
dayOfMonth	天数	*	1~31，例如：dayOfMonth="15" –7~–1（负数代表倒数第几天），例如：dayOfMonth="–3" Last，例如：dayOfMonth="Last" [1st, 2nd, 3rd, 4th, 5th, Last] [Sun, Mon, Tue, Wed, Thu, Fri, Sat]，例如：dayOfMonth="2nd Fri"
month	月数	*	1~12，例如：month="7" Jan, Feb, Mar, Apr, May, Jun, Jul, Aug, Sep, Oct, Nov, Dec. 例如：month="July"
year	年份	*	4 位数字，例如：year="2011"

下面通过创建一个 SessionBean 来演示如何使用 Time 服务。代码如程序 9-18 所示。

程序 9-18：TimerSessionBean.java

```
package timersession.ejb;
...
@Singleton
@Startup
public class TimerSessionBean {
    private static final Logger logger = Logger.getLogger(
        "TimerService Demo");
    @Resource
```

```
    TimerService timerService;
@PostConstruct
public void init() {
    long intervalDuration=5000;
    logger.log(
        Level.INFO,
        "Setting a programmatic timeout for {0} milliseconds from
        now.",
        intervalDuration);
    Timer timer = timerService.createTimer(
        intervalDuration,
        "Created new programmatic timer");
}
@Timeout
public void programmaticTimeout(Timer timer) {
    logger.info("Programmatic timeout occurred.");
    Date t=new Date();
    logger.info(t.toString());
}
@Schedule(minute = "*/3", hour = "*")
public void automaticTimeout() {
    logger.info("Automatic timeout occurred");
    Date t=new Date();
    logger.info(t.toString());
}
@Schedule(minute = "*/1", hour = "*")
public void automaticTimeout2() {
    logger.info("Automatic timeout2 occurred");
    Date t=new Date();
    logger.info(t.toString());
}
```

程序说明：由于 Bean 中仅包含定时器触发的方法，因此它是不接受客户请求的，因此利用注解@Startup 来确保应用启动时将自动初始化 Bean。

为了在 Bean 中使用 Time 服务，利用注解@timeservice 将容器的时间服务引用注入 Bean 中。

下面看如何在代码中动态创建定时器。在 init 方法中，调用 TimeService 实例的 CreateTimer 方法来创建一个代表一定时间间隔的定时器。CreateTimer 方法具有多种形式，允许开发人员灵活地创建各种定时器，详细信息可查看 TimeService 的 API 文档。

为了确保代码被执行，将方法 init 利用注解@PostConstruct 标注，使其成为 Bean 的生命周期方法。为了响应代码中创建的定时器，通过注解 @Timeout 来对方法 programmaticTimeout 进行标记。对于 Bean 声明的定时器，比较简单，通过注解@schedule 对定时器响应方法进行注解即可。注解@schedule 的属性为一组时间表达式，在本例中，代表任意小时的每 3 分钟将被触发一次。

部署应用，在 NetBeans 右下角的"输出"窗口将得到如图 9-28 所示的运行结果。

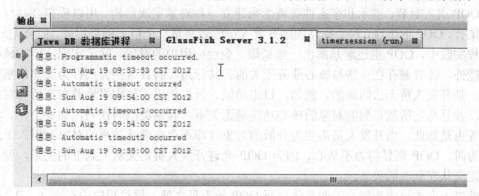

图 9-28　定时器触发处理方法输出的运行日志

可以看到，代码中动态创建的定时器的响应方法和声明的定时器的响应方法都被成功触发。

注意：在一个 EJB 组件中，代码中动态创建的定时器只能有一个，而声明的定时器可以有多个。

定时器默认都是持久化的，一旦创建，它们将存储在应用服务器的配置信息中。因此即使去掉 EJB 中的注解@startup，重新启动服务器，依然可以看到定时器响应处理方法仍旧会被触发。

如果希望创建的 Timer 不是持久化的，对于声明的定时器，示例代码片段如下所示：

```
@Schedule(second="0", minute="*", hour = "*", info="",persistent=false)
```

对于代码中动态创建的定时器，示例代码片段如下所示：

```
TimerConfig timerConfig = new TimerConfig();
timerConfig.setPersistent(false);
...
timerService.createCalendarTimer(scheduleExpression,timerConfig);
```

9.7　拦　截　器

EJB 组件是用来封装业务逻辑的，但在执行业务逻辑过程中，不可避免地要涉及安全、事务、日志等企业应用的基础功能服务。为了保持 EJB 组件的可移植性，容器提供了一种称为拦截器的组件，来对 EJB 商业方法的调用进行过滤处理。

为了正确运用拦截器，必须首先了解拦截器的核心设计思想，即面向方面的编程（Aspect-Oriented Programming，AOP）。

对于面向对象的编程（Object-Oriented Programing，OOP），大家都很熟悉。因为 Java 就是一种 100%面向对象的编程语言。AOP 其实是对 OOP 的补充和完善。而如果了解 Spring

框架的话,对于面向方面的编程可能也不会感到陌生。其实新的 EJB 规范正是借鉴了 Spring 框架等的优秀思想来为开发人员提供一个优秀的编程模型。

OOP 引入封装、继承和多态性等概念来建立一种对象层次结构,用以模拟公共行为的一个集合。OOP 的出现,对于提高程序开发人员的效率是一个巨大的里程碑。但金无足赤,在工程实践中,OOP 也逐渐暴露出一些局限。企业应用中的对象,除了实现一定的核心业务功能外,还普遍存在一些与核心业务无关的公共行为,而且这些公共行为又非常重要和普遍,是开发人员无法回避的。例如,日志功能。日志代码往往水平地散布在所有对象层次中,并且与它所散布到的对象的核心功能毫无关系。其他类型的代码,如安全性、异常处理等也是如此。当开发人员需要为分散对象(即不存在继承关系的对象)引入上述公共行为时,OOP 则显得力不从心。因为 OOP 允许开发人员定义从上到下的关系,但并不适合定义从左到右的关系。

就以上面的日志为例,下面具体分析 OOP 的不足之处。假设程序中存在 A、B、C 和 D 四个对象,对于实现每个对象的日志功能,在 OOP 中如何来设计呢?可以有两个途径:一是继承,二是多态。对于继承,由于对象是对现实世界的抽象,因此,如果现实世界中的 A、B、C 和 D 可能根本不存在继承关系,开发人员不可能生硬地要求它们继承到同一个基类,更重要的是,每个对象的日志实现的具体过程和业务逻辑可能是不一样的,也不是简单地通过继承基类中一个方法就能够解决的。那么再看多态,即开发人员创建一个公用的日志功能接口,然后每个对象通过实现此接口来实现日志功能,由于每个对象都需要具体实现自己的日志功能,那么就造成了同一功能的代码的大量重复,违背了"高内聚"的核心设计原则,不利于程序的维护更新。

AOP 技术的诞生并不算晚,早在 1990 年,来自 Xerox Palo Alto Research Lab(即 PARC)的研究人员就对 OOP 的局限性进行了分析,提出了 AOP 这一设计思想。

OOP 的基本设计理念是将信息封装成一个个独立的对象,对象与对象之间仅仅是自上而下的一种继承关系,使得系统变得更加条理。但这种设计未免过于理想化,对于普遍存在于对象间的一些公共行为,如日志、安全等,利用 OOP 无法实现合理的封装。而 AOP 技术则恰恰相反,它利用一种称为"横切"的技术,剖解开封装的对象内部,并将那些影响了多个类的公共行为封装到一个可重用模块,并将其命名为"Aspect",即方面。所谓"方面",简单地说,就是将那些与业务无关,却为业务模块所共同调用的逻辑或责任封装起来,以减少系统的重复代码,实现功能的高度内聚,并有利于未来的可操作性和可维护性。

举一个形象的例子,可以把 OOP 的设计结果看作是一个个圆球,其中封装的是对象的属性和行为;而 AOP 设计就是对这些圆球进行不同的切割,以获取其内部特定的信息,满足某些特殊要求。而每次剖开的切面,也就是所谓的"方面"了。对于应用中普遍存在的一些公共的关切点,如日志、权限认证和事务处理等,都可以看作是一个个方面。拦截器实现了针对特定方面的编程,因此可以形象地比作是 AOP 设计中进行切割的"刀"。

现在回到 EJB 编程中来,本节讲述的称为拦截器的组件,它们就好比上面提到的"刀",这些"刀"切割的对象就是 EJB 组件,而操作这些刀的当然是 EJB 容器了。

根据业务逻辑实现的需求,EJB 组件通过注解声明需要哪些基础功能的支持。当 EJB 容器接收到客户端对 EJB 的请求时,容器将根据 EJB 组件的声明,调用相关的拦截器组件进行处理来为 EJB 提供基础服务功能,EJB 组件仍旧专注业务逻辑的实现,这样就完美实现了业务逻辑代码与通用的基础功能代码之间的分离。

在本节将以 9.4 节的示例为基础，为单例会话 Bean 的商业方法提供日志服务。

首先创建一个拦截器组件，代码如程序 9-19 所示。

程序 9-19：LogInterceptor

```
package counter.ejb;
import java.util.logging.Logger;
import javax.interceptor.AroundInvoke;
import javax.interceptor.InvocationContext;
public class LogInterceptor {
    private static final Logger logger = Logger.getLogger(
            "counter.ejb. LogInterceptor");
    @AroundInvoke
    public Object log(InvocationContext ctx)
            throws Exception {
        try {
            logger.info("internalMethod: Invoking method: "
                + ctx.getMethod().getName());
            Object result = ctx.proceed();
            logger.info("internalMethod: Returned from method: "
                + ctx.getMethod().getName());
            return result;
        } catch (Exception e) {
            logger.warning("Error calling ctx.proceed in log()");
            return null;
        }
    }
}
```

程序说明：拦截器组件可以是一个简单的组件，不需要实现任何接口，继承任何类，只需要通过注解@AroundInvoke 来标识一个方法，方法必须包含一个 InvocationContext 类型的参数，且返回一个 Object 类型的值。在本例中，开发人员利用 InvocationContext 参数来获取被调用的方法的名称，并在方法实现中利用 logger 组件实现了日志功能。

创建好拦截器组件后，为了使其发挥作用，还必须利用注解@Interceptors 将其与要拦截的对象关联起来。注解的参数就是拦截器实现类。如果注解@Interceptors 标注的是一个类，则类中所有方法的调用都将会被拦截；若标注的是一个方法，仅当该方法被调用时才被拦截。

修改 CountBean 的实现类如程序 9-20 所示。

程序 9-20：CountBean.java

```
...
@Singleton
@ConcurrencyManagement(ConcurrencyManagementType.BEAN)
public class CountBean {
    private int hits = 1;
```

```
    @Interceptors(LogInterceptor.class)
    synchronized public int getHits() {
        return hits++;
    }
}
```

重新发布程序,并请求运行 test.xhtml 页面,查看 NetBean 的"输出"窗口,将得到如图 9-29 所示的输出信息。

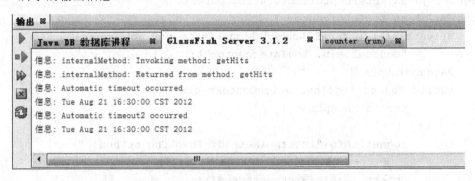

图 9-29　利用拦截器输出的日志信息

可以看到在商业方法调用前,拦截器被调用,当商业方法返回后,仍将会返回拦截器。因此,拦截器应该被准确地比喻为包括在 EJB 组件外的一层温柔的保护层,而不是像刀一样切入组件的一段代码。对于 EJB 组件的请求,首先经过拦截器的处理,然后才执行商业方法调用,EJB 商业方法完成后,仍旧是返回拦截器。也只有这种机制,才能确保拦截器能够为 EJB 组件提供类似事务处理这种过程性的基础功能服务。

9.8　异步方法

新的 Servlet 规范中对于长时间运行的请求提供异步处理支持,对于会话 Bean,同样也提供了异步方法支持。下面通过一个示例来演示 EJB 组件的异步方法。

说明:消息驱动 Bean 本来就工作在异步模式下,因此自然不需要提供异步支持。

注意:异步方法在一个全新的事件上下文中处理,而且无法访问调用者的会话或对话上下文状态。

首先创建 EJB 组件,完整代码如程序 9-21 所示。

程序 9-21:PiBean.java

```
package async.ejb;
import java.math.BigDecimal;
import java.util.concurrent.Future;
import java.util.logging.Logger;
import javax.ejb.AsyncResult;
import javax.ejb.Asynchronous;
```

```java
import javax.ejb.Stateless;
import javax.inject.Named;
@Named
@Stateless
public class PiBean {
    private static final Logger logger = Logger.getLogger(
            "async.ejb.PiBean");
    @Asynchronous
    public Future<String> computer(int max) {
        String status="计算中...";
        System.out.println("come in long operation...");
        Pi p = new Pi();
        BigDecimal temp = p.computePi(max);
        status = "计算完成";
        System.out.println("come out long operation...");
        return new AsyncResult<String>(status);
    }
}
```

程序说明：在上面的代码中，通过注解@Asynchronous 声明了一个异步方法 computer，注意它返回的结果是 AsyncResult<String>类型，它实现了 Future 接口，允许客户端来获取对于异步操作的结果。

说明：EJB 组件中使用了一个辅助工具类 Pi，它用来计算圆周率，完整代码详见本书附带的源代码。

下面通过 JSF 来访问此 EJB 组件的异步方法，首先创建一个页面来提交要计算的圆周率的位数，代码如程序 9-22 所示。

程序 9-22：index.html

```xml
<?xml version='1.0' encoding='UTF-8' ?>
<!DOCTYPE composition PUBLIC "-//W3C//DTD XHTML 1.0 Transitional//EN"
"http://www.w3.org/TR/xhtml1/DTD/xhtml1-transitional.dtd">
<ui:composition xmlns:ui="http://java.sun.com/jsf/facelets"
        xmlns:h="http://java.sun.com/jsf/html"
        xmlns:f="http://java.sun.com/jsf/core"
        template="./template.xhtml">
    <ui:define name="content">
        <h:form id="myForm">
            <h:panelGrid id="emailFormGrid"
                    columns="3">
                <h:outputLabel for="digits"
                        value="要计算的 Pi 的位数：" />
                <h:inputText id="digits"
                        value="${countManagedBean.max}" />
```

```
                <h:message for="digits" />
                <f:facet name="footer">
                    <h:panelGroup style="display:block; text-align:center">
                        <h:commandButton id="sendButton"
                                    action="#{countManagedBean.begin()}"
                                    value="计算" />
                    </h:panelGroup>
                </f:facet>
            </h:panelGrid>
        </h:form>
    </ui:define>
</ui:composition>
```

在上面的代码中，使用了 Managed Bean，代码如程序 9-23 所示。

程序 9-23：CountManagedBean.java

```
package async.web;
import async.ejb.PiBean;
import java.util.concurrent.ExecutionException;
import java.util.concurrent.Future;
import java.util.logging.Logger;
import javax.ejb.EJB;
import javax.enterprise.context.RequestScoped;
import javax.inject.Named;

@Named
@RequestScoped
public class CountManagedBean {
    private static final Logger logger = Logger.getLogger(
            "async.web.CountManagedBean");
    @EJB
    protected PiBean pb;
    protected int max;
    public int getMax() {
        return max;
    }
    public void setMax(int max) {
        this.max = max;
    }
    protected String status;
      public CountManagedBean() {
    }
    public String getStatus() {
        return status;
    }
    public void setStatus(String status) {
```

```
        this.status = status;
    }
    public String begin() {
        String response = "response";

        try {
            System.out.println("come in...");
            Future<String> re = pb.computer(max);
              System.out.println("come out...");
        // while (!mailStatus.isDone()) {
        //     this.setStatus("Processing...");
        // }
        } catch (Exception ex) {
            logger.severe(ex.getMessage());
        }
        return response;
    }
}
```

程序说明：在上面的代码中，使用注解@EJB 将 PiBean 注入，在 action 方法 begin 中，调用了异步方法 computer，可以看到，它与调用一般的 EJB 方法没什么不同，只是方法返回的值是 Future<String>类型。

下面还要增加一个 JSF 页面来代表返回结果，代码如程序 9-24 所示。

程序 9-24：response.xhtml

```
<?xml version='1.0' encoding='UTF-8' ?>
<!DOCTYPE composition PUBLIC "-//W3C//DTD XHTML 1.0 Transitional//EN"
"http://www.w3.org/TR/xhtml1/DTD/xhtml1-transitional.dtd">
<ui:composition xmlns:ui="http://java.sun.com/jsf/facelets"
          template="./template.xhtml"
          xmlns:h="http://java.sun.com/jsf/html">
    <ui:define name="content">
        <h:outputText id="messageStatus"
                value="#{countManagedBean.status}" />
    </ui:define>
</ui:composition>
```

部署并启动应用，运行程序 index.xhtml，将得到如图 9-30 所示的运行结果页面。

在文本输入框中输入要计算的圆周率的位数 123456，单击"计算"按钮，将得到如图 9-31 所示的运行界面。

可以看到计算结果页面已经返回给用户，并没有等待长时间的计算完成。切换到右下角的"输出"窗口，可以看到如图 9-32 所示的输出信息。

可以看到是在结束 Managed Bean 对 EJB 方法调用后才开始进行 EJB 异步方法内部的计算过程，因此可以确认是真正的异步方法调用。

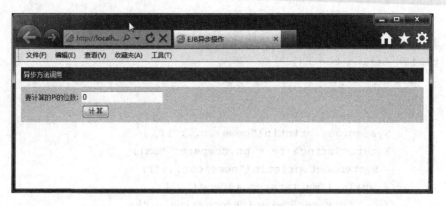

图 9-30　异步方法调用参数输入界面

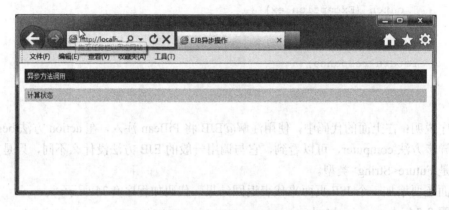

图 9-31　异步方法调用后的返回结果页面

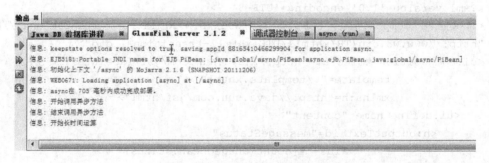

图 9-32　程序运行日志输出信息

上面的示例并不完美，客户需要知道 EJB 异步方法调用完成后的状态，开发人员可以利用异步方法返回的 Future 对象进行处理。下面修改程序 9-23 的代码如程序 9-25 所示。

程序 9-25：CountManagedBean.java

```
package async.web;
...
@Named
@RequestScoped
public class CountManagedBean {
```

```
        private static final Logger logger = Logger.getLogger(
                "async.web.CountManagedBean");
    @EJB
    protected PiBean pb;
    protected int max;
    ...
    public String begin() {
        String response = "response";
        try {
            System.out.println("come in...");
            Future<String> re = pb.computer(max);
              System.out.println("come out...");
            try {
                this.setStatus(re.get());
            } catch (ExecutionException ex) {
                this.setStatus(ex.getCause().toString());
            }
        } catch (Exception ex) {
            logger.severe(ex.getMessage());
        }
        return response;
    }
}
```

程序说明：与程序 9-23 相比，在方法 begin 中，对于异步方法调用的返回值，调用了 get 方法来获取，并用它来设置 Managed Bean 的值。

重新运行程序 index.xhtml，输入要计算的圆周率的位数后单击"计算"按钮，这次会惊奇地发现，页面一直处于等待状态，直到计算完成后才返回如图 9-33 所示的响应页面，虽然获取到了异步计算的结果，但异步的效果完全没有了。

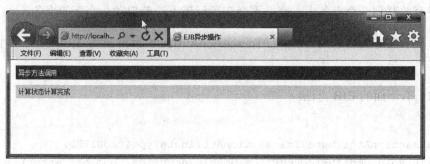

图 9-33　显示异步调用方法返回值

根本原因在于调用异步操作返回对象的 get 方法所致。它将一直等待运算完成后才能够获取异步计算结果并返回，因此就造成了同步操作的结果。

解决这一问题的根本方法是在调用 get 方法之前调用 future 接口的 isDone 方法判断异步操作是否已经完成，来避免长时间的等待。修改后的代码片段如下所示：

```
try {
    if(re.isDone())
        this.setStatus(re.get());
} catch (ExecutionException ex) {
    this.setStatus(ex.getCause().toString());
}
```

9.9 事务支持

EJB 组件对商业方法提供了强大的事务支持。注解@TransactionAttribute 用作定义一个需要事务的方法。它可以有以下参数。

- REQUIRED：方法在一个事务中执行，如果调用的方法已经在一个事务中，则使用该事务，否则将创建一个新的事务。
- MANDATORY：如果运行于事务中的客户调用了该方法，则方法在客户的事务中执行。如果客户没有关联到事务中，则容器就会抛出 TransactionRequiredException。如果企业 Bean 方法必须用客户事务，则采用 MANDATORY 参数。
- REQUIRES-NEW：方法将在一个新的事务中执行，如果调用的方法已经在一个事务中，则暂停旧的事务。在调用结束后恢复旧的事务。日志记录是个很好的例子，即使父事务回滚，你也希望把错误情况记录到日志中；另一方面，日志记录细小调试信息的失败不应该导致回滚整个事务，并且问题应该仅限于日志记录组件内。
- SUPPORTS：如果方法在一个事务中被调用，则使用该事务，否则不使用事务。
- NOT_SUPPORTED：如果方法在一个事务中被调用，则容器会在调用之前中止该事务。在调用结束后，容器会恢复客户事务。如果客户没有关联到一个事务中，则容器不会在运行该方法前启动一个新的事务。用 NOT_SUPPORTED 参数标识不需要事务的方法。因为事务会带来更高的资源消耗，所以这个参数可以提高应用性能。
- NEVER：如果在一个事务中调用该方法，容器会抛出 RemoteException。如果客户没有关联到一个事务中，容器不会在运行该方法前启动一个新的事务。

注：如果没有指定参数，那么@TransactionAttribute 注解使用 REQUIRED 作为默认参数。

例如，有下面的 EJB 方法：

```
...
@TransactionAttribute(TransactionAttributeType.REQUIRED)
public void ModifyProductPrice(double newprice, boolean error)
throws Exception {
Query query = em.createQuery("select p from Product p");
List result = query.getResultList();
if (result != null) {
for (int i = 0; i < result.size(); i++) {
Product product = (Product) result.get(i);
```

```
Double price=product.getPrice();
product.setPrice(newprice *price);
em.merge(product);
    }
  }
}
```

在上面的方法中，要对所有产品的价格进行调整，可能涉及对关系数据库中多条记录的修改。如果有任何一件商品的价格在修改过程中发生意外（例如，触及物价局定的最高上限），则整个 EJB 方法所执行的操作都将会回滚，这就确保了对商品调价过程的一致性。

小　　结

EJB 组件技术是 Java EE 针对分布式企业级计算环境提出的服务器端的标准组件技术。学习 EJB 技术的关键在于领会 EJB 容器的工作原理，了解不同类型的 EJB 组件的适用场景。本章在深入阐述 EJB 工作原理的基础上，通过详尽的示例讲解了各种 EJB 组件的开发过程。要求熟练掌握各种 EJB 组件的开发技巧。

习　题　9

1. 什么是 EJB？它与 JavaBean 有何不同？
2. 简述 EJB 容器的工作原理。
3. EJB 可以分为哪几类？各有什么异同？
4. 上机实现本章的所有例程。

第 10 章 CDI

10.1 引　　言

Java EE 架构将应用分为多个层次，每层由一系列的组件组成。通过对第 3～9 章的学习，开发人员已经掌握了开发企业应用表示层和业务层的各种组件。这些组件在应用的运行过程中，除了调用容器提供的服务外，相互之间必然要发生交互。如何在确保组件实现强大功能的同时，保持相互间的低耦合是每个企业开发人员不断追求的目标。为实现组件间的低耦合，Java EE 推出了 CDI（Contexts and Dependency Injection，上下文和依赖注入）规范。

10.2　CDI 概　　述

组件是 Java EE 应用的基本单元，组件之间交互的复杂程度称为耦合度。一个理想的状态是每个组件实现特定的完整功能，组件之间的交互尽可能简单。在企业应用开发中，由于业务需求的变化导致组件功能变更是不可避免的，在一个组件紧密耦合的系统架构中，一个组件的变化将会引起紧密耦合的其他组件都要随之调整，从而导致整个系统架构发生震荡，这是应用开发的大忌。

所谓"依赖注入"，就是依赖第三方对象，在程序运行过程中，动态创建对象并建立对象之间的依赖关系，从而降低对象间的耦合程度，提高程序的扩展性和灵活性。这种模式就像是将对象间的依赖关系在运行时动态注入对象中一样，因此被称为"依赖注入"。

Java EE 的"组件-容器"的设计思想是实现依赖注入的理论基础。因为在 Java EE 中，组件都是运行在容器中，由容器管理其生命周期，自然地，容器就可承担起组件交互管理者的责任，在创建组件时根据配置信息动态地建立组件之间的依赖关系，实现所谓的"依赖注入"。容器提供的这种服务便是 CDI。

CDI 允许 Java EE 组件（包括 EJB 会话 Bean 和 JSF 的 Managed Bean）绑定到特定的生命周期上下文，并以依赖注入的方式建立组件之间的关联，实现组件间的松散耦合。区别以往由组件调用其他组件的 new 方法来创建实例，或者以方法参数的形式来获得其他组件引用，CDI 真正实现了组件间的松耦合。

10.3　CDI 下的受控 Bean

Java EE 的 CDI 服务下的组件对象称为"受控 Bean"。只需要使用注解@Named 来标记一个普通的 JavaBean 或 EJB 组件，就可使得 Bean 置于 CDI 的管控之下。如果原来只是一个普通的JavaBean，那么以后将由CDI来负责管理它的生命周期，并负责建立它与其他组件之间的依赖。如果原来是EJB组件，那么CDI将取代EJB容器来管理受控Bean的生命周期，并负责建立它与其他组件之间的依赖。至于其他的事务、安全等服务则依然由EJB容器来提供。

更值得一提的是，CDI将受控Bean直接暴露给表示逻辑层，利用EL表达式语言可轻松访问CDI下的受控Bean。

下面通过一个示例来演示如何声明一个受控Bean，并在视图中来访问它。首先创建一个支持CDI的Web应用程序cdi。如图10-1所示，在进行到"新建Web应用程序"向导的第三步"服务器和设置"时，选中"启用上下文和依赖关系注入"复选框，则在Web应用的WEB-INF目录下新增一个beans.xml文件，它是CDI服务的配置文件。当部署Web应用时，Java EE服务器发现此文件将自动启动CDI服务。

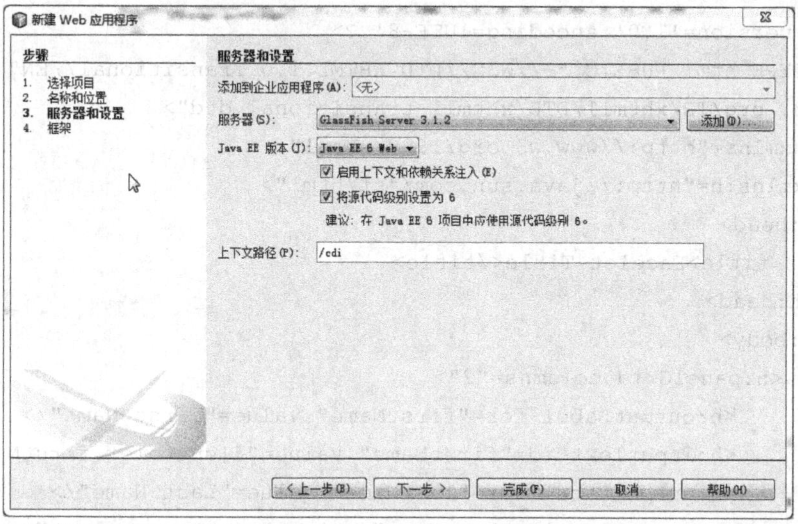

图10-1 创建支持CDI的Web应用

下面在Web应用中新建一个代表客户信息的Bean，代码如程序10-1所示。

程序10-1：customer.java

```
package com.demo;
import javax.inject.Named;
@Named
public class Customer {
    private String firstName="hao";
    private String lastName="yulong";
    public String getFirstName() {
        return firstName;
    }
    public void setFirstName(String firstName) {
        this.firstName = firstName;
```

```java
    }
    public String getLastName() {
        return lastName;
    }
    public void setLastName(String lastName) {
        this.lastName = lastName;
    }
}
```

程序说明：注意这里使用注解@named 而不是@ManagedBean 来标记 Bean 类。通过使用注解@Named，使得 Bean 称为 CDI 的受控 Bean，则在 JSF 视图中可直接访问它。下面创建一个视图来访问 Customer，代码如程序 10-2 所示。

程序 10-2：input.xhtml

```xml
<?xml version='1.0' encoding='UTF-8' ?>
<!DOCTYPE html PUBLIC "-//W3C//DTD XHTML 1.0 Transitional//EN" "http://www.w3.org/TR/xhtml1/DTD/xhtml1-transitional.dtd">
<html xmlns="http://www.w3.org/1999/xhtml"
    xmlns:h="http://java.sun.com/jsf/html">
    <h:head>
        <title>Facelet Title</title>
    </h:head>
    <h:body>
        <h:panelGrid columns="2">
            <h:outputLabel for="firstName" value="First Name"/>
            <h:inputText id="firstName" value="#{customer.firstName}"/>
            <h:outputLabel for="lastName" value="Last Name"/>
            <h:inputText id="lastName" value="#{customer.lastName}"/>
        </h:panelGrid>
    </h:body>
</html>
```

程序说明：JSF 页面中可像访问 Managed Bean 一样访问受控 Bean。CDI 受控 Bean 默认的名称为首字母小写的类名，在声明受控 Bean 时可以通过注解@Named 设置受控 Bean 的名称，如@Named ("customerBean")。

运行程序 10-2，将得到如图 10-2 所示的界面，可以看到，视图中已经成功显示受控 Bean 中的信息。可以看出，CDI 的受控 Bean 完全可以取代 JSF 框架下的 Managed Bean，来作为视图的数据支撑。因此在最新的 Java EE 规范中，推荐使用 CDI Bean 来取代 JSF 框架的 Managed Bean。

除了 JSF 视图，在服务器端的其他组件中，也可以很方便地访问受控 Bean。下面为视图 input.xhtml 创建一个 Managed Bean CustomerInput，演示如何在 Managed Bean 中访问 CDI 下的受控 Bean，代码如程序 10-3 所示。

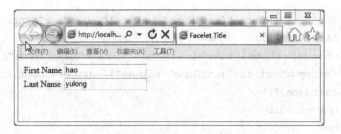

图 10-2　在视图中显示受控 Bean 的信息

程序 10-3：CustomerInput.java

```
package com.demo;
import javax.enterprise.context.RequestScoped;
import javax.faces.bean.ManagedBean;
import javax.inject.Inject;
@ManagedBean
@RequestScoped
public class CustomerInput {
    public CustomerInput() {
    }
    @Inject
    private Customer costomer;
    public Customer getCostomer() {
        return costomer;
    }
}
```

程序说明：在 Managed Bean 中，声明了 Customer 实例 costomer，并且使用注解@Inject 进行标注。当 Managed Bean 组件部署到服务器上时，CDI 将自动创建一个 Customer 的实例并注入 Managed Bean 的属性 customer 中。

在 JSF 中访问 Managed Ban 的注入属性与访问其他属性的方法完全一致，修改程序 10-2 如程序 10-4 所示。

程序 10-4：input.xhtml

```
<?xml version='1.0' encoding='UTF-8' ?>
<!DOCTYPE html PUBLIC "-//W3C//DTD XHTML 1.0 Transitional//EN" "http://
www.w3.org/TR/xhtml1/DTD/xhtml1-transitional.dtd">
<html xmlns="http://www.w3.org/1999/xhtml"
      xmlns:h="http://java.sun.com/jsf/html">
    <h:head>
        <title>Facelet Title</title>
    </h:head>
    <h:body>
        <h:panelGrid columns="2">
            <h:outputLabel for="firstName" value="First Name"/>
```

```
            <h:inputText id="firstName" value="#{customerInput.customer.
            firstName}"/>
            <h:outputLabel for="lastName" value="Last Name"/>
            <h:inputText id="lastName" value="#{customerInput.customer.
            lastName}"/>
        </h:panelGrid>
    </h:body>
</html>
```

运行程序 10-4，看看会不会得到如图 10-2 所示的结果。

不仅普通的 JavaBean，对于 EJB 组件，也可以通过注解@Named 将其托管到 CDI。下面创建一个简单的会话 Bean，代码如程序 10-5 所示。

程序 10-5：promoteBean.java

```
package com.demo;
import javax.ejb.Stateless;
import javax.inject.Named;
@Named
@Stateless
public class PromoteBean {
String message="hello";
    public String getMessage() {
        return message;
    }

}
```

下面创建一个视图来访问 EJB，代码如程序 10-6 所示。

程序 10-6：index.xhtml

```
<?xml version='1.0' encoding='UTF-8' ?>
<!DOCTYPE html PUBLIC "-//W3C//DTD XHTML 1.0 Transitional//EN" "http://
www.w3.org/TR/xhtml1/DTD/xhtml1-transitional.dtd">
<html xmlns="http://www.w3.org/1999/xhtml"
      xmlns:h="http://java.sun.com/jsf/html">
    <h:head>
        <title>Facelet Title</title>
    </h:head>
    <h:body>
        #{promoteBean.message}
    </h:body>
</html>
```

运行程序 10-6，看看得到什么结果。

说明：利用 CDI，JSF 视图可以直接访问 EJB，但这不是一个好的设计模式。毕竟，

Managed Bean 属于表示逻辑层，用来支撑视图完成数据展示以及用户的交互，而 EJB 主要完成业务逻辑，把表示逻辑和业务逻辑耦合在一起将违反 Java EE 的整体架构设计。

10.4 Bean 的生命周期范围

在声明 JSF 框架的 Managed Bean 时，开发人员需要利用注解@SessionScoped、@RequestScoped、@ApplicationScoped、@ViewScoped 和@CustomScoped 等来声明 Managed Bean 的生命周期范围。对于 CDI 的受控 Bean 也是如此。除了常见的@RequestScoped、@ApplicationScoped 和@ViewScoped 注解外，还有两个 CDI 特定的生命周期范围注解：@ConversationScoped 和 @dependent。@ConversationScoped 代表一个新的生命周期 Conversation。一个 Conversation 可跨越多个 Request，但是又短于 Session。这样既方便开发人员操作，又减轻了 Session 的负担。@dependent 代表被注入组件的生命周期为临时性的，使用完即被 CDI 回收。

注：CDI 下的生命周期范围注解位于包 javax.enterprise.context 中，而 JSF 下的生命周期范围注解位于包 javax.faces.bean 中。二者在实现上还是有些差别的。除了上面提到的特有的生命周期范围外，对于相同的生命周期范围的含义也不尽相同。例如，对于@RequestScoped，JSF 对应一次 HTTP 请求，而 CDI 只是代表一次方法调用。

在程序 5-7 所示的示例中，当正确回答全部题目后继续单击"提交"按钮，页面显示的分数将继续累加。这是不符合逻辑的。出现问题在于将 Managed Bean 的生命周期范围定义为 Session。当前 Session 没有结束，Managed Bean 就一直存在。现在利用 CDI Bean 的 Conversation 生命周期范围，可以很好地解决这一问题。将程序 5-7 所示的 QuizBean 修改为生命周期范围为 Conversation 的 CDI Bean，代码如程序 10-7 所示。

程序 10-7：QuizBean.java

```
package com.demo.jsf;
...
@Named
@ConversationScoped
public class QuizBean implements Serializable {
  private ArrayList<ProblemBean> problems = new ArrayList<ProblemBean>();
  private int currentIndex;
  private int score;
  @Inject Conversation conversation;
  public QuizBean() {
    ...
  }
  public void setProblems(ArrayList<ProblemBean> newValue) {
    problems = newValue;
    currentIndex = 0;
  }
```

```java
    public int getScore() { return score; }
    public ProblemBean getCurrent() { return problems.get(currentIndex); }
    public String getAnswer() { return ""; }
    public void setAnswer(String newValue) {
      try {
        if (currentIndex == 0) conversation.begin();
        if (getCurrent().getAnswer().equals(newValue) ) {
              score=score+20;
           currentIndex = (currentIndex + 1) % problems.size();
        }
        if (currentIndex == 0) conversation.end();
      }
      catch (Exception ex) {
          System.out.printf(ex.toString());
      }
    }
  }
```

程序说明：与程序 5-7 相比，使用了注解@Named 代替@ManagedBean 将 Java 类声明为 CDI Bean，并通过注解@ConversationScoped 声明生命周期范围为 Conversation。在 Bean 中，利用注解@Inject 插入一个 Conversation 类型的变量，并在方法 setAnswer 中调用 Conversation 变量的 begin 和 end 方法来决定 Conversation 的起止。当 Conversation 终止时，quizBean 将被销毁。下一个 conversation 开始时，将重新创建一个新的 quizBean。

重新运行程序 clever.xhtml，看看在回答完一遍问题后，页面中的成绩是否会重新开始计算。

10.5 使用限定符注入动态类型

在前面的示例中，开发人员了解了如何声明 CDI 下的受控 Bean，以及 Bean 的生命周期范围，知道利用注解@Inject 可将 Bean 的实例动态地插入其他 Bean 中来构建 Bean 之间的依赖关系。面向对象的一个重要特征就是多态性，一个 Bean 类可能有多级子类，在某些特定的情况下，开发人员希望在运行过程中动态注入特定的子类。CDI 支持通过注解@Qualifier 来实现动态类型注入。下面通过示例来演示如何实现动态类型注入。

首先要为动态注入的类型创建一个限定符。选择"新建文件"命令，弹出"新建文件"对话框，如图 10-3 所示。在"类别"列表框中选中"上下文和依赖关系注入"，在"文件类型"列表框中选定"限定符类型"，单击"下一步"按钮，进入图 10-4 所示的界面。

在"类名"文本框中输入限定符的名称 VIP，默认其他选项设置，单击"完成"按钮，限定符创建完毕。生成的代码如程序 10-8 所示。

程序 10-8：VIP.java

```java
package com.demo;

import static java.lang.annotation.ElementType.TYPE;
```

```
import static java.lang.annotation.ElementType.FIELD;
import static java.lang.annotation.ElementType.PARAMETER;
import static java.lang.annotation.ElementType.METHOD;
import static java.lang.annotation.RetentionPolicy.RUNTIME;
import java.lang.annotation.Retention;
import java.lang.annotation.Target;
import javax.inject.Qualifier;
@Qualifier
@Retention(RUNTIME)
@Target({METHOD, FIELD, PARAMETER, TYPE})
public @interface VIP {
}
```

图 10-3 "新建文件"对话框

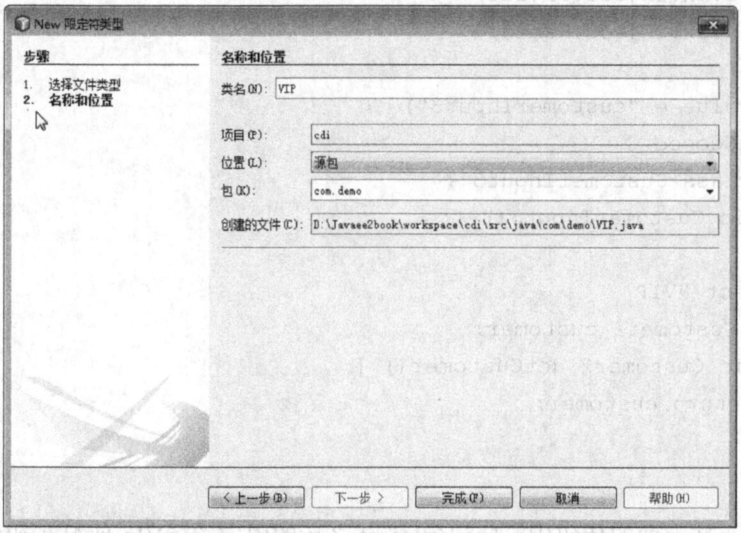

图 10-4 "New 限定符类型"对话框

程序说明：从程序 10-8 可以看出，限定符就是一个用户自定义注解，其中@Qualifier 表示这是一个限定符，@Retention 为注解的执行属性，@Target 为注解的有效范围。

创建完限定符，就可用它来标记相关的子类。下面创建 Customer2 的子类 VipCustomer，代码如程序 10-9 所示。

程序 10-9：VipCustomer.java

```java
package com.demo;
import javax.inject.Named;
@Named
@VIP
public class VipCustomer extends Customer2{
    private Integer discountCode;
    public Integer getDiscountCode() {
        return discountCode;
    }
    public void setDiscountCode(Integer discountCode) {
        this.discountCode = discountCode;
    }
}
```

程序说明：在上面的代码中，子类 VipCustomer 继承了 Customer2，声明了一个专有的属性 discountCode，并利用之前创建的限定符@VIP 进行了标记。

如果希望在依赖注入时注入的类是子类 VipCustomer，则可使用如程序 10-10 所示的代码。

程序 10-10：customerInput3

```java
package com.demo;
import javax.enterprise.context.RequestScoped;
import javax.inject.Inject;
import javax.inject.Named;

@Named(value = "customerInput3")
@RequestScoped
public class CustomerInput3 {
    public CustomerInput3() {
    }
    @Inject @VIP
    private Customer2 customer;
    public Customer2 getCustomer() {
        return customer;
    }
}
```

程序说明：在上面的代码中，标记@Inject 之后的限定符@VIp 使得在初始化 Bean 时，将 vipcustomer 的实例注入，而不是父类 Customer2。

下面创建一个视图来引用动态注入的实例，代码如程序 10-11 所示。

程序 10-11：vipcustomer.xhtml

```xml
<?xml version='1.0' encoding='UTF-8' ?>
<!DOCTYPE html PUBLIC "-//W3C//DTD XHTML 1.0 Transitional//EN" "http://
www.w3.org/TR/xhtml1/DTD/xhtml1-transitional.dtd">
<html xmlns="http://www.w3.org/1999/xhtml"
    xmlns:h="http://java.sun.com/jsf/html">
  <h:head>
    <title>Facelet Title</title>
  </h:head>
  <h:body>
    <h:outputLabel for="discount" value="折扣"/>
        <h:inputText id="discount" value="${customerInput3.customer.
        discountCode}"/>
  </h:body>
</html>
```

程序说明：尽管 customerInput3 的 customer 属性的类型为 Customer2，但视图中仍旧可引用它的子类的属性 discountCode。

视图编译正常通过，这是因为表达式语言是延迟执行的。由于限定符的作用，CDI 动态注入的是子类 vipcustomer，因此，将得到如图 10-5 的运行界面。

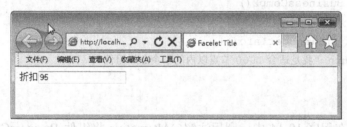

图 10-5 显示动态注入类型的属性

10.6 使用替代符实现部署时注入类型

在开发阶段使用限定符能够实现动态类型注入，但毕竟还要修改组件的代码。如果在系统部署阶段，希望配置注入的组件类型。例如商业组件开发了两个版本，分别适应两种运行环境：大企业和小企业。在产品部署时希望根据环境的不同来决定使用哪个版本的组件，而不需要改动代码。那么应该怎么办呢？CDI 提供了注解@Alternative 来满足这一需求。下面通过示例来演示。首先声明一个接口，代码如程序 10-12 所示。

程序 10-12：getInfo

```
package com.demo;
import java.io.Serializable;
```

```
public interface getInfo {
    abstract public String getInfo();
}
```

下面创建两个实现上面接口的 Bean，代码分别如程序 10-13 和程序 10-14 所示。

程序 10-13：BusinessComp1.java

```
@Named(value = "businessComp1")
@RequestScoped
public class BusinessComp1 implements getInfo {
    public BusinessComp1() {
    }
    public String getInfo(){
        return "我是适合超过1000节点规模的大企业版组件";
    }
}
```

程序 10-14：BusinessComp2.java

```
@Named(value = "businessComp2")
@RequestScoped
@Alternative
public class BusinessComp2 implements getInfo {
    public BusinessComp2() {
    }
    public String getInfo(){
        return "我是适合1000节点以内的小企业版组件";
    }
}
```

程序说明：在程序 10-14 中，利用注解@Alternative 将组件 BusinessComp2 声明为替代组件。

下面创建一个 Bean，它利用 CDI 注入一个接口 getInfo 的实现，代码如程序 10-15 所示。

程序 10-15：BusinessControll.java

```
package com.demo;

import javax.inject.Named;
import javax.enterprise.context.RequestScoped;
import javax.inject.Inject;
@Named(value = "businessControll")
@RequestScoped
public class BusinessControll {
```

```
    public BusinessControll() {
    }
    @Inject
    getInfo info;
    public getInfo getInfo() {
        return info;
    }
}
```

下面创建视图来引用 BusinessControll 中动态注入的属性,代码如程序 10-16 所示。

程序 10-16:showAlternative.xhtml

```
<?xml version='1.0' encoding='UTF-8' ?>
<!DOCTYPE html PUBLIC "-//W3C//DTD XHTML 1.0 Transitional//EN" "http://
www.w3.org/TR/xhtml1/DTD/xhtml1-transitional.dtd">
<html xmlns="http://www.w3.org/1999/xhtml"
      xmlns:h="http://java.sun.com/jsf/html">
    <h:head>
        <title>Facelet Title</title>
    </h:head>
    <h:body>
        Hello !${businessControll.info.info}    </h:body>
</html>
```

运行程序 10-16,将得到如图 10-6 所示的运行结果。

可以看到动态注入的还是组件 BusinessComp1,这是因为替代组件在默认运行情况下是不起作用的。如果希望使用替代组件,则只有在 beans.xml 中通过配置来声明。代码如程序 10-17 所示。

程序 10-17:beans.xml

```
<?xml version="1.0" encoding="UTF-8"?>
<beans xmlns="http://java.sun.com/xml/ns/javaee"
    xmlns:xsi="http://www.w3.org/2001/XMLSchema-instance"
    xsi:schemaLocation="http://java.sun.com/xml/ns/javaee http://java.
    sun.com/xml/ns/javaee/beans_1_0.xsd">
    <alternatives>
        <class>com.demo.BusinessComp2</class>
    </alternatives>
    ...
</beans>
```

重新部署应用,运行程序 10-22,将得到如图 10-7 所示的运行结果,可以看到替代组件已经被动态注入。

图 10-6 默认运行结果

图 10-7 使用替代组件时的运行结果

10.7 使用生产方法注入动态内容

在组件之间相互交互时，有时开发人员希望获得的并不是组件实例本身的一个引用，而仅仅是组件某个方法的动态输出。其实 CDI 不但可以动态注入组件类型，还可实现组件的某个方法输出内容的动态注入。为满足这一需求，CDI 提供了注解@Produces，它用来标记产生动态内容的方法。

下面的示例演示如何将一个生成随机数的方法的输出动态注入。首先创建一个限定符来标记动态注入的内容，限定符的代码如程序 10-18 所示。

程序 10-18：Random.java

```java
package guessnumber;
import static java.lang.annotation.ElementType.FIELD;
import static java.lang.annotation.ElementType.METHOD;
import static java.lang.annotation.ElementType.PARAMETER;
import static java.lang.annotation.ElementType.TYPE;
import static java.lang.annotation.RetentionPolicy.RUNTIME;
import java.lang.annotation.Documented;
import java.lang.annotation.Retention;
import java.lang.annotation.Target;
import javax.inject.Qualifier;
@Target({
    TYPE,
    METHOD,
    PARAMETER,
    FIELD
})
```

```
@Retention(RUNTIME)
@Documented
@Qualifier
public @interface Random {
}
```

程序说明：在上面的代码中，创建了一个名为 Random 的限定符。

下面用此限定符和注解@Produces 在 Bean 中标记动态生成随机数的方法，代码如程序 10-19 所示。

程序 10-19：Generator.java

```
package com.demo;
import java.io.Serializable;
import javax.enterprise.context.ApplicationScoped;
import javax.enterprise.inject.Produces;
@ApplicationScoped
public class Generator implements Serializable {
    private java.util.Random random = new java.util.Random(
            System.currentTimeMillis());
    private int maxNumber = 100;
    java.util.Random getRandom() {
        return random;
    }
    @Produces
    @Random
    int next() {
        return getRandom()
                .nextInt(maxNumber);
    }
}
```

程序说明：在上面的代码中，利用注解@Produces 和限定符@Random 标注了方法 next。注意，这里 Bean 是 Application 范围的。

下面创建 CDI 受控 Bean，它利用 CDI 获得动态内容注入。代码如程序 10-20 所示。

程序 10-20：NumberControll.java

```
package com.demo;
import java.io.Serializable;
import javax.annotation.PostConstruct;
import javax.enterprise.context.SessionScoped;
import javax.enterprise.inject.Instance;
import javax.inject.Named;
import javax.inject.Inject;
@Named(value = "numberControl")
@SessionScoped
```

```
public class NumberControll implements Serializable {
    public NumberControll() {
    }
    @Inject
    @Random
    int myrandom;
    public int getMyrandom() {
        return myrandom;
    }
}
```

程序说明：利用注解@Inject 和注解@Random 来标记属性 myrandom，则属性 myrandom 的值将由 CDI 调用组件 Generator 的 next 方法来动态注入。

最后创建视图来显示 NumberControll 中被动态注入的内容，代码如程序 10-21 所示。

程序 10-21：random.xhtml

```
<?xml version='1.0' encoding='UTF-8' ?>
<!DOCTYPE html PUBLIC "-//W3C//DTD XHTML 1.0 Transitional//EN" "http://www.w3.org/TR/xhtml1/DTD/xhtml1-transitional.dtd">
<html xmlns="http://www.w3.org/1999/xhtml"
    xmlns:h="http://java.sun.com/jsf/html">
    <h:head>
        <title>Facelet Title</title>
    </h:head>
    <h:body>
        这次的随机数是#{numberControll.myrandom}
    </h:body>
</html>
```

运行程序 10-21，将得到如图 10-8 所示的运行界面。

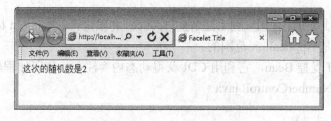

图 10-8　显示动态注入的内容

刷新页面，可以看到随机数是不变的。

将 Generator 改为 Request 生命周期范围，重新运行程序 10-21，刷新界面，看看显示的随机数变化吗？答案将是否定的。

将 NumberControll 改为 Request，再试试？这次将看到显示的随机数将发生变化。将 Generator 改回 Application 生命周期范围，重新运行程序并刷新界面，看看显示的随机数会不会发生变化。

通过上面几次试验可以看出，只要被注入的 Bean 重新创建，CDI 就将注入新的内容到 Bean 中。只要被注入的 Bean 保持不变，就不会重新被 CDI 注入。

10.8　使用拦截器绑定注入功能服务

其实，CDI 服务的功能很强大，它不但可以注入动态类型实例、动态数据内容，还可以注入动态功能服务。在 9.7 节开发人员曾经学习过拦截器。CDI 将功能服务以拦截器绑定的形式注入其他组件中。当调用被拦截器绑定的方法时，将调用对应的拦截器。下面通过一个示例来演示。

首先创建拦截器绑定类型，选择"新建文件"命令，弹出如图 10-9 所示的"新建文件"页面。

图 10-9　新建拦截器绑定类型

在"类别"列表框中选中"上下文和依赖关系注入"，在"文件类型"列表框中选中"拦截器绑定类型"，单击"下一步"按钮，进入下一界面，如图 10-10 所示。

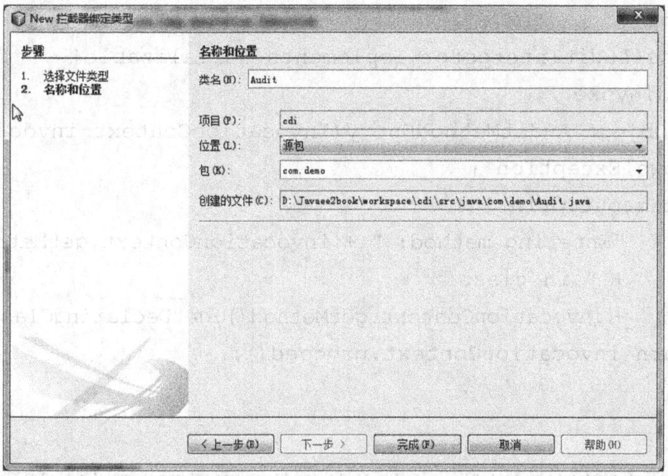

图 10-10　输入拦截器绑定信息

在"类名"文本输入框输入 Audit,单击"完成"按钮,拦截器绑定类型完成,代码如程序 10-22 所示。

程序 10-22:Audit.java

```
package com.demo;
import static java.lang.annotation.ElementType.TYPE;
import static java.lang.annotation.ElementType.METHOD;
import static java.lang.annotation.RetentionPolicy.RUNTIME;
import java.lang.annotation.Inherited;
import java.lang.annotation.Retention;
import java.lang.annotation.Target;
import javax.interceptor.InterceptorBinding;
@Inherited
@InterceptorBinding
@Retention(RUNTIME)
@Target({METHOD, TYPE})
public @interface Audit {
}
```

程序说明:从上面的代码可以看出,拦截器绑定类型也是一个自定义注解,注解 @InterceptorBinding 表明了这是一个拦截器绑定类型。

下面创建一个拦截器,并以此注解来标记此拦截器。代码如程序 10-23 所示。

程序 10-23:AuditInterpetor

```
package com.demo;
import java.io.Serializable;
import javax.interceptor.AroundInvoke;
import javax.interceptor.Interceptor;
import javax.interceptor.InvocationContext;
@Audit
@Interceptor
public class AuditInterpetor implements Serializable{
    @AroundInvoke
    public Object AuditMethodEntry(InvocationContext invocationContext)
        throws Exception {
        System.out.println(
            "Entering method: " + invocationContext.getMethod().getName()
            + " in class "
            + invocationContext.getMethod().getDeclaringClass().getName());
        return invocationContext.proceed();
    }
}
```

程序说明:拦截器组件可以是一个简单的组件,不需要实现任何接口,继承任何类,只需要通过注解@AroundInvoke 来标识一个方法，方法必须包含一个 InvocationContext 类型的参数，且返回一个 Object 类型的值。注意，这里使用注解@Interceptor 来声明它是一个拦截器组件，注解@Audit 将此拦截器与之前创建的拦截器绑定类型关联起来。要使 CDI 动态注入拦截器，还必须在 beans.xml 中声明此拦截器，对应的代码片段如下所示：

```
...
<interceptors>
        <class>com.demo.AuditInterceptor</class>
</interceptors>
...
```

最后在要拦截的类的声明中以此注解来标记，这样，拦截器便注入目标对象中。下面将拦截器类型绑定到 Managed Bean NumberControll，代码如程序 10-24 所示。

程序 10-24：NumberControll.java

```java
package com.demo;
import java.io.Serializable;
import javax.enterprise.context.RequestScoped;
import javax.inject.Named;
import javax.inject.Inject;
@Named(value = "numberControll")
@RequestScoped
public class NumberControll implements Serializable {
    public NumberControll() {
    }
    @Inject
    @Random
    int myrandom;
    @Audit
    public int getMyrandom() {
        return myrandom;
    }
}
```

程序说明：在上面的代码中，利用拦截器绑定类型@Audit 对方法 getMyrandom 进行标记，当调用此方法时，CDI 将拦截器注入方法执行过程中，从而实现功能服务的动态注入。

运行程序 10-21，视图在显示过程中将调用方法 getMyrandom，由于使用拦截器类型绑定进行标记，因此，CDI 将拦截器进行注入，在 Netbeans 的输出窗口，可以看到拦截器的输出信息，如图 10-11 所示。

注：EJB 容器支持对组件方法调用使用拦截器，但是 CDI 的拦截器绑定类型提供了一种更加广泛的拦截器使用模型，它突破了 EJB 容器的限制，对于任何 CDI 受控 Bean，均可通过拦截器绑定类型来注入功能服务。

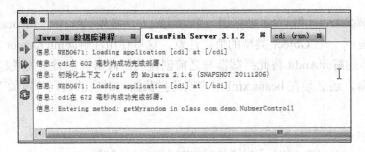

图 10-11 被注入的拦截器输出的信息

10.9 利用构造型封装注入操作

在 CDI 中，可将多个注解包装为一个单独的注解，使得代码更加简洁。多个注解的集合称为 Stereotypes（构造型）。下面演示如何创建构造型。首先选择"新建文件"命令，弹出如图 10-12 所示的界面。

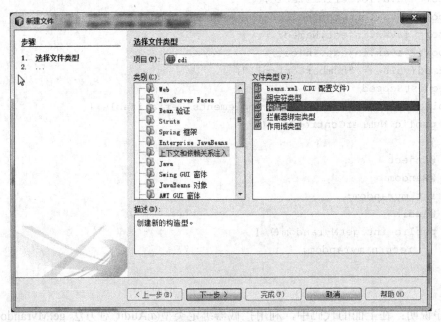

图 10-12 新建构造型

在"类别"列表框中选中"上下文和依赖关系注入"，在"文件类型"列表框中选中"构造型"，单击"下一步"按钮，进入下一界面，如图 10-13 所示。

在"类名"文本输入框输入 NamesRequested，单击"完成"按钮，构造型完成，代码如程序 10-25 所示。

程序 10-25：NamedRequested.java

```
package com.demo;
import static java.lang.annotation.ElementType.TYPE;
```

```
import static java.lang.annotation.ElementType.FIELD;
import static java.lang.annotation.ElementType.METHOD;
import static java.lang.annotation.RetentionPolicy.RUNTIME;
import java.lang.annotation.Retention;
import java.lang.annotation.Target;
import javax.enterprise.context.RequestScoped;
import javax.enterprise.inject.Stereotype;
import javax.inject.Named;
@Named
@RequestScoped
@Stereotype
@Retention(RUNTIME)
@Target({METHOD, FIELD, TYPE})
public @interface NamedRequested {
}
```

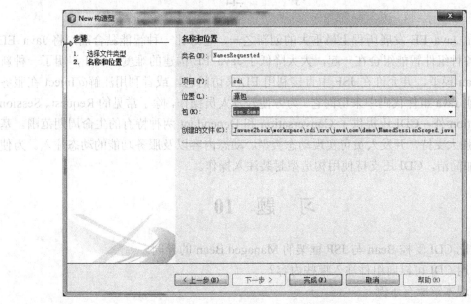

图 10-13 设置构造型详细信息

程序说明：从上面的代码可以看出，构造型也是一个新的自定义注解。它包含可要封装的所有注解。

下面利用新建的构造型对 NumberControll 重新进行标注，代码如程序 10-26 所示。

程序 10-26：NumberControll.java

```
package com.demo;
import java.io.Serializable;
import javax.inject.Inject;
@NamedRequested
public class NumberControll implements Serializable {
    public NumberControll() {
```

```
    }
    @Inject
    @Random
    int myrandom;
    @Audit
    public int getMyrandom() {
        return myrandom;
    }
}
```

重新运行程序 10-21，看看会得到什么结果。由于采用了新的构造型 NamedRequested，它包含的注解@RequestScoped 使得 NumberControll 的生命周期范围变为 Request，因此，每次刷新页面，页面显示的随机数都会改变。

小　　结

CDI 是 Java EE 发展历程上最重大的创新之一，它好比一种智能黏合剂，将 Java EE 应用中的各种组件智能组合在一起，大大降低了 Java EE 构建的难度。CDI 声明了一种新的受控 Bean 模型，并允许在 JSF 中直接利用 EL 来访问它，或者利用注解@Inject 在服务器上的其他 Java 组件代码中来访问它。为方便开发人员操作，除了常见的 Request、Session 和 Application 外，CDI 还提供了 Conversation 和 Dependent 两种特有的生命周期范围。基于 CDI 的强大支持，开发人员可实现动态类型、动态内容以及服务功能的动态注入。为使得代码更加简洁，CDI 还支持使用构造型封装注入操作。

习　题　10

1. 对比 CDI 受控 Bean 与 JSF 框架的 Managed Bean 的异同。
2. 利用 CDI 可以向组件注入哪些内容？
3. 实现本章所有示例。

第 11 章　Bean Validation

11.1　引　言

时刻确保企业数据信息的有效是应用开发人员的重要职责之一。在 Java EE 分层架构的应用中，每一层都需要对企业数据进行校验。然而对于同一个业务数据多次重复实现同样的验证逻辑并不是好的设计方法，它既容易出错，还降低了应用可维护性。为实现企业数据的统一校验，Java EE 提出了 Bean Validation 规范。

11.2　Bean 校验概述

Java EE 的核心编程思想就是"组件-容器"，因此，组件的身影充斥在 Java EE 应用的各个层次中。在表现逻辑层，有 JSF 框架下的 Managed Bean；在业务逻辑层，有 EJB 组件以及 CDI 下的受控 Bean，以及代表企业信息的 Entity Bean。企业数据正是存储在上述各种类型的 Bean 中。在 Java EE 6 之前，校验工作通常是分散在应用的各个层次分别进行，如图 11-1 所示。但是这些校验往往执行的是同一逻辑。从软件设计的角度来看，这显然不是一种合理的设计。因为一旦校验逻辑发生变化，则需要修改各个层次的校验执行代码。

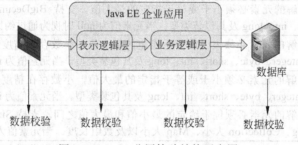

图 11-1　Java 分层校验结构示意图

JSR303 规范（Bean Validation 规范）提供了对 Java EE 和 Java SE 通用的基于 Bean 的验证方式。基于该规范，开发者可将验证规则直接放到 Bean 本身，使用注解来声明验证规则，如图 11-2 所示。Bean 校验规范使得校验功能归结到 Bean 自身这一点，实现了整个应用的统一的校验框架。该规范通过将约束器注入 Bean 中的方式实现校验功能，使验证逻辑从业务代码中分离出来，提高了组件的重用性。

Bean Validation 是 Java EE 数据验证新框架，Bean Validation API 并不依赖特定的应用层或是编程模型，同一套验证规则可由应用的所有层共享。

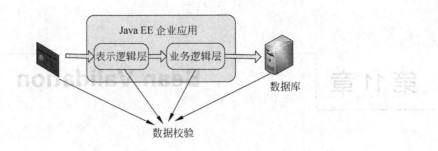

图 11-2 Bean Validation 模型示意图

11.3 使用默认约束器

Bean Validation 的约束器以注解的形式出现，注解可以用来约束 JavaBean 的属性、方法或者类。约束既可以是内置的注解（位于 javax.validation.constraints 包下面），也可以由用户自定义。一些常用的内置注解如表 11-1 所示。

表 11-1 Bean Validation 内置约束器

约束注解	说明
@Null	被注解的元素必须为 null
@NotNull	被注解的元素不能为 null
@AssertTrue	被注解的元素必须为 true，仅支持 boolean 或 Boolean 类型元素。当元素值为 null 时视为通过约束
@AssertFalse	被注解的元素必须为 true，仅支持 boolean 或 Boolean 类型元素。当元素值为 null 时视为通过约束
@Min	被注解的元素必须大于或等于指定的最小值。支持 BigDecimal、BigInteger、byte、short、int、long 及其包装类型。当元素值为 null 时视为通过约束
@Max	被注解的元素必须小于或等于指定的最大值。支持 BigDecimal、BigInteger、byte、short、int、long 及其包装类型。当元素值为 null 时视为通过约束
@DecimalMin	被注解的元素必须大于或等于指定的最小值，小数存在精度。支持 BigDecimal、BigInteger、byte、short、int、long 及其包装类型。当元素值为 null 时视为通过约束
@DecimalMax	被注解的元素必须小于或等于指定的最大值，小数存在精度。支持 BigDecimal、BigInteger、byte、short、int、long 及其包装类型。当元素值为 null 时视为通过约束
@Size	被注解的元素必须位于给定的最小值和最大值之间。支持 Size 验证的数据类型有 String、Collection 大小、Map 大小以及数组长度。当元素值为 null 时视为通过约束
@Digits	被注解的元素必须位于给定的范围。支持验证的数据类型有 String、Collection 大小、Map 大小以及数组长度。当元素值为 null 时视为通过约束
@Past	被注解的元素是否在当前时间之前。仅支持 Date 和 Calendar 类型元素。当元素值为 null 时视为通过约束
@Future	被注解的元素是否在当前时间之后。仅支持 Date 和 Calendar 类型元素。当元素值为 null 时视为通过约束
@Pattern	被注解的元素必须匹配给定的 Java 正则表达式。仅支持 String 类型元素。当元素值为 null 时视为通过约束

下面通过一个示例来演示如何使用内置注解。首先创建一个 Managed Bean，代码如程

序 11-1 所示。

程序 11-1：UserBean.java

```
...
@RequestScoped
@Named
public class UserBean {
    public UserBean() {
    }
    @Size(min=1,message="姓不能为空")
    protected String firstName;
    @Size(min=1,message="名不能为空")
    protected String lastName;
    @Past
protected Date dob;
//省略 getter 和 setter 方法
}
```

程序说明：与一般的 Bean 相比，在上面的 Bean 中多了几个内置约束注解，用来对 Bean 的属性进行约束。其中 Size 约束器应用在 firstName 和 lastName 属性上，Past 约束器应用在 dob 属性上。

下面创建一个视图来提交信息给 UserBean，代码如程序 11-2 所示。

程序 11-2：reg.xhtml

```
<!DOCTYPE html PUBLIC "-//W3C//DTD XHTML 1.0 Transitional//EN" "http://
www.w3.org/TR/xhtml1/DTD/xhtml1-transitional.dtd">
<html xmlns="http://www.w3.org/1999/xhtml"
    xmlns:h="http://java.sun.com/jsf/html"
    xmlns:f="http://java.sun.com/jsf/core"
    >
  <h:head>
      <title>注册</title>
  </h:head>
  <h:body>
    <h:form>
          <h2>用户注册</h2>
          <h4>请提交注册信息</h4>
          <table>
              <tr>
                  <td>姓:</td>
                  <td>
                      <h:inputText label="First Name"
                          id="fname" value="#{userBean.
                          firstName}"
                          >
```

```
                </h:inputText>
                <h:message for="fname" />
            </td>
        </tr>
        <tr>
            <td>名:</td>
            <td>
                <h:inputText label="Last Name"
                             id="lname" value="#{userBean.
                             lastName}"
                             />
                <h:message for="lname" />
            </td>
        </tr>
        <tr>
            <td>性别:</td>
            <td>
                <h:selectOneRadio label="Sex"
                                  id="sex" value="#{userBean.sex}">
                    <f:selectItem itemLabel="男" itemValue="男" />
                    <f:selectItem itemLabel="女" itemValue="女" />
                </h:selectOneRadio>
                <h:message for="sex" />
            </td>
        </tr>
        <tr>
            <td>出生日期:</td>
            <td>
                <h:inputText label="Date of Birth"
                             id="dob" value="#{userBean.dob}" >
                    <f:convertDateTime pattern="MM-dd-yyyy" />
                </h:inputText> (mm-dd-yyyy)
                <h:message for="dob" />
            </td>
        </tr>
        <tr>
            <td>邮箱地址:</td>
            <td>
                <h:inputText label="Email Address"
                             id="email" value="#{userBean.email}"
                             />
                <h:message for="email" />
            </td>
        </tr>
    </table>
```

```
        <p><h:commandButton value="注册" action="done" />
        </p>
    </h:form>
</h:body>
</html>
```

程序说明：在视图中，并没有利用组件标记的 required 属性来限制是否必须录入信息。因为在本例中，相关的校验逻辑全部集中到 Bean 中。

运行程序 11-2，将得到如图 11-3 所示的结果页面。

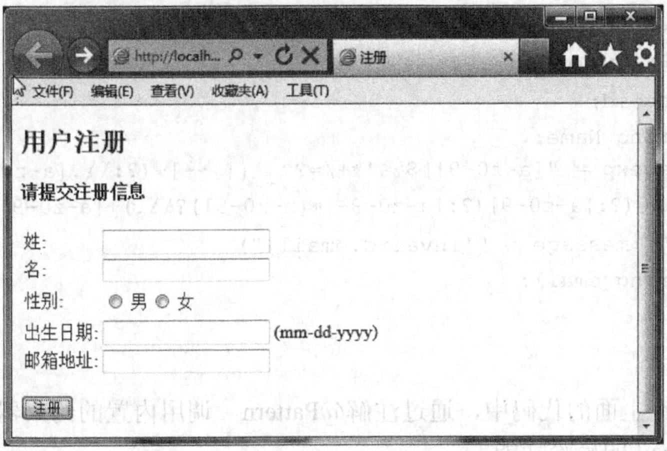

图 11-3　提交信息页面

如果此时什么信息都不输入，直接单击"注册"按钮，可以得到如图 11-4 所示的运行结果。

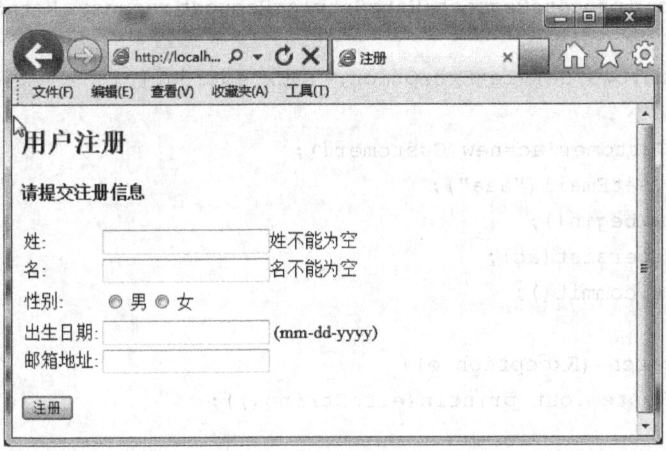

图 11-4　校验错误提示

由于开发人员在 Bean 中声明了约束器，由约束器对属性进行校验，因此图 11-4 将显示校验错误信息。注意 Past 校验器并没有产生校验错误信息，这是因为对于 Null，约束器默认是通过验证的。

11.4 Entity 校验

在第 8 章讲解了用来保存持久化信息的 Entity。与 JSF 的 Managed Bean 一样，Entity 也支持 Bean 校验 API。下面利用 Bean 校验 API 对 Entity Customer 增加校验功能，修改后的代码如程序 11-3 所示。

程序 11-3：Customer.java

```
@Entity
public class Customer {
@Id @GeneratedValue
private Long id;
private String Name;
@Pattern(regexp = "[a-z0-9!#$%&'*+/=?^_`{|}~-]+(?:\\.[a-z0-9!#$%&'*+/=?^_`{|}~-]+)*@(?:[a-z0-9](?:[a-z0-9-]*[a-z0-9])?\\.)+[a-z0-9](?:[a-z0-9-]*[a-z0-9])?", message = "{invalid.email}")
private String email;
...
}
```

程序说明：在上面的代码中，通过注解@Pattern，调用内置的约束器实现了利用正则表达式对属性 email 的校验功能。

修改程序 8-30 的 processRequest 方法，如程序 11-4 所示。

程序 11-4：QueryServlet.java

```
...
protected void processRequest(HttpServletRequest request, HttpServletResponse response)
        throws ServletException, IOException {
    try {
        Customer ac=new Customer();
        ac.setEmail("aaa");
        utx.begin();
        em.persist(ac);
        utx.commit();
        }
    } catch (Exception e){
        System.out.println(e.toString());
    }
    finally {
    }
}
...
```

运行程序 11-4，看看会不会有异常抛出。如果有异常抛出，则说明校验框架已经在发挥作用。

11.5 实现自定义约束器

很显然，在许多情况下，内置约束器是无法满足特定的需求的。没关系，开发人员可以定制自己的约束器。

Bean Validation 规范对约束的定义包括两部分：一是约束注解，JavaBean 将通过注解来使用约束器；二是约束验证器，每一个约束注解都有对应的约束验证器，约束验证器用来具体验证 Java Bean 是否满足该约束注解声明的条件。因此自定义约束器的方法很简单，只需以下步骤：

（1）声明约束注解。
（2）定义约束验证器。

下面通过一个具体示例来演示如何开发自定义验证器。

首先选择"新建文件"命令，弹出"新建文件"对话框，如图 11-5 所示。

图 11-5 "新建文件"对话框

在"类别"列表框中选中"Bean 验证"，在"文件类型"列表框中选中"验证约束"，单击"下一步"按钮，得到如图 11-6 所示的运行界面。

在"类名"文本框中输入约束器注解的类名 NotEmpty，选中"生成验证器类"复选框，默认验证器类名为 NotEmptyValidator，在"要验证的 Java 类型"文本框中输入自定义验证器支持的类型 String，单击"完成"按钮，约束注解及关联的验证器生成完毕。约束注解的代码如程序 11-5 所示。

程序 11-5：NotEmpty.java

```
...
@Documented
@Constraint(validatedBy = NotEmptyValidator.class)
```

```
@Target({ElementType.METHOD, ElementType.FIELD, ElementType.ANNOTATION_TYPE})
@Retention(RetentionPolicy.RUNTIME)
public @interface NotEmpty {
    String message() default "{不允许为空}";
    Class<?>[] groups() default {};
    Class<? extends Payload>[] payload() default {};
}
```

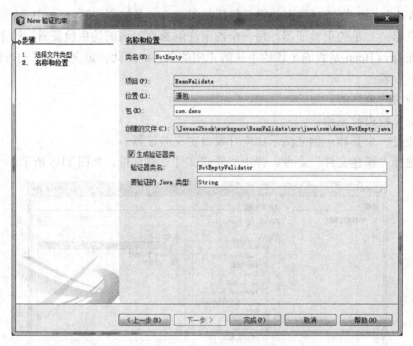

图 11-6 输入验证约束详细信息

程序说明：约束注解和普通的注解一样，一个典型的约束注解的定义应至少包括以下内容。

- @Target：约束注解应用的目标元素类型。约束注解应用的目标元素类型包括 METHOD、FIELD、TYPE、ANNOTATION_TYPE、CONSTRUCTOR 和 PARAMETER。
- @Retention：约束注解应用的时机。默认都是 Runtime，即在运行时验证。
- @Constraint：通过属性 validatedBy 关联验证器。
- Message：约束注解验证时的输出消息。
- Groups：约束注解在验证时所属的组别。通过设置不同的 Groups，可将一个 Bean 中的多个约束分成若干组，分别执行不同的约束逻辑。
- Payload：约束注解的有效负载。有效负载通常用来将一些元数据信息与该约束注解相关联，常用的一种情况是用负载表示验证结果的严重程度。

约束注解定义完成后，需要同时实现与该约束注解关联的验证器。验证器的实现代码如程序 11-6 所示。

程序 11-6：NotEmptyValidator.java

```java
package com.demo;
import javax.validation.ConstraintValidator;
import javax.validation.ConstraintValidatorContext;
public class NotEmptyValidator implements ConstraintValidator<NotEmpty, String> {
    @Override
    public void initialize(NotEmpty constraintAnnotation) {
    }
    @Override
    public boolean isValid(String value, ConstraintValidatorContext context) {
        if (value == null) {
            return false;
        } else if (value.length() < 1) {
            return false;
        } else {
            return true;
        }
    }
}
```

程序说明：约束验证器的实现需要扩展 JSR303 规范提供的接口 javax.validation.ConstraintValidator。该接口有两个方法：方法 initialize 对验证器进行实例化，它必须在验证器的实例在使用之前被调用，并保证正确初始化验证器，它的参数是约束注解；isValid 方法是进行约束验证的主体方法，其中 value 参数代表需要验证的实例，context 参数代表约束执行的上下文环境。在 isValid 方法中，开发人员只需要判断验证对象是否为 null 以及长度是否小于 1 即可。

下面利用新建的自定义约束器来校验程序 11-1 所示的 UserBean，修改后的代码如程序 11-7 所示。

程序 11-7：UserBean.java

```java
@Named
@RequestScoped
public class UserBean {
    public UserBean() {
    }
    @NotEmpty
    protected String firstName;
    @NotEmpty
    protected String lastName;
    @Past
    protected Date dob;
    //省略 getter 和 setter
```

...
}

程序说明：使用自定义约束器与使用内置约束器一样，只需要在约束的目标前利用约束注解标记即可。

重新运行程序 11-2。在不输入任何信息的情况下，单击"注册"按钮，将得到如图 11-7 所示的运行结果。

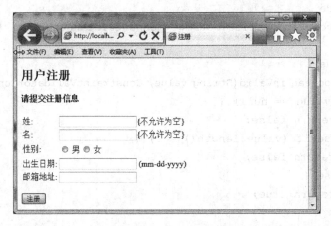

图 11-7　自定义约束输出的校验信息

从图 11-7 中显示的错误提示信息可以看出，自定义约束器已经发挥作用了。

11.6　约束的传递

11.6.1　继承

在使用约束器时要注意，子类将自动继承父类声明的约束。下面还是通过示例来演示，首先新建程序 11-5 所示的 UserBean 的子类 VipUserBean，代码如程序 11-8 所示。

程序 11-8：VipUserBean.java

```
package com.demo;
import javax.enterprise.context.RequestScoped;
import javax.inject.Named;
@Named(value="vipuserBean")
@RequestScoped
public class VipUserBean extends UserBean{
}
```

下面新建视图 reg2.xhtml 来显示信息，代码如程序 11-9 所示。

程序 11-9：reg2.xhtml

```
<!DOCTYPE html PUBLIC "-//W3C//DTD XHTML 1.0 Transitional//EN" "http://
www.w3.org/TR/xhtml1/DTD/xhtml1-transitional.dtd">
```

```html
<html xmlns="http://www.w3.org/1999/xhtml"
    xmlns:h="http://java.sun.com/jsf/html"
    xmlns:f="http://java.sun.com/jsf/core"
    >
<h:head>
    <title>注册</title>
</h:head>
<h:body>
    <h:form>
        <h2>用户注册</h2>
        <h4>请提交注册信息</h4>
        <table>
            <tr>
                <td>姓:</td>
                <td>
                    <h:inputText label="First Name"
                            id="fname" value="#{vipuserBean.firstName}"
                            >
                    </h:inputText>
                    <h:message for="fname" />
                </td>
            </tr>
            <tr>
                <td>名:</td>
                <td>
                    <h:inputText label="Last Name"
                            id="lname" value="#{vipuserBean.lastName}"
                            />
                    <h:message for="lname" />
                </td>
            </tr>
            <tr>
                <td>性别:</td>
                <td>
                    <h:selectOneRadio label="Sex"
                                id="sex" value="#{vipuserBean.sex}">
                        <f:selectItem itemLabel="男" itemValue="男" />
                        <f:selectItem itemLabel="女" itemValue="女" />
                    </h:selectOneRadio>
                    <h:message for="sex" />
                </td>
            </tr>
```

```
                <tr>
                    <td>出生日期:</td>
                    <td>
                        <h:inputText label="Date of Birth"
                                id="dob" value="#{vipuserBean.dob}" >
                            <f:convertDateTime pattern="MM-dd-yyyy" />
                        </h:inputText> (mm-dd-yyyy)
                        <h:message for="dob" />
                    </td>
                </tr>
                <tr>
                    <td>邮箱地址:</td>
                    <td>
                        <h:inputText label="Email Address"
                                id="email" value="#{vipuserBean.email}"
                        />
                        <h:message for="email" />
                    </td>
                </tr>
            </table>
            <p><h:commandButton value="注册" action="done"  /> 
            </p>
        </h:form>
    </h:body>
</html>
```

运行程序 11-9，在不输入任何信息的情况下，单击"注册"按钮，可以看到，仍将得到如图 11-5 所示的运行结果。

11.6.2 级联

除了支持 Java Bean 的实例验证外，Bean Validation 规范同样支持 Object Graph 的验证。Object Graph 即为对象的拓扑结构，即对象之间的引用关系。如果类 A 引用类 B，则在对类 A 的实例进行约束验证时也需要对类 B 的实例进行约束验证，这就是验证的级联性。当对 Java 语言中的集合、数组等类型进行验证时也需要对该类型的每一个元素进行验证。

如果需要实现级联验证，只需要使用注解@Valid 对实例属性标记即可。示例代码如程序 11-10 和程序 11-11 所示。

程序 11-10：Person.java

```java
public class Person {
@NotEmpty
private String name;
public String getName() {
return name;
```

```
}
public void setName(String name) {
this.name = name;
}
}
```

程序 11-11：Order.java

```
public class Order {
@Valid
private Person person;
public Person getPerson() {
return person;
}
public void setPerson(Person person) {
this.person = person;
}
}
```

在对 Order 的实例进行验证时，只有在 Order 引用的对象 Person 前面声明了注解 @Valid，才对 Person 中 name 属性的@NotEmpty 注解进行验证，否则将不予验证。

小　　结

针对企业应用中的 Bean，Java EE 提出了 Bean Validation 规范，建立了统一的校验框架，使得同一套验证规则可由应用的所有层共享。Java EE 内置了一组约束器，同时允许开发人员自定义约束器。约束器由约束注解和校验器两部分组成。通过约束注解在指定的元素前标记实现校验功能。这种基于注解的实现方式使验证逻辑从业务代码中分离出来，大大提高了组件的重用性。

习　题　11

1. 实现 Bean Validation 有什么好处？
2. Bean Validation 适用于哪些组件类型？
3. 实现本章所有示例。

第 12 章　Web 服 务

本章要点：
- ☑ Web 服务的基本概念
- ☑ 利用 JAX-WS 实现 Web 服务
- ☑ 开发 RESTful Web 服务
- ☑ JSON-P 和 JSON-B

本章首先介绍 Web 服务的基本概念，然后讲解 JAX-WS 和 JAX-RS 对 Web 服务的支持，并通过具体实例演示开发和调用 Web 服务的方法步骤，最后对 Web 服务技术的优缺点进行评析。

12.1　引　　言

随着信息化程度的提高，人们已经不满足于将企业应用作为一个个的信息孤岛，而是迫切需要在应用系统之间进行功能集成和数据交换，但是要实现这一目标却不是一件容易的事情。传统的应用程序都是"竖井"模式的，它们运行在各自的节点上，由于技术体制和运行模式的限制，很难在彼此间共享数据。

为解决应用系统间的数据交换，出现了以 CORBA（Common Object Request Broker Architecture，通用对象请求代理架构）、MTS（Microsoft Transaction Server，Microsoft 事务服务器）和 EJB 等技术为代表的分布式计算技术，它们允许不同的应用程序彼此进行通信（即使位于不同的计算机上），应用程序可以找到其希望与之进行交互的组件，然后像调用本地组件一样调用这些组件。

但是这种交互仍然存在很大的困难。最根本的原因在于这种组件层次上的交互实质上还是一种应用内部的交互，交互的前提是交互的双方必须采用同样的技术。但现实总是让人失望的，目前企业应用中的众多应用程序采用不同的开发技术（.NET 或 Java 等），运行在不同的硬件平台和操作系统之上，如何让上述应用系统之间进行方便、高效的交互是开发领域迫切需要解决的技术问题。

为了解决异构应用之间互操作的问题，W3C（World Wide Web Consortium，万维网联盟）提出了 Web 服务。

12.2　Web 服务的定义

从软件开发的角度来看，Web 服务是一组规范的集合。这种规范用来定义不同的应用系统之间是如何交互的，包括信息传递的内容、格式，信息的传输协议，以及相关的安全、策略、互操作等关键特性。

从使用者的角度而言，Web 服务是一种部署在 Web 上的对象或组件，它具备以下特征。

- 完好的封装性：对于 Web 服务使用者而言，它能且仅能看到 Web 服务提供的功能列表。
- 松散耦合：对于 Web 服务使用者来说，只要 Web 服务的调用界面不变，Web 服务实现的任何变更对它们来说都是透明的，甚至当 Web 服务的实现平台从 Java EE 迁移到了.NET，用户都可以对此一无所知。
- 使用标准协议规范：Web 服务的所有操作完全使用开放的标准协议进行描述、传输和交换。
- 高度可集成能力：由于 Web 服务采取简单的、易理解的标准协议，完全屏蔽了不同软件平台的差异，实现了在当前环境下最高的可集成性。

12.3　JAX-WS Web 服务

为了帮助 Java 开发人员更好地开发 Web 服务，Java Community Process（JCP）定义了使用 Java 语言实现 Web 服务规范的接口 Java API for XML Web Services (JAX-WS) 2.0，即 JSR 224，它是 Java EE 平台的重要组成部分。作为 Java API for XML-based RPC 1.1（JAX-RPC）的后续发行版本，JAX-WS 简化了使用 Java 技术开发 Web 服务的工作，并且通过对多种协议（如 SOAP 1.1、SOAP 1.2、XML）的支持，大大提高了开发 Java Web 服务的效率。

除了 JAX-WS 2.0 外，JCP 还制定了一系列的 API，用来辅助支持 Java 下的 Web 服务开发，具体如下。

- 用于 XML 处理的 Java API（Java API for XML Processing（JAXP））：JAXP 为获得 XML 解析器提供了标准接口；它包括在 Java 2 平台，标准版 SDK v1.4 以后的版本中。
- 用于 XML Schema 到 Java 类的动态绑定的 JAXB（Java Architecture for XML Binding）：JAXB 能将 Java 对象树的内容写到 XML 实例文档，也提供了将 XML 实例文档反向生成 Java 对象树的方法。
- 用于 Java 的带有附件的 SOAP API（SOAP with Attachments API for Java，SAAJ）：SAAJ 是一个包，它使开发人员能够生产并处理那些遵循 SOAP 1.1 规范的消息及其所包含的 SOAP 附件。
- 用于 XML 注册的 Java API（Java API for XML Registries，JAXR）：XML 注册中心通常用来存储已发布的 Web 服务的有关信息，而 JAXR API 则提供了访问这种信息的统一的方法。

幸运的是，目前的许多开发环境都实现了对开发 Web 服务的支持，因此，开发人员完全没必要直接利用上述 API 来开发 Web 服务了。

12.3.1 JAX-WS Web 服务协议体系

Web 服务规范是一组协议规范的集合,它可以分为两部分:基本 Web 服务规范和扩展 Web 服务规范。

基本 Web 服务规范定义了 Web 服务的核心实现,包括以下内容。

(1) SOAP(Simple Object Access Protocol,简单对象访问协议):SOAP 是一个基于 XML 的传输协议,它详细说明了传输 Web 服务的消息格式,为在一个松散的、分布的环境中使用 XML 对等地交换结构化和类型化的信息提供了一种简单且轻量级的机制,目前最新版本为 1.2。

(2) WSDL(Web Services Description Language,Web 服务描述语言):WSDL 是用来对 Web 服务进行描述的标准规范,它利用一种标准的方式描述了调用 Web 服务所需要的所有信息。应用程序可以从 WSDL 文件中提取这些详细信息,并生成调用 Web 服务需要的编程接口文件,目前最新版本为 2.0。

(3) UDDI(Universal Description, Discovery and Integration,统一描述、发现和集成):UDDI 规范定义了发布和发现 Web 服务的方法。利用它,应用程序可以把自己的功能提供给其他应用程序或查找并使用其他应用程序提供的服务。

扩展 Web 服务规范用来对 Web 服务的安全、策略等特性进行定义,主要包括以下内容。

(1) WS-Security:用来处理加密和数字签名,允许创建特定类型的应用程序,以防止窃听消息,且能实现不可否认功能。

(2) WS-Policy:用来对 WS-Security 进行扩展,通过制定复杂的策略来定义哪些用户可以采用何种方式使用此 Web 服务。

(3) WS-I:Web 服务应设计成具有互操作性,但在实际中,各个规范对不同实现的解释的灵活性常常会导致出现问题。WS-I 提供了一组可用于防止出现各种问题的标准和实践,并提供了标准化测试来检查可能出现的问题。

(4) WS-BPEL:单个 Web 服务在多数条件下很难满足复杂的企业应用的需求,往往需要将多个 Web 服务组合成一个完整的系统,而 WS-BPEL 提供了用于指定创建此类系统所必需的交互(如分支和并发处理)。

注:由于 Web 服务是目前相对比较活跃的研究领域,还有大量的扩展规范不断涌现,如 Web 服务资源框架和 Web 服务分布式管理等。

Web 服务规范中包含的各种协议规范并不是独立分散的,所有这些协议具有明显的层次关系,底层的协议为上层的协议提供服务支撑,这些协议共同组成了一个协议栈,如图 12-1 所示。

从图 12-1 中可以看出,Web 服务协议栈中的网络层和传输层继续沿用目前流行的 TCP/IP 协议中的网络和传输层的协议,只是在传输层之上,Web 服务增加了自己特有的服务协议,包括用来定义消息内容格式的 SOAP 协议、对服务进行描述的 WSDL 协议以及发现和集成服务的 UDDI 协议。同时,对于 Web 服务的一些重要特性,如安全、服务质量等,还定义了专门的协议,这些协议与前面提到的协议之间是正交的,它跨越各个层面,来确保 Web 服务的上述特性得到一致实现。

路由、可靠性和事务层	待定	管理	
服务发现、集成层	UDDI		服务质量
服务描述层	WSDL			安全
消息层	SOAP			
传输层	HTTP、FTP			
网络层	IPv4、IPv6			

图 12-1 Web 服务协议栈

从 Web 服务的协议栈可以看出，Web 服务所有的协议规范完全是基于现有的技术，并没有创造一个完全的新体系。无论是 IPv4、HTTP 或 FTP 等这些现有的网络协议，还是 SOAP、WSDL 等这些基于 XML 而定义的协议都遵循着一个原则：继承原有的被广泛接受的技术，这样才能使得 Web 服务能够实现最大程度的可集成性，并且被业界广泛接受。

12.3.2 JAX-WS Web 服务工作模型

在 Web 服务工作模型中共有三种角色，其中服务提供者（服务器）和服务请求者（客户端）是必需的，服务注册中心是一个可选的角色。它们之间的交互和操作构成了 Web 服务的体系结构。如图 12-2 所示，服务提供者定义并实现 Web 服务，然后将以 WSDL 描述的服务信息发布到服务请求者或服务注册中心；服务请求者使用 UDDI 查找操作从本地或服务注册中心检索服务描述，然后使用服务描述与服务提供者进行绑定并调用 Web 服务。这样，服务请求者就可以调用服务提供者提供的 Web 服务了。

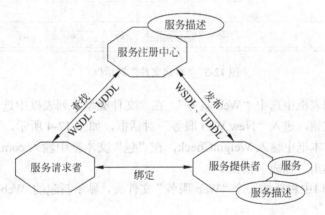

图 12-2 Web 服务工作模型

在 Web 服务的客户应用程序一方，客户程序在本机调用方法，但是被调用的方法会被转换为 XML（基于 SOAP）并通过网络发送给 Web 服务供应商应用程序。供应商再利用 XML 文档（基于 SOAP）发回对方法调用的响应。

由于 Web 服务是通过 URL、HTTP 和 XML 进行访问的，所以运行在任何平台之上、采用任何语言的应用程序都可以访问 Web 服务。

12.4 开发 JAX-WS Web 服务实例

注：本节的示例代码保存在 chapt12/HealthTester 下。

下面将演示如何创建 Web 服务。在本例中创建的 Web 服务实现了一个简单的体重监测功能，它根据用户传递来的身高和体重信息得出是否超重的判断。首先创建一个名为 HealthTester 的 Web 工程。

12.4.1 创建 Web 服务组件

右击 HealthTester 节点，然后选择"新建"→"Web 服务"命令。弹出"新建文件"对话框，如图 12-3 所示。

图 12-3 "新建文件"对话框

在"类别"列表框中选中"Web 服务"，在"文件类型"列表框中选中"Web 服务"，单击"下一步"按钮，进入"New Web 服务"对话框，如图 12-4 所示。

在"类名"文本框中输入 WeightCheck，在"包"文本框中输入 com.demo，默认其他选项设置，然后单击"完成"按钮。

在"项目"窗口中将新增一个"Web 服务"文件夹，显示新建的 Web 服务，如图 12-5 所示。

NetBeans 默认生成的 Web 服务的框架代码如程序 12-1 所示。

程序 12-1：WeightCheck.java

```
package com.demo;
import javax.jws.WebService;
import javax.jws.WebMethod;
import javax.jws.WebParam;
```

```
@WebService(serviceName = "WeightCheck")
public class WeightCheck {
    @WebMethod(operationName = "hello")
    public String hello(@WebParam(name = "name") String txt) {
        return "Hello " + txt + " !";
    }
}
```

程序说明：类定义前的注解@WebService 表明这是一个 Web 服务组件，注解@WebMethod 和@WebParam 分别用来声明 Web 服务方法和方法的参数。

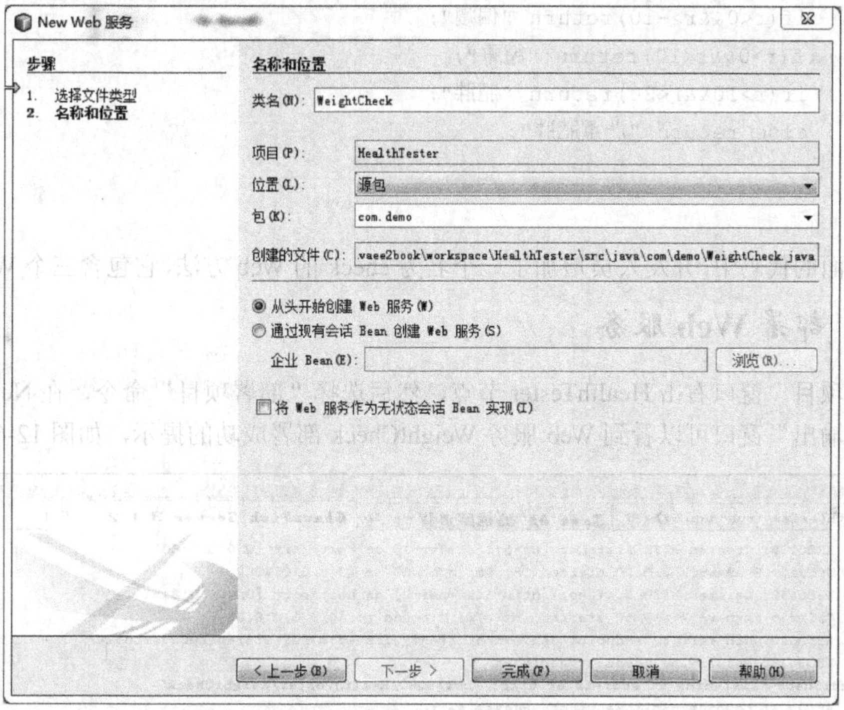

图 12-4 输入 Web 服务详细信息

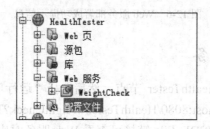

图 12-5 项目窗口中显示新创建的 Web 服务

12.4.2 为 Web 服务组件添加业务逻辑

在 Web 服务组件中添加业务逻辑很简单，只需要像程序 12-1 中的方法 hello 一样通过注解@WebMethod 和@WebParam 来声明一个方法即可，对应的代码片段如下：

```
...
@WebMethod
    public String check(@WebParam(name = "sex") boolean sex, @WebParam(name
= "weight") int weight, @WebParam(name = "height") int height) {
        int r=height-weight;
        if(sex)r=105-r;
        else r=115-r;
        if(r<-10)return "太瘦";
        if(r<0&&r>-10)return "偏瘦";
      if(r>0&&r<10)return "超重";
        if(r>10&&r<20)return "肥胖";
        else return "严重肥胖";
}
...
```

在上面的代码中,开发人员增加了一个名为 check 的 Web 方法,它包含三个 Web 参数。

12.4.3 部署 Web 服务

在"项目"窗口右击 HealthTester 节点，然后选择"部署项目"命令，在 NetBeans 右下角的"输出"窗口可以看到 Web 服务 WeightCheck 部署成功的提示，如图 12-6 所示。

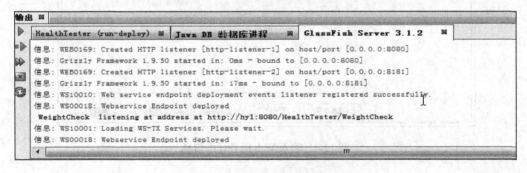

图 12-6 Web 服务部署成功提示信息

12.4.4 测试 Web 服务

在"项目"窗口右击 HealthTester 节点，然后选择"运行项目"命令。打开浏览器，在地址栏中输入 http://localhost:8080/HealthTester/WeightCheck?Tester，将得到如图 12-7 所示的运行结果页面。单击 WSDL File 链接可查看 Web 服务对应的 WSDL 文件的内容，如程序 12-2 所示。

注：将此文件保存到你的文件系统中，以便后面调用 Web 服务时使用。

在 check 按钮后面的三个输入框中分别输入 Web 服务 WeightCheck 的操作 check 的三

个参数，可以对发布的 Web 服务进行测试。

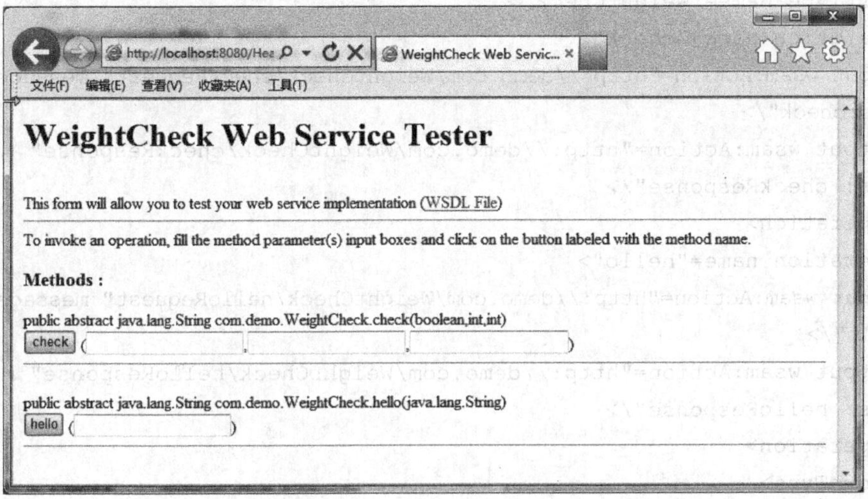

图 12-7　Web 服务测试界面

程序 12-2：WeightCheck.wsdl

```xml
<?xml version='1.0' encoding='UTF-8'?>
<definitions xmlns:wsu="http://docs.oasis-open.org/wss/2004/01/oasis-200401-
wss-wssecurity-utility-1.0.xsd" xmlns:wsp="http://www.w3.org/ns/ws-policy"
xmlns:wsp1_2="http://schemas.xmlsoap.org/ws/2004/09/policy" xmlns:wsam=
"http://www.w3.org/2007/05/addressing/metadata" xmlns:soap="http://schemas.
xmlsoap.org/wsdl/soap/" xmlns:tns="http://demo.com/" xmlns:xsd="http://www.
w3.org/2001/XMLSchema" xmlns="http://schemas.xmlsoap.org/wsdl/" targetNamespace=
"http://demo.com/" name="WeightCheck">
<types>
<xsd:schema>
<xsd:import namespace="http://demo.com/" schemaLocation="http://localhost:
8080/HealthTester/WeightCheck?xsd=1"/>
</xsd:schema>
</types>
<message name="check">
<part name="parameters" element="tns:check"/>
</message>
<message name="checkResponse">
<part name="parameters" element="tns:checkResponse"/>
</message>
<message name="hello">
<part name="parameters" element="tns:hello"/>
</message>
<message name="helloResponse">
<part name="parameters" element="tns:helloResponse"/>
```

```xml
</message>
<portType name="WeightCheck">
<operation name="check">
<input wsam:Action="http://demo.com/WeightCheck/checkRequest" message="tns:check"/>
<output wsam:Action="http://demo.com/WeightCheck/checkResponse" message="tns: checkResponse"/>
</operation>
<operation name="hello">
<input wsam:Action="http://demo.com/WeightCheck/helloRequest" message="tns: hello"/>
<output wsam:Action="http://demo.com/WeightCheck/helloResponse" message="tns: helloResponse"/>
</operation>
</portType>
<binding name="WeightCheckPortBinding" type="tns:WeightCheck">
<soap:binding transport="http://schemas.xmlsoap.org/soap/http" style="document"/>
<operation name="check">
<soap:operation soapAction=""/>
<input>
<soap:body use="literal"/>
</input>
<output>
<soap:body use="literal"/>
</output>
</operation>
<operation name="hello">
<soap:operation soapAction=""/>
<input>
<soap:body use="literal"/>
</input>
<output>
<soap:body use="literal"/>
</output>
</operation>
</binding>
<service name="WeightCheck">
<port name="WeightCheckPort" binding="tns:WeightCheckPortBinding">
<soap:address location="http://localhost:8080/HealthTester/WeightCheck"/>
</port>
</service>
</definitions>
```

程序说明：Web 服务接口描述文件，其他应用程序根据此接口文件与 Web 服务进行交互。

12.5　调用 JAX-WS Web 服务

注：本节的示例代码保存在 chapt12/WSClient 下。

Web 服务是用来实现应用之间交互的，下面演示如何在另外一个 Java EE Web 应用中调用 12.4 节开发的 Web 服务。

12.5.1　添加 Web 服务客户端

首先创建一个新的 Web 工程 WSClient。然后在"项目"窗口选中"WSClient"，右击，在弹出的快捷菜单中选择"新建"→"Web 服务客户端"命令，弹出的对话框如图 12-8 所示。

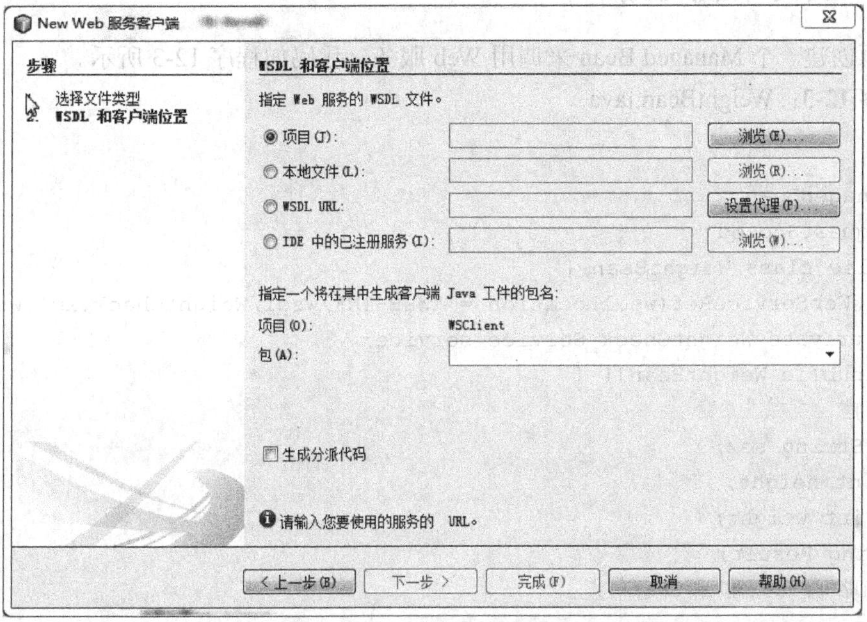

图 12-8　"New Web 服务客户端"对话框

创建 Web 服务客户端必须首先选择 Web 服务的接口描述文件（WSDL 文件）的位置，它可以来自 NetBeans 中的一个项目，也可以来自文件系统中的一个文件，或者是网络上的一个 URL 地址。在本例中选择"本地文件"的形式，单击"浏览"按钮，选择先前保存的 Web 服务的 WSDL 文件，在"包"文本框中输入 Web 客户端文件所在的包 com.demo.wsclient，单击"完成"按钮，则 Web 服务客户端创建完毕。NetBeans 根据 WSDL 文件自动生成了调用 Web 服务所需的源代码。在"生成的源文件"节点下可以看到 NetBeans 自动生成的 Web 服务客户端代码。如图 12-9 所示。在"项目"窗口可以看到新增加的 Web 服务引用。

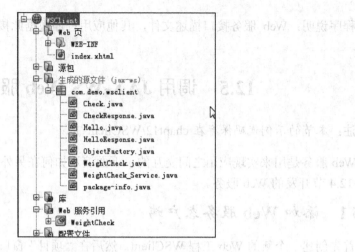

图 12-9 "项目"窗口中显示的 Web 服务客户端

12.5.2 调用 Web 服务

下面创建一个 Managed Bean 来调用 Web 服务，代码如程序 12-3 所示。

程序 12-3：WeightBean.java

```java
...
@ManagedBean
@RequestScoped
public class WeightBean {
    @WebServiceRef(wsdlLocation = "WEB-INF/wsdl/WeightCheck.xml.wsdl")
    private WeightCheck_Service service;
    public WeightBean() {
    }
    String sex;
    int height;
    int weight;
String Result;
//省略 getter 和 setter
...
    public String checkWeight() {
        boolean temp = false;
        if ("男".equals(sex)) {
            temp = true;
        }
        Result = check(temp, weight, height);
        return "done";
    }
    private String check(boolean sex, int weight, int height) {
        com.demo.client.WeightCheck port = service.getWeightCheckPort();
        return port.check(sex, weight, height);
```

```
        }
    }
    ...
```

程序说明：在上面的代码中，通过注解@WebServiceRef 来引入一个 Web 服务，注解的参数 wsdlLocation 代表 Web 服务接口描述文件的位置。开发人员在前面建立 Web 服务客户端时已经将其引入到项目中。Java EE 通过资源注入特性将 Web 服务客户端实例注入 Service 中，然后调用它的 getWeightCheckPort 方法获取 Web 服务的服务端口，最后根据请求信息中传递来的参数来调用服务端口的方法 check。

下面创建一个 JSF 视图来提交 Web 服务调用的参数，以及显示 Web 服务调用结果，代码分别如程序 12-4 和程序 12-5 所示。

程序 12-4：index.xhtml

```
<?xml version='1.0' encoding='UTF-8' ?>
<!DOCTYPE html PUBLIC "-//W3C//DTD XHTML 1.0 Transitional//EN" "http://
www.w3.org/TR/xhtml1/DTD/xhtml1-transitional.dtd">
<html xmlns="http://www.w3.org/1999/xhtml"
      xmlns:h="http://java.sun.com/jsf/html">
    <h:head>
        <title>Facelet Title</title>
    </h:head>
    <h:body>
        <h:form>
            性别<h:inputText value="#{weightBean.sex}"/>
            身高<h:inputText value="#{weightBean.height}"/>
            体重<h:inputText value="#{weightBean.weight}"/>
            <h:commandButton value="检测" action="#{weightBean.
            checkWeight}"/>
        </h:form>
    </h:body>
</html>
```

程序说明：收集用户信息作为参数来调用 Web 服务。

程序 12-5：done.xhtml

```
<?xml version='1.0' encoding='UTF-8' ?>
<!DOCTYPE html PUBLIC "-//W3C//DTD XHTML 1.0 Transitional//EN" "http://
www.w3.org/TR/xhtml1/DTD/xhtml1-transitional.dtd">
<html xmlns="http://www.w3.org/1999/xhtml"
      xmlns:h="http://java.sun.com/jsf/html">
    <h:head>
        <title>调用 Web 服务结果</title>
    </h:head>
    <h:body>
        你的体重状态属于：#{weightBean.result}
```

```
            </h:body>
</html>
```

程序说明：用来显示 Web 服务调用结果信息。

说明：由于 Web 服务是由 Web 应用 HealthTester 具体实现的，因此在运行 Web 应用程序之前，应确保 Web 应用 HealthTester 处于运行状态。

Web 应用 WSClient 部署完毕并启动后，打开浏览器，在地址栏内输入 http://localhost:8080/WSClient/faces/index.xhtml，将得到如图 12-10 所示的运行结果。

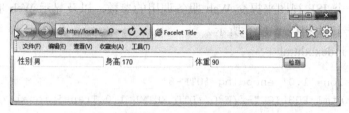

图 12-10 提交参数来调用 Web 服务

在文本框内输入信息后，单击"检测"按钮，将得到如图 12-11 所示的运行结果，可以看到 Web 服务已成功调用，并返回处理后的结果信息。

图 12-11 Web 服务调用结果显示页面

说明：本书在第 3 章介绍过 Servlet 组件，Web 服务组件和 Servlet 组件一样，都是以请求应答的模式运行，并且都是针对客户端请求 URL，返回一个响应信息。不同之处在于 Servlet 只能接受一个简单的 HTTP 请求，而 Web 服务接受的请求内容是一个 XML 文档。对于处理后返回的响应，Servlet 通常返回的是 HTML 页面或者二进制输入/输出流，而 Web 服务返回的仍旧是 XML，因此 Web 服务组件在跨平台方面优势明显，而 Servlet 在性能上要占优势，因为它避免了复杂的 XML 解析校验等流程。因此，二者是适用于不同场合的 Web 组件。

12.6 将会话 Bean 发布为 Web 服务

注：本节的示例代码保存在 chapt12/HealthTester 下。

会话 Bean 的无状态特性使得它也适合作为 Web 服务组件来提供服务。下面演示如何将会话 Bean 发布为 Web 服务。首先创建一个会话 Bean WeightCheckSessionBean，它包含一个用来检测体重的商业方法，代码如程序 12-6 所示。

程序 12-6：WeightCheckSessionBean.java

```java
package com.demo;
import javax.ejb.Stateless;
@Stateless
public class WeightCheckSessionBean {
    public String check(boolean sex, int weight, int height) {
        int r=height-weight;
        if(sex)r=105-r;
        else r=115-r;
        if(r<-10)return "太瘦";
        if(r<0&&r>-10)return "偏瘦";
        if(r>0&&r<10)return "超重";
        if(r>10&&r<20)return "肥胖";
        else return "严重肥胖";
    }
}
```

下面来看如何将会话 Bean 发布为 Web 服务。其实很简单，只需要创建一个 Web 服务，在 Web 服务组件中引用会话 EJB 组件来提供服务，Web 组件的代码如程序 12-7 所示。

程序 12-7：NewWeightService.java

```java
...
@WebService(serviceName = "NewWeightService")
public class NewWeightService {
    @EJB
    private WeightCheckSessionBean ejbRef;
    @WebMethod(operationName = "check")
    public String check(@WebParam(name = "sex") boolean sex, @WebParam(name = "weight") int weight, @WebParam(name = "height") int height) {
        return ejbRef.check(sex, weight, height);
    }
}
...
```

程序说明：在上面的代码中，首先注入 EJB 组件，然后再在 Web 服务方法中调用 EJB 的商业方法来提供 Web 服务。

说明：将会话 Bean 发布为 Web 服务，使得 Bean 能够适应各种类型的客户端，而不仅仅是 Java 组件。而且即使会话 Bean 不提供远程接口，也可为远程客户请求提供服务。

注意：由于 HTTP 协议的无状态特性，使得只有无状态会话 Bean 才能发布为 Web 服务。

12.7　RESTful Web 服务

基于 JAX-WS 的 Web 服务解决方案虽然较为成熟，安全性也较好，但是由于使用门槛较高，因此在大并发量情况下会有性能问题，在企业应用中并不太普及。为提供大并发量条件下的 Web 服务，业界提出了一种新的解决方案——REST（Representational State Transfer，表现状态转移）。

注：本节的示例代码保存在 chapt12/RestWS 下。

12.7.1 什么是 REST

首先要明确的是 REST 它不是一种协议，也不是一种标准，而是指一种软件架构风格。REST 架构的软件由服务器端和客户端两部分组成，服务器上的所有信息都被视为资源，每个资源都对应一个唯一的 URL 标识，对资源的操作又可归结为 Create（创建）、Read（读取）、Update（更新）和 Delete（删除）四种操作处理。资源具有不同的表现形式和状态，当客户端执行读取操作时，资源的状态信息以合适的形式发送到客户端，当客户端执行更新操作时，资源的状态又被转移到服务器端，因此整个软件的运行过程可以视为资源的表示状态在服务器和客户端间转移，因此这种架构被形象地称为 REST。

REST 架构是针对 Web 应用而设计的，其目的是降低开发的复杂性，提高系统的可伸缩性。REST 架构的软件设计遵循如下设计准则。

- 网络上的所有事物都被抽象为资源（resource）。
- 每个资源对应一个唯一的资源标识符（resource identifier）。
- 通过通用的连接器接口（generic connector interface）对资源进行操作。
- 对资源的各种操作不会改变资源标识符。
- 所有的操作都是无状态的（stateless）。

REST 是一种轻量级的 Web 服务架构风格，由于不需要支持 SOAP、UDDI 等协议，其实现和操作变得更为简洁，可以完全通过 HTTP 协议实现，还可以利用缓存来提高响应速度，在性能、效率和易用性上都优于基于 XML-RPC 的 JAX-WS Web 服务。

REST 架构遵循了 CRUD 原则，CRUD 原则对于资源只需要四种行为就可以完成对其操作和处理：Create（创建）、Read（读取）、Update（更新）和 Delete（删除）。这四个操作是一种原子操作，即一种无法再分的操作，通过它们可以构造复杂的操作过程，正如数学中四则运算是数字的最基本的运算一样。

REST 架构让人们真正理解 HTTP 网络协议的本来面貌，获取、创建、修改和删除资源的操作正好对应 HTTP 协议提供的 GET、POST、PUT 和 DELETE 方法，因此 REST 把 HTTP 对一个 URL 资源的操作限制在 GET、POST、PUT 和 DELETE 这四个之内。这种针对网络应用的设计和开发方式，可以降低开发的复杂性，提高系统的可伸缩性。

12.7.2 利用 JAX-RS 开发 RESTful Web 服务

JSR-311（Java API for RESTful Web Services，JAX-RS）旨在定义一个统一的规范，使得 Java 程序员可以使用一套固定的接口来开发 REST 应用，避免了依赖于第三方框架。同时，JAX-RS 使用 POJO 编程模型和基于标注的配置，并集成了 JAXB，从而可有效缩短 REST 应用的开发周期。Java EE 6 引入了对 JSR-311 的支持。JAX-RS 提供的注解及其详细信息如下所示。

- @Path：该注解为资源指定了一个相对路径。@Path 所标识的 URI 路径用于资源类或是类方法处理请求时。
- @GET：@GET 所注解的方法用于处理 HTTP GET 请求。当客户端向代表某个 Web 资源的 URI 直接发送 HTTP GET 请求时，JAX-RS 运行时会调用被@GET 所标注的方法来处理该 GET 请求。
- @POST：@POST 所标注的方法用于处理 HTTP POST 请求。
- @Produces：该注解用于标识 MIME 媒体类型，这样资源中的方法就会生成该类型的内容并返回给客户端。
- @Consumes：@Consumes 注解用于标识 MIME 媒体类型，这表示资源中的方法可以接受客户端所请求的类型。与@Produces 注解一样，如果在类上指定了@Consumes 注解，该注解就会应用到类中的所有方法；如果在某个方法上指定了@Consumes 注解，那么它会覆盖类上所指定的@Consumes 注解。

JAX-RS 还提供了其他一些方便的特性，比如基于参数的注解可以获得请求中的信息，@QueryParam 就是这样一种注解，它可以从请求 URL 的查询字符串中获得查询参数。其他基于参数的注解还有@MatrixParam，它可以从 URL 路径的 segment 部分获取信息；@HeaderParam 可以从 HTTP 头中获得信息，而@CookieParam 则可以从 cookie 相关的 HTTP 头中获得 cookie 信息。

下面通过实例来演示如何利用 JAX-RS 来开发 RESTful Web 服务。

首先创建 Web 工程 RestWS，然后选择"新建文件"命令，弹出如图 12-12 所示的"新建文件"对话框。本示例将创建一个对数据库中的表进行操作的 REST 风格的 Web 服务，因此，在"类别"列表框中选择"Web 服务"，在"文件类型"列表框中选择"基于数据库 REST 风格的 Web 服务"，单击"下一步"按钮。

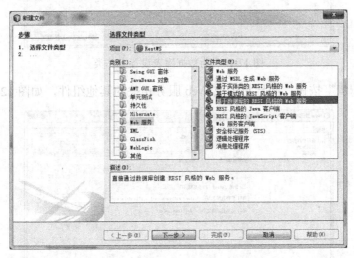

图 12-12 新建 REST 风格 Web 服务

在"数据源"下拉列表框中选中内置的 Java DB 数据库的默认数据源 jdbc/sample，在"可用表"列表框中选中表 GOODS，单击"添加"按钮，表 GOODS 转移到选定表栏，单击"下一步"按钮，得到如图 12-13 所示的界面。

图 12-13 选择数据库表

这一步要为选定的表创建实体类，在"包"文本框"包"中输入实体类所在的包名 com.demo.entity，如图 12-14 所示。

图 12-14 为数据库表设置实体类

单击"下一步"按钮，向导将生成 Web 服务相关的其他组件，如图 12-15 所示。

图 12-15 Web 服务相关组件

默认所有选项设置，单击"完成"按钮，RESTful Web 服务创建完毕。

首先来看一下向导都生成了哪些组件，RestWS 的目录结构如图 12-16 所示。

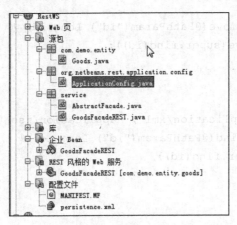

图 12-16 RestWS 的目录结构

在"源包"节点下生成了三个包，分别用来包含实体类、REST 服务注册类和 REST 服务实现，由于 RESTful Web 服务通过会话 EJB 来实现，因此在"企业 Bean"节点下多了一个 EJB 组件 GoodsFacadeREST，在"REST 风格的 Web 服务"节点下多了一个 Web 服务 GoodsFacadeREST。关于实体 Goods 的源代码请参见本书配套的代码，服务实现类 GoodsFacadeREST 的代码如程序 12-8 所示。

程序 12-8：GoodsFacadeREST.java

```
...
@Stateless
@Path("com.demo.entity.goods")
public class GoodsFacadeREST extends AbstractFacade<Goods> {
    @PersistenceContext(unitName = "RestWSPU")
    private EntityManager em;
    public GoodsFacadeREST() {
        super(Goods.class);
    }
    @POST
    @Override
    @Consumes({"application/xml", "application/json"})
    public void create(Goods entity) {
        super.create(entity);
    }
    @PUT
    @Override
    @Consumes({"application/xml", "application/json"})
    public void edit(Goods entity) {
        super.edit(entity);
    }
```

```java
    @DELETE
    @Path("{id}")
    public void remove(@PathParam("id") Long id) {
        super.remove(super.find(id));
    }

    @GET
    @Path("{id}")
    @Produces({"application/xml", "application/json"})
    public Goods find(@PathParam("id") Long id) {
        return super.find(id);
    }

    @GET
    @Override
    @Produces({"application/xml", "application/json"})
    public List<Goods> findAll() {
        return super.findAll();
    }

    @GET
    @Path("{from}/{to}")
    @Produces({"application/xml", "application/json"})
    public List<Goods> findRange(@PathParam("from") Integer from,
    @PathParam("to") Integer to) {
        return super.findRange(new int[]{from, to});
    }

    @GET
    @Path("count")
    @Produces("text/plain")
    public String countREST() {
        return String.valueOf(super.count());
    }

    @Override
    protected EntityManager getEntityManager() {
        return em;
    }
}
```

程序说明：代码通过一个会话 Bean，利用 JPA 实现对数据库的操作，这也是 Java EE 推荐的经典模式。值得一提的是，在 EJB 的方法前，都是利用 JAX-RS 的相关注解进行了标记，使得它们支持 RESTful Web 服务。

为了注册 RESTful Web 服务，向导自动生成一个注册类，代码如程序 12-9 所示。

程序 12-9：ApplicationConfig.java

```
...
@javax.ws.rs.ApplicationPath("webresources")
public class ApplicationConfig extends Application {

    public Set<Class<?>> getClasses() {
        return getRestResourceClasses();
    }
    private Set<Class<?>> getRestResourceClasses() {
        Set<Class<?>> resources = new java.util.HashSet<Class<?>>();
        resources.add(service.GoodsFacadeREST.class);
        return resources;
    }
}
```

程序说明：通过注解@javax.ws.rs.ApplicationPath（"webresource"）将 Web 服务实现映射到 URL"webresource"。

下面测试创建的 Web 服务，部署并运行 Web 工程，打开浏览器，输入 http://localhost:8080/RestWS/webresources/com.demo.entity.goods，其中的 webresources 为 RESTful Web 服务注册的 URL，而 com.demo.entity.goods 为 Web 服务实现 GoodsFacadeREST 对应的 Path 注解的值。由于后面没有提供任何请求参数，因此 GoodsFacadeREST 将调用匹配的 findAll 方法，得到如图 12-17 所示的运行结果。

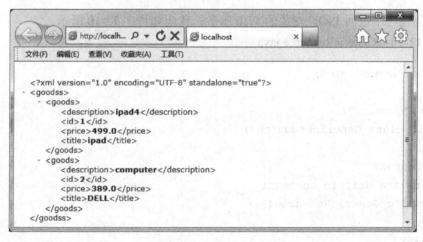

图 12-17　调用 RESTful Web 服务返回的结果

可以看到，数据库中表 goods 的所有记录信息都以 XML 的形式返回给客户端。

注：测试程序之前要在表 goods 中录入测试数据。

12.8　利用 JSON 交换数据

JSON（JavaScript Object Notation，JS 对象标记）是一种轻量级的数据交换格式。它基于 JavaScript 语法，采用完全独立于编程语言的文本格式来存储和表示数据。简洁和清晰的层次结构使得 JSON 能有效地提升网络传输效率，因此迅速替代 XML 成为理想的数据交换语言。JSON 数据易于人阅读和编写，同时也易于机器解析和生成。JSON 解析器和 JSON 库支持许多不同的编程语言。目前非常多的动态（PHP、JSP、.NET）编程语言都支持 JSON。JavaScript 程序无需解析器，能够使用内建的 eval() 函数，用 JSON 数据来生成原生的 JavaScript 对象。

例如，下面的代码就是一组 JSON 数据：

```
{ "sites":
[ { "name":"网易" , "url":"www.163.com" },
  { "name":"google" , "url":"www.google.com" },
  { "name":"京东" , "url":"www.jd.com" } ]
}
```

它表示一个 sites 对象是包含三个站点记录（对象）的数组。

由于创建解析 JSON 对象是开发人员经常需要开展的工作，因此出现了许多第三方的框架，如 Gson 以及 Jackson 等。为了规范对 Json 的操作，在 Java EE 7 中引入了 JSON Processing API，即 JSON-P 规范。JSON-P 规范定义了一套标准的 API 来操纵 JSON 数据。在 Java EE 8 中又引入 JSON Binding API，即 JSON-B 规范。JSON-B 规范允许在 Java 对象和 JSON 对象间进行转换。通过这两个 API，Java 开发者可以简单地将 JSON 视为另一种 Java 序列化格式。现在开发人员不需要过多的第三方库和配置了，JSON 处理变得极其简单。

下面创建一个返回 JSON 对象的 Web 服务，代码如程序 12-10 所示。

程序 12-10：GenericResource.java

```
package com.service;
...
@Path("generic")
public class GenericResource {

    @Context
    private UriInfo context;
    public GenericResource() {
    }
    @GET
    @Produces({"application/json"})
    public String getJson() {
     List<Person> jasons = new ArrayList<>(3);
        List<PhoneNumber> Phones1 = new ArrayList<>(2);
        Phones1.add(new PhoneNumber("home", "123 456 789"));
        Phones1.add(new PhoneNumber("work", "123 555 555"));
        jasons.add(new Person("Peter", "CEO", Phones1));
        List<PhoneNumber> Phones2 = new ArrayList<>(1);
        Phones2.add(new PhoneNumber("home", "666 666 666"));
```

```
        jasons.add(new Person("John", "CFO", Phones2));
        jasons.add(new Person("Mike", "CIO", null));
        JsonbConfig config = new JsonbConfig()
                .withFormatting(true);
        Jsonb jsonb = JsonbBuilder.create(config);
        return jsonb.toJson(jasons);    }
...
}
```

程序说明：Person 和 PhoneNumber 是两个 Java 实体对象，详细信息请参考源代码。为了返回JSON类型的数据，Web 服务方法getJson()利用注解@Produces({"application/json"})进行了标记。在方法实现中，首先构造了一个 Jsonb 实例，然后调用方法 toJson 将 Java 数组转换为 JSON。

部署应用并启动服务器，在浏览器中输入 Web 服务的地址 http://localhost:8080/WebServiceDemo/webresources/jsondemo，将得到如图 12-18 所示的运行结果，可以看到 JSON 已经成功发送到客户端浏览器。

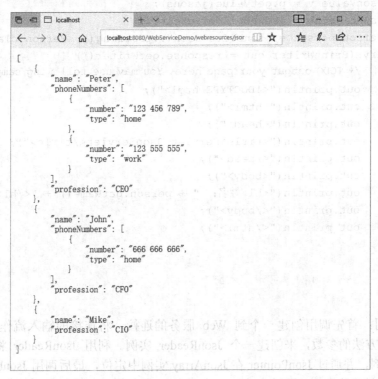

图 12-18　Web 服务返回 JSON 数据

下面创建一个 Servlet 组件来解析 Web 服务返回的 JSON 数据，演示如何将 JSON 转换为 Java 对象，完整代码如程序 12-11 所示。

程序 12-11：JsonServlet.java

```
package com.demo;
```

```java
...
@WebServlet(name = "JsonServlet", urlPatterns = {"/JsonServlet"})
public class JsonServlet extends HttpServlet {
    InputStream input = null;
    protected void processRequest(HttpServletRequest request,
    HttpServletResponse response)
            throws ServletException, IOException {
        response.setContentType("response.getOutputStream()text/html;
        charset=UTF-8");
        URL url = new URL("http://localhost:8080/WebServiceDemo/
        webresources/generic");
        HttpURLConnection conn = (HttpURLConnection) url.openConnection();
        conn.connect();
        input = conn.getInputStream();
        JsonReader reader = Json.createReader(input);
        JsonArray jasons = reader.readArray();
        JsonPointer p = Json.createPointer("/1");
        JsonValue v = p.getValue(jasons);
        Jsonb jsonb = JsonbBuilder.create();
        Person person = jsonb.fromJson(v.toString(), Person.class);
        try (PrintWriter out = response.getWriter()) {
            /* TODO output your page here. You may use following sample code. */
            out.println("<!DOCTYPE html>");
            out.println("<html>");
            out.println("<head>");
            out.println("<title>Servlet JsonServlet</title>");
            out.println("</head>");
            out.println("<body>");
            out.println("<h1>姓名: " + person.getName() + "</h1>");
            out.println("</body>");
            out.println("</html>");
        }
    }
    ...
}
```

程序说明：首先调用创建一个到 Web 服务的连接，将连接的输入流作为 JSON 的 createReader 方法的参数，来创建一个 JsonReader 实例。利用 JsonReader 将输入流读入 JsonArray 实例，并通过 JsonPointer 在 JsonArray 实例中定位，最后调用 Jsonb 的 fromJson 将 JSON 数据转换为 Person 对象。

打开浏览器访问 Servlet，看能否正确显示出从 JSON 转换为 Person 对象的信息。

12.9 JAX-RS 与 JAX-WS 对比

为了更好地在实践中应用 Web 服务技术，有必要对 JAX-RS 和 JAX-WS 这两种 Web 服务方案进行对比。

1．成熟度

JAX-WS Web 服务虽然发展到现在已经脱离了初衷，但是对于异构环境服务发布和调用，以及厂商的支持都已经达到了较为成熟的状态。不同平台、开发语言之间通过 JAX-WS Web 服务都能够较好地互通。

但是由于 REST 只是一种基于 HTTP 协议实现资源操作的思想，因此各个网站的 REST 实现都自有一套，也正是因为这种各自实现的情况，使其在性能和可用性上会大大高于 JAX-WS Web 服务，但标准化方面却不及 JAX-WS Web 服务。

2．效率和易用性

SOAP 协议对于消息体和消息头都有定义，同时消息头的可扩展性为各种互联网的标准提供了扩展的基础，WS-*系列就是较为成功的规范。但是也由于 SOAP 因各种需求而不断扩充其本身协议的内容，导致在 SOAP 处理方面的性能有所下降，同时在易用性方面以及学习成本上也有所增加。

REST 被人们所重视，在很大程度上是因为其高效以及简洁易用的特性。这种高效一方面源于其面向资源接口设计以及操作抽象简化了开发者的不良设计，同时也最大限度地利用了 HTTP 最初的应用协议设计理念。同时，REST 还有一个很吸引开发者的地方就是能够很好地融合当前 Web 2.0 的很多前端技术来提高开发效率。例如，很多大型网站开放的 REST 风格的 API 都会有多种返回形式，除了传统的 XML 作为数据承载，还有 JSON、RSS 等形式，这对很多网站前端开发人员来说就能够很好地解析各种资源信息。

3．安全性

JAX-WS Web 服务在安全方面是通过使用 XML-Security 和 XML-Signature 两个规范组成了 WS-Security 规范来实现安全控制的，当前已经得到了各个厂商的支持，.NET、PHP、Java 都已经对其有了很好的支持（虽然在一些细节上还是有不兼容的问题，但是基本上是可以互通的）。

JAX-RS 没有任何规范对于安全方面作说明，目前开放 REST 风格 API 的网站主要分为两种：一种是自定义了安全信息封装在消息中；另外一种就是靠 SSL 来保障，但是这只能够保证点到点的安全，如果需要多点传输的话 SSL 就无能为力了。

总之，JAX-RS 和 JAX-WS Web 服务各自都有自己的优点。JAX-RS Web 服务对于资源型服务接口来说很合适，同时特别适合对于效率要求很高，但对安全要求不高的场景。而 JAX-WS Web 服务在成熟度上优于 JAX-RS，可以给需要提供多种开发语言的、对于安全性要求较高的接口设计带来便利。

小　　结

Web 服务是异构应用系统进行集成的强有力手段，为帮助开发 Web 服务，Java EE 提出了 JAX-WS 2.0。它通过一组协议规范来定义不同的应用系统之间的交互，其中 SOAP 定义了消息传输格式，WSDI 定义了服务接口描述方式，UDDI 定义了服务发布和发现规范。REST 是一种简化版的 Web 服务解决方案，它将应用间的交互方式简化为与 HTTP 方法对应的几种操作，并能够利用 Cache 来提高应性能。Java EE 提出了 JAX-RS 来支持

RESTful Web 服务的开发。将会话 Bean 发布为 Web 服务是一种很好的开发模式，将能够适应更多的客户类型。Web 服务具有跨平台、集成性强等优点，但是复杂的协议也带来性能上的开支，在实际应用中要注意平衡。

习　题　12

1. 什么是 Web 服务？
2. Java EE 下的 Web 服务分为哪两类？
3. 对比 JAX-WS 与 JAX-RS 的优缺点。
4. 利用 Web 服务实现一个简单的信息发布应用。

第 13 章　综合练习

本章要点：
- ☑ 了解系统架构的基本知识
- ☑ 初步掌握运用各种 Java EE 技术进行系统架构的技能

在讲述了各种 Java EE 编程技术之后，本章以一个书目浏览系统为例来说明如何利用 Java EE 技术来构建一个完整的应用系统。通过此综合练习进一步巩固前面几章所学内容，并初步掌握如何综合利用各种 Java EE 技术来设计实现应用系统的技巧。在讲解综合练习之前，将首先介绍一些关于 Java EE 体系系统架构的基本知识和技巧。

13.1　基础知识

13.1.1　概述

在第 1 章讲过，Java EE 是为了满足开发多层体系结构的企业级应用的需求而提出的。企业级应用一般具有结构复杂、涉及的外部资源众多、事务密集、数据量大、用户数多和安全要求高等特点。此外，作为企业级应用，不但要有强大的功能，还要能够满足未来业务需求的变化，易于升级和维护。

企业应用系统在设计之初就要考虑其体系结构的合理性、灵活性、健壮性，从而既可满足企业级应用的当前复杂需求，也为系统将来的调整和升级留有余地。一个优秀的体系结构不但能够确保系统运行的稳定性，实际上还能够延长整个应用的生命周期，增强应用系统在多变的商业社会中的适应性，从而给用户带来更大的利益。

Sun 推出 Java EE 的目的是为使用 Java 技术开发企业应用提供一个平台独立的、可移植的、多用户的、安全的和标准化的企业级平台，从而简化企业应用的开发、管理和部署。

Java EE 是 Java 技术在企业应用开发上的规范标准，它包含多种技术规范，如 JSF 框架技术、JPA 框架技术、Servlet/JSP 组件技术、EJB 组件、JDBC 数据库访问、JMS 信息传递、JavaMail 邮件统一接口和 Web 服务技术等。所谓架构，就是灵活运用这些技术来搭建应用程序的基本框架，使得应用程序的体系结构满足合理、灵活和健壮等企业需求。

13.1.2　架构类型

利用 Java EE 架构应用程序，主要有三种类型。

1. JSP+JavaBean

这是最早的 Java EE 架构模型，如图 13-1 所示。其工作原理是：当浏览器发出请求时，

JSP 接收请求并访问 JavaBean。若需要访问数据库或后台服务器，则通过 JavaBean 连接数据库或后台服务器，执行相应的处理。JavaBean 将处理的结果数据交给 JSP。JSP 提取结果并重新组织后，动态生成 HTML 页面，返回给浏览器。用户从浏览器显示的页面中得到交互的结果。

JSP 和 JavaBean 模型充分利用了 JSP 技术易于开发动态网页的特点，表示逻辑和业务逻辑由 JSP 承担，JavaBean 主要负责数据层的工作。这种模式最大的特点就是简单，但是由于 JSP 承担了太多的职能，往往变得臃肿，难以调试和维护。4.8 节的示例采用的就是这种模式。

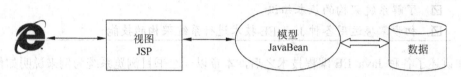

图 13-1　JSP+JavaBean 架构模型

2．JSP+JavaBean+Servlet

为了解决第一种模式带来难以维护的缺点，企业应用开发中又提出了 JSP+JavaBean+Servlet 模型的体系结构，如图 13-2 所示。它是一种基于 Model-View-Controller（MVC）设计思想的架构。该架构将企业应用的功能分为三个层次：Model（模型）层、View（视图）层、Controller（控制器层）。Model 层实现业务逻辑，包括了 Web 应用程序功能的核心，负责存储与应用程序相关的数据；View 层用于用户界面的显示，它可以访问 Model 层的数据，但不能更改这些数据；Controller 层主要负责 Model 和 View 层之间的控制关系。

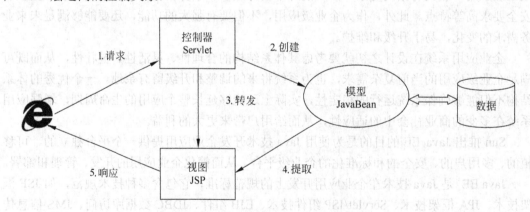

图 13-2　JSP+JavaBean+Servlet 架构模型

该模型的工作原理是：所有的请求都被发送给作为控制器的 Servlet，Servlet 接收请求，并根据请求信息将它们分发给相应的 JSP 页面来响应，同时 Servlet 还根据 JSP 的需求生成相应的 JavaBean 对象并传输给 JSP。JSP 根据 JavaBean 中的数据最终生成响应返回给客户端浏览器。

与第一种模式相比，这种设计模式将业务逻辑从 JSP 中分离出来，由 Servlet 来承担。JSP 只负责表示逻辑，这就避免了 JSP 过于臃肿带来的可维护性问题，很好地实现了表示层、业务逻辑层和数据层的分离。但这种模式能够适应一般企业应用开发的需求，但是对于企业应用开发中的事务、安全、持久化、页面可维护性等高级特性没有给出解决方案。其实目前流行的轻量级架构（如 Struts2、Spring、Webwork 等）都是在此种架构模式基础上的进一步完善和升华。

3．JSF+EJB+JPA

为了进一步促进企业应用开发，Java EE 规范中针对应用架构提出了许多新的技术规范，最重要的就是 JSF 和 JPA。作为表示层规范，JSF 框架针对企业应用表示层的页面模板、导航控制、输入校验、类型转换和国际化等都给出了具体的解决方案；作为数据持久化规范，JPA 定义了一套对象关系数据映射语言，并提供了数据实体操作接口和方法，为企业数据的持久化提供了完美的解决方案。

除此之外，新的 EJB 规范使得 EJB 组件作为业务逻辑组件，基于容器的强大支持，可以很方便地实现事务、安全、资源访问、扩展性、时间调度等高级功能特性。

上下文依赖和资源注入作为企业应用架构的黏合剂，可将 Java EE 不同层次间的组件无缝地集成在一起，Bean 校验 API 更是为各个层次上的组件提供统一的校验逻辑。因此，在新的 Java EE 规范下，推荐的架构模式如图 13-3 所示。

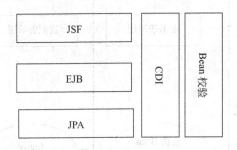

图 13-3　JSF+EJB+JPA 架构模型

在本章的示例中，将基于此模式开发一个简单的应用系统。

13.2　功能需求

大量信息的浏览几乎是每个信息系统都需要实现的功能之一。本章的示例基于一个网上书店的一个模块，需要实现以下功能：

（1）分页浏览书目信息。

（2）显示图书详细信息。

（3）界面多语言支持。

13.3　数据库设计

首先介绍系统相关数据库表格的设计。系统数据信息比较简单，只需要一个表来存储图书信息。

对应数据库表 item 结构如表 13-1 所示。

表 13-1　item 结构信息表

字段名称	字段类型	是否为空	是否为关键字	默认值	其他
ItemID	Varchar(10)		是	0	
Name	Varchar(30)				
Description	Varchar(500)				
ImageURL	Varchar(150)			Null	
ImageThumbUrl	Varchar(150)			Null	
Price	Decimal(10,2)				

说明：上面的数据库表不需要手工创建，当部署 Entity 时，JPA 将自动创建此表。

13.4　系统整体架构

系统采用 JSF+EJB+JPA 架构来实现，整个系统体系结构可以分为四层：表示逻辑层、业务逻辑层、数据表示层和信息资源层，如图 13-4 所示。

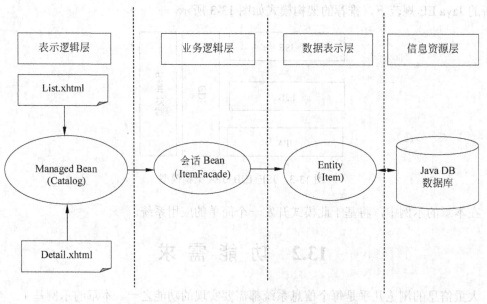

图 13-4　系统体系框架结构图

13.5　系统实现

说明：本章完整的代码包含在 NetBean 工程 bookStore 中。

13.5.1　表示逻辑层

表示逻辑层基于 JSF 框架来实现。主要包含两个视图和一个 Managed Bean。为了提高视图的可维护性，使用了 JSF 视图的模板技术。为了满足界面多语言支持需求，视图实现了国际化支持。

程序 13-1：list.xtml

```xml
<!DOCTYPE html PUBLIC "-//W3C//DTD XHTML 1.0 Transitional//EN" "http://
www.w3.org/TR/xhtml1/DTD/xhtml1-transitional.dtd">
<html xmlns="http://www.w3.org/1999/xhtml"
    xmlns:ui="http://java.sun.com/jsf/facelets"
    xmlns:h="http://java.sun.com/jsf/html"
    xmlns:f="http://java.sun.com/jsf/core">
    <h:body>
        <ui:composition template="/template/layout.xhtml">
            <ui:define name="content">
                <h:form styleClass="jsfcrud_list_form">
                <h:outputStylesheet name="css/styles.css"/>
                    <h:outputText value="Item #{catalog.pagingInfo.firstItem +
                        1} .. #{catalog.pagingInfo.lastItem} of #{catalog.
                        pagingInfo.itemCount}    "/>
                    <h:commandButton action="#{catalog.prev}" value="#{msgs.
                        Previous}" rendered="#{catalog.pagingInfo.isPrevItems}" />
                    <h:commandButton action="#{catalog.next}" value="#{msgs.Next}"
                        rendered="#{catalog.pagingInfo.isNextItems}"/>
                    <h:dataTable var="row" value="#{catalog.items}" border="0"
                        cellpadding="2" cellspacing="0" rowClasses="jsfcrud_odd_
                        row,jsfcrud_even_row" rules="all" style="border:solid 1px" >
                        <h:column>
                            <f:facet name="header">
                                <h:outputText value="#{msgs.Name}"/>
                            </f:facet>
                <h:commandLink action="#{catalog.showDetail(row)}" value="#
                {row.name}" />
                        </h:column>
                        <h:column>
                            <f:facet name="header">
                                <h:outputText value="#{msgs.Photo}"/>
                            </f:facet>
                            <h:graphicImage library="images" name="#{row.
                                imagethumburl}"/>
                        </h:column>
                        <h:column>
                            <f:facet name="header">
                                <h:outputText value="#{msgs.Price}"/>
                            </f:facet>
                            <h:outputText value="#{row.price}" />
                        </h:column>
                    </h:dataTable>
                </h:form>
```

```
        </ui:define>
      </ui:composition>
   </h:body>
</html>
```

程序说明：用来显示图书列表。

程序 13-2：detail.xhtml

```
<!DOCTYPE html PUBLIC "-//W3C//DTD XHTML 1.0 Transitional//EN" "http://
www.w3.org/TR/xhtml1/DTD/xhtml1-transitional.dtd">
<html xmlns="http://www.w3.org/1999/xhtml"
    xmlns:ui="http://java.sun.com/jsf/facelets"
    xmlns:h="http://java.sun.com/jsf/html"
    xmlns:f="http://java.sun.com/jsf/core">
  <h:body>
    <ui:composition template="/template/layout.xhtml">
      <ui:define name="content">
        <h:form>
          <h:outputStylesheet name="css/styles.css"/>
          <h:panelGrid columns="2" border="0" >
            <h:outputText value="#{msgs.Name}:"/>
            <h:outputText value="#{catalog.item.name}" title=
            "Name" />
            <h:outputText value="#{msgs.Description}:"/>
            <h:outputText value="#{catalog.item.description}"
            title="Description" />
            <h:outputText value="#{msgs.Photo}:"/>
           <h:graphicImage library="images" name="#{catalog.item.
           imageurl}" title="Imageurl" />
            <h:outputText value="#{msgs.Price}:"/>
            <h:outputText value="#{catalog.item.price}" title=
            "Price" />
          </h:panelGrid>
          <h:commandButton id="back" value="Back" action="list"/>
        </h:form>
      </ui:define>
    </ui:composition>
  </h:body>
</html>
```

程序说明：用来显示图书的详细信息。

程序 13-3：Catalog.java

```
package controller;
...
@ManagedBean
```

```java
@SessionScoped
public class Catalog implements Serializable {

    @EJB
    private ItemFacade itemFacade;
    private Item item = null;
    private List<Item> items = null;
    private PagingInfo pagingInfo = null;
    private String country;
    private static final Locale[] countries = {Locale.CHINA, Locale.US};
    public Catalog() {
        pagingInfo = new PagingInfo();
    }
    public PagingInfo getPagingInfo() {
        if (pagingInfo.getItemCount() == -1) {
            pagingInfo.setItemCount(getItemCount());
        }
        return pagingInfo;
    }
    public List<Item> getNextItems(int maxResults, int firstResult) {
        return itemFacade.findRange(maxResults, firstResult);
    }
    public List<Item> getItems() {
        if (items == null) {
            getPagingInfo();
            items = getNextItems(pagingInfo.getBatchSize(), pagingInfo.
            getFirstItem());
        }
        return items;
    }
    public String next() {
        reset(false);
        getPagingInfo().nextPage();
        return "list";
    }
    public String prev() {
        reset(false);
        getPagingInfo().previousPage();
        return "list";
    }
    public String showDetail(Item item) {
        this.item = item;
        return "detail";
    }
```

```java
    public int getItemCount() {
        return itemFacade.getItemCount();
    }
    private void reset(boolean resetFirstItem) {
        item = null;
        items = null;
        pagingInfo.setItemCount(-1);
        if (resetFirstItem) {
            pagingInfo.setFirstItem(0);
        }
    }
    public void countryChanged(ValueChangeEvent event) {
        System.out.println("aaaaaa");
      for (Locale loc : countries){
        if (loc.getCountry().equals(event.getNewValue())){
            FacesContext.getCurrentInstance().getViewRoot().
            setLocale(loc);
        Locale.setDefault(loc);
        countries[0]= Locale.CHINA;
        countries[1]= Locale.US;
            }
        FacesContext.getCurrentInstance().renderResponse();
        }
      }
//省略getter和setter
...
}
```

程序说明：作为视图的 Managed Bean，通过调用业务逻辑层组件 ItemFacade 为视图提供数据支持，同时它还负责完成表示层逻辑，主要包括两个模块：一是翻页功能，一是多语言界面支持。

其中，CDI 负责将业务层逻辑组件 ItemFacade 注入 Managed Bean 中。

13.5.2 业务逻辑层

程序 13-4：ItemFacade.java

```java
package controller;
...
@Stateless
public class ItemFacade implements Serializable {
    @PersistenceContext(unitName = "catalogPU")
    private EntityManager em;
```

```java
    public void create(Item item) {
        em.persist(item);
    }
    public void edit(Item item) {
        em.merge(item);
    }
    public void remove(Item item) {
        em.remove(em.merge(item));
    }
    public Item find(Object id) {
        return em.find(Item.class, id);
    }
    public List<Item> findAll() {
        return em.createNamedQuery("Item.findAll").getResultList();
    }
    public List<Item> findRange(int maxResults, int firstResult) {
        Query q = em.createQuery("select o from Item o");
        q.setMaxResults(maxResults);
        q.setFirstResult(firstResult);
        return q.getResultList();
    }
    public int getItemCount() {
        return ((Long) em.createQuery("select count(o) from Item as o").
                getSingleResult()).intValue();
    }
}
```

程序说明：作为业务逻辑组件，它主要负责根据表示层的请求，调用数据表示层组件。作为访问持久化数据的代理，将其作为一个单独的层次实现有以下好处：首先是隔离表示逻辑层的变化对数据表示层的影响，其次满足未来性能扩展的需求。假设未来系统用户数量增加，通过增加应用服务器数量并且分布式部署它们可以平滑扩展现有系统。

13.5.3 数据表示层

程序 13-5：Item.java

```java
package model;
...
@Entity
@Table(name = "ITEM")
@NamedQueries({
@NamedQuery(name = "Item.findAll", query = "SELECT i FROM Item i"),
...})
public class Item implements Serializable {
```

```java
        private static final long serialVersionUID = 1L;
        @Id
        @Basic(optional = false)
        @Column(name = "ITEMID")
        private String itemid;
        @Basic(optional = false)
        @NotNull
        @Column(name = "NAME")
        private String name;
        @Basic(optional = false)
        @Column(name = "DESCRIPTION")
        private String description;
        @Column(name = "IMAGEURL")
        private String imageurl;
        @Column(name = "IMAGETHUMBURL")
        private String imagethumburl;
        @Basic(optional = false)
        @Column(name = "PRICE")
        private BigDecimal price;
        public Item() {
        }
        public Item(String itemid) {
            this.itemid = itemid;
        }
        public Item(String itemid, String name, String description, BigDecimal price) {
            this.itemid = itemid;
            this.name = name;
            this.description = description;
            this.price = price;
        }
        @Override
        public int hashCode() {
           int hash = 0;
           hash += (itemid != null ? itemid.hashCode() : 0);
           return hash;
        }
        @Override
        public boolean equals(Object object) {
          if (!(object instanceof Item)) {
              return false;
          }
```

```
        Item other = (Item) object;
        if ((this.itemid == null && other.itemid != null) || (this.itemid !=
        null && !this.itemid.equals(other.itemid))) {
            return false;
        }
        return true;
    }
    @Override
    public String toString() {
        return "model.Item[itemid=" + itemid + "]";
    }
}
//省略 Getter 和 Setter
...
}
```

程序说明：作为一个代表图书的 Entity 对象，封装了关于图书的相关信息，并且引入 Bean 校验 API 实现对 Entity 属性的安全控制。

13.6 运 行 界 面

该项目运行界面分别如图 13-5～图 13-7 所示。

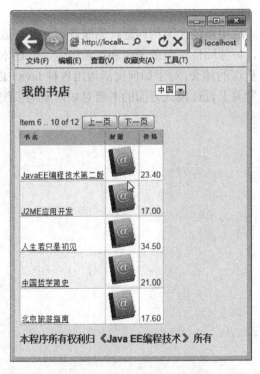

图 13-5　中文界面的图书列表页面

图 13-6　英文界面的图书列表页面

图 13-7 图书详细信息页面

小 结

  Java EE 多层体系结构完美地解决了分布式应用系统的架构问题,系统各层之间松散耦合,显著地提高了企业应用系统的可移植性、可伸缩性、负载平衡和可重用性。通过本章的学习,相信对于 Java EE 多层体系结构有了更深的体会,对于如何灵活运用各种 Java EE 技术来架构复杂系统也有了一定认识。可以参考关于设计模式方面的书籍对如何架构系统进行进一步研究。

图书资源支持

感谢您一直以来对清华版图书的支持和爱护。为了配合本书的使用,本书提供配套的资源,有需求的读者请扫描下方的"书圈"微信公众号二维码,在图书专区下载,也可以拨打电话或发送电子邮件咨询。

如果您在使用本书的过程中遇到了什么问题,或者有相关图书出版计划,也请您发邮件告诉我们,以便我们更好地为您服务。

我们的联系方式:

地　　址:北京海淀区双清路学研大厦 A 座 707

邮　　编:100084

电　　话:010-62770175-4604

资源下载:http://www.tup.com.cn

电子邮件:weijj@tup.tsinghua.edu.cn

QQ:883604(请写明您的单位和姓名)

用微信扫一扫右边的二维码,即可关注清华大学出版社公众号"书圈"。

资源下载、样书申请

书圈